개념 있는 수학자
| 대수·미적분·확률과 통계 편 |

초판 1쇄 발행 | 2024년 12월 26일

지은이 | 이광연
펴낸이 | 이원범
기획 · 편집 | 김은숙
마케팅 | 안오영
표지 · 본문 디자인 | 강선욱

펴낸곳 | 어바웃어북 about a book
출판등록 | 2010년 12월 24일 제313-2010-377호
주소 | 서울시 강서구 마곡중앙로 161-8(마곡동, 두산더랜드파크) C동 808호
전화 | (편집팀) 070-4232-6071 (영업팀) 070-4233-6070
팩스 | 02-335-6078

ISBN | 979-11-92229-50-8 04410

개념력 = 절대로 흔들리지 않는 기본의 힘

개념 있는 수학자

| 대수·미적분·확률과 통계 편 |

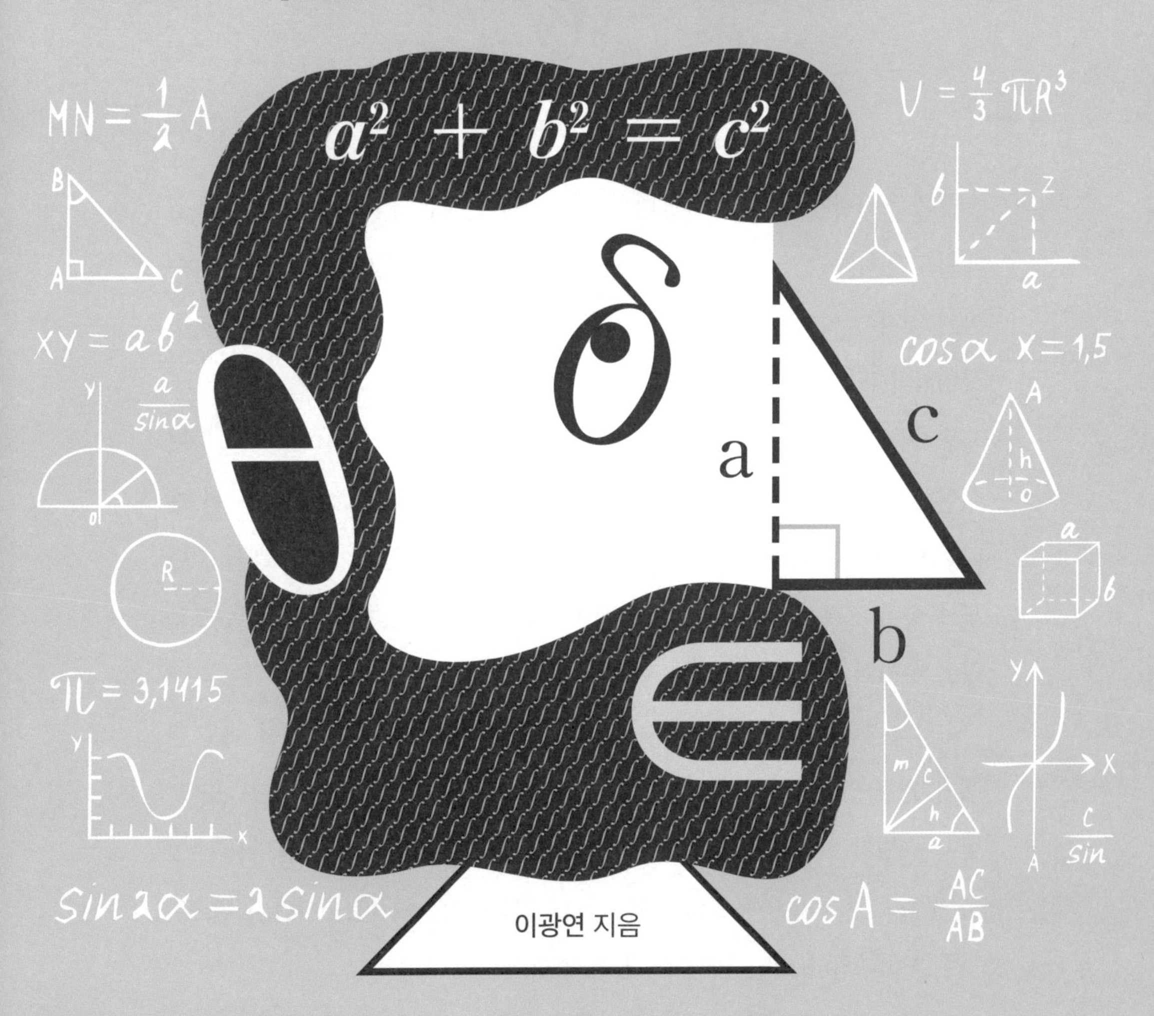

이광연 지음

어바웃어북

머 리 말

수학이 당신을 힘들게 할 때는 개념으로 돌아가라!

수학은 우리에게 늘 두려움의 대상이다. 수학에 대한 두려움은 수학의 특성에서 기인하지만, 역설적으로 그 특성이 바로 수학의 힘이기도 하다. 즉, 수학의 연역적 체계는 수학을 모든 과학의 언어로 우뚝 서게 했지만, 우리를 끊임없이 괴롭힌다.

우리나라에서 수학의 괴롭힘을 가장 많이 받는 대상은 아마도 수학능력시험의 '고난도 문항'을 풀어야만 하는 학생들일 것이다. 이런 문제를 한 개라도 더 해결한 학생이 더 좋은 대학에 가는 게 우리 현실이다. 그래서 고난도 문항을 정복하기 위해 많은 학생이 사교육에 의존한다. 바로 이 고난도문항은 우리가 수학을 두렵게 느끼는 원인이기도 하다.

수학능력시험 문제 중 약 70% 정도는 각종 문제집과 사교육에서 배운 정해진 유형으로 해결할 수 있다. 하지만 나머지 30%에 해당하는 고난도 문항은 유형만 반복 학습해서는 도저히 해결할 수 없다. 고난도 문항은 무엇을 구하라는 것인지 문제의 내용을 파악하는 데도 꽤 많은 시간이 필요한 경우가 허다하다. 그렇다면 어떻게 해야 할까?

필자는 평소에 대중 강연에서 수학을 잘하는 방법으로 '독서'와 '교과서 위주의 개념 학습'을 주장하고 있다. 우선 독서가 유용하다는 것은 두말할 필요가 없다. 독서는 문해력을 높여 수학 문제를 푸는 일뿐 아니라 일상생활에서도 다양한 상황을 인식하는 데 절대적으로 필요하다. 두 번째 방법인 개념 학습은 유형에만 의존하던 기존의 학습에서 벗어나 수학 내용 본연의 뜻을 정확히 파악하는 것이다.

개념 학습을 간단히 설명하면 이렇다. 어느 배우가 맡은 역할에 어울리는 의상을 입거나 배역에 맞는 분장을 했다고 가정해 보자. 이 배우가 한 영화에서는 재벌 역할을, 또 다른 영화에서는 거지 역할을 해도 우리는 그가 누구인지 단번에 알아차린다. 즉, 맡은 배역에 따라 의상, 분장, 연기 등이 모두 바뀌지만, 연기를 하는 사람은 같은 배우다. 이때 배우가 맡은 역할에 따라 바뀌는 의상, 분장, 연기 등은 유형에 해당하고 배우의 원래 생김새는 개념에 해당한다. 한 배우가 맡는 역할은 매우 다양하다. 한 번 재벌 역할을 했다고 해서 모든 영화에서 계속 재벌 역할만 맡는 건 아니다. 그런데 우리는 그 배우가 부유한 사람으로 등장하는 한두 편의 영화만 보고는 그가 늘 재벌 역할을 맡는다는 선입견을 품게 된다.

수학도 마찬가지다. 많은 학생이 수학 문제의 유형만 따라가며 문제를 해결하는 데 급급하다. 그 결과 개념은 그대로 두고 문제의 포장을 약간만 바꿔도 처음 보는 문제로 인식하고 속절없이 무너진다. 하지만 개념을 확실하게 잡고 있다면 그 문제가 '재벌'에 대한 문제든 '거지'에 대한 문제든 상관없이 해결할 수 있다. 그래서 수학에서는 유형보다는 개념이 특히 중요하다.

수학능력시험에서 최고점을 받은 학생들이 인터뷰에서 빠지지 않고 하는 대답은 "교과서 위주로 공부했어요"이다. 이 말은 "개념을 정확히 파악하고 공부했어요"와 똑같은 말이다. 잊지 마라. 개념이 수학의 90%다. 초고난도 문항을 '킬(kill)'할 수 있는 건 오직 '개념력'이다.

이 책에서는 고등학교 2학년에서 배우는 '대수', '미적분', '확률과 통계'에 나오는 개념을 소개하였다. 여기 소개한 내용은 2028년부터 적용되는 수학 능력시험의 출제 범위이기 때문에 학생들은 특히 자세하고 꼼꼼하게 읽기 바란다. 1학년 때 배운 것을 바탕으로 좀 더 깊은 내용을 다루지만 조금만 노력한다면 누구나 이해할 수 있는 내용이기도 하다.

'대수'의 경우, 한 단원마다 한 가지 주제로 관통하고 있다. 이를테면 거듭제곱을 이해하면 지수와 로그를 쉽게 이해할 수 있고, 이로부터 지수함수와 로그함수에 대한 개념도 정확히 잡을 수 있다. 그런데 이 내용은 모두 중학교부터 이어져 온 것이므로 거듭제곱이나 지수에 대하여 이해하기 어렵다면 반드시 중학교 과정을 다시 공부해야 한다. 중학교에서 배운 내용을 정확히 이해하지 못했다면 고등학교에서 아무리 열심히 노력해도 문제의 답을 구할 때는 긴가민가하는 아리송함이 남게 된다.

삼각함수도 마찬가지다. 중학교에서 배운 삼각비에 대한 개념을 정확히 이해하고 있다면 고등학교에서 배우는 삼각함수는 비교적 쉽게 알 수 있다. 따라서 삼각함수가 어렵다고 느껴진다면 잠시 짬을 내서 중학교에서 배운 삼각비에 대한 개념을 점검해 봐야 한다. 특히 이 책에서는 중학교에서 다룬 삼각비를 다시 점검하는 의미에서 자세히 소개하였다.

수열에 대한 개념은 나중에 '미적분'에서 미분과 적분을 이해하는 기본이 된다. 특히 수열의 극한은 함수의 극한을, 함수의 극한은 미분과 적분을 이해하는 기초 개념이다. 수열을 정확히 알고 있어야 이후에 '고등학교 수학의 꽃'이라고 할 수 있는 미분과 적분을 잘 이해할 수 있다.

'미적분'은 문·이과에 상관없이 수학능력시험에 반드시 나오는 영역이다. 그런데 현행 교육과정에서 미분의 도입과 성질에 대한 전개는 모든 교과서에서 비교적 잘 진행되어 있으나 적분은 도입이 어렵다는 이유로 중간 과정을 생략하고 바로 공식을 제시한다. 이런 간극을 메우기 위하여 이 책에서는 구분구적법도 소개하여 정적분의 개념을 보다 정확히 이해할 수 있도록 하였다.

'확률과 통계'에서도 중학교에서 학습했던 경우의 수와 확률 그리고 통계에 대한 기본적인 이해가 요구되므로, 고등학교 내용을 이해하기 어렵다면 중학교에서 배운 내용을 먼저 점검하기 바란다. 그런데 다른 과목에 비하여 '확률과 통계'는 개념만큼 유형도 중요하므로 문제를 많이 풀어보는 것이 도움이 된다. 어떤 상황에서 어떤 공식을 적용해야 하는지 많은 문제를 해결함으로써 이해할 수 있다.

필자는 책을 집필하며 개념에 대한 설명이 가장 잘 되어 있는 여러 종류의 교과서를 참고했다. 그래서 어떤 개념은 이 책의 설명이 교과서와 같을 때도 있다. 이것은 교과서가 개념을 가장 잘 설명하고 있고, 이것을 토대로 좀 더 자세한 설명을 하기 위해 노력했기 때문에 벌어진 일이다. 하지만 여러분은 이 책을 읽고도 개념이 충분히 이해되지 않는다면 참고 문헌에 제시된 교과서뿐 아니라 다른 교과서를 참고해도 좋다. 어차피 수학적 개념은 같기 때문에 반드시 필자가 참고한 교과서만 볼 필요는 없다.

끝으로 이 책을 읽는 독자들은 수학 개념을 잘 정립하여 수학의 두려움에서 벗어나길 바란다. 개념의 뿌리가 튼튼하면 어떤 유형, 어떤 난이도의 문제가 나오든 절대로 흔들리지 않는다.

_ 이광연

CONTENTS

함수의 극한과 연속

미분

확률

통계

Mathematics

철저하게 배운 지혜는
절대로 잊히지 않는다.

Wisdom thoroughly learned will never be forgotten.

_피타고라스(Pythagoras)

52 거듭제곱근

= 제곱하여 a가 되는 수

조선을 건국한 태조 이성계(1335~1408)와 태조의 왕사(王師)인 무학대사(1327~1405)에 얽힌 옛날이야기가 있다. 무학대사는 이성계가 군주가 될 재목인지를 알아보기 위하여 명주실 한 타래를 가지고 와서 다음과 같이 질문하였다. "명주실 한 가닥을 반으로 접어 두 겹이 되게 하고, 접은 것을 다시 반으로 접어 네 겹이 되게 하고 이렇게 반으로 접어 가기를 30번 계속하면 마지막 굵기는 얼마나 되겠습니까?"

이 질문에 이성계는 절의 굵고 둥근 기둥을 가리키면서 "그 굵기는 저 기둥 정도가 될 것 같습니다"라 답했다. 그렇다면 실제로 명주실을 계속하여 반으로 30번 접으면 굵기가 어느 정도 될까? 이 명주실 100가닥을 합친 굵기의 단면 넓이가 성냥한 개비 정도의 굵기인 1mm²가량 된다고 할 때, 한 번 접으면 2가닥, 두 번 접으면 4가닥, 세 번 접으면 8가닥과 같이 2의 거듭제곱이 된다. 따라서 30번 접으면 접힌 명주실은

내가 '수포자'였으면 어좌에 앉을 수 없었을 게야.

〈조선태조어진〉, 1872년, 전주 경기전 어진박물관

$2^{30}=1,073,741,824$가닥이 된다. 100가닥 굵기의 단면 넓이가 약 $1mm^2$이므로 30번 접은 명주실 굵기의 단면은 약 $10,737,418mm^2$이며, 이것은 약 $10.7m^2$의 넓이를 갖는 원이다. 원의 넓이는 '$\pi \times$반지름$\times$반지름'이므로 이것은 반지름이 약 1.85m인 원의 넓이다. 따라서 지름이 3.7m인 기둥과 같게 되므로 당시 이성계가 가리킨 절의 기둥은 명주실을 계속하여 반으로 25~26번 정도 접은 굵기다. 반으로 접는 것에 대하여 충분히 이해하고 있었던 이성계는 왕이 될 만한 인물이었음이 틀림없다.

a의 제곱근, 제곱하여 a가 되는 수

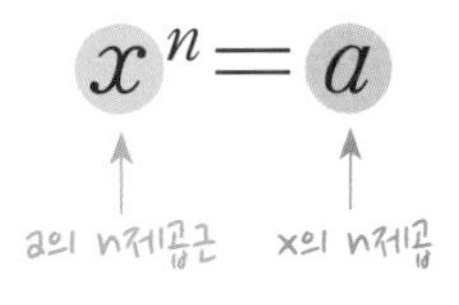

이성계의 이야기에서, 거꾸로 생각하여 명주실을 30번 접었을 때 1,073,741,824가닥이 되었다면 처음에 몇 가닥으로 시작했을까?

이때 필요한 수학이 거듭제곱근이다. 실수 a에 대하여 제곱하여 a가 되는 수를 a의 제곱근이라 하고, 세제곱하여 a가 되는 수를 a의 세제곱근이라고 한다. 예를 들어 $2^3=8$이므로 2는 8의 세제곱근이다.

일반적으로 실수 a와 2보다 큰 자연수 n에 대하여 n제곱하여 a가 되는 수, 즉 방정식 $x^n=a$의 근 x를 a의 n **제곱근** 이라고 한다. a의 제곱근, 세제곱근, 네제곱근, …을 통틀어 a의 **거듭제곱근** 이라고 한다. 이때 a의 n제곱근을 $\sqrt[n]{a}$ 와 같이 나타낸다.

예를 들어 $2^{30}=1,073,741,824$이므로 2는 1,073,741,824의 30제곱근이다. 기호로 나타내면 $\sqrt[30]{1,073,741,824}=2$다. 즉, 거듭제곱근은 '30번 접어서 1,073,741,824가닥을 만들려면 처음에 2가닥으로 시작해야 한다'라는 뜻이다.

그런데 거듭제곱근은 n에 따라 한 개 또는 두 개 있을 수 있다. 거듭제곱근을 구할 때, 어떤 수를 몇 제곱하면 a를 얻을 수 있는지 생각해야 한다. 이를테면 -8의 세제곱근을 x라 하면 x를 세제곱하면 -8이 된다는 뜻이므로

$$x^3 = -8$$

을 만족하는 x의 값을 구해야 한다. 이 방정식의 우변의 -8을 좌변으로 이항하여 인수분해 하면

$$x^3 + 8 = 0,\ (x + 2)(x^2 - 2x + 4) = 0$$

여기서 $x^2 - 2x + 4 = 0$의 판별식을 구하면

$$D = b^2 - 4ac = (-2)^2 - 4 \times 1 \times 4 = -12 < 0$$

이므로 실근을 갖지 않는다. 즉, $x + 2 = 0$에서 $x = -2$이므로 -8의 세제곱근 중에서 실수인 것은 -2이다.

이때, 음수를 홀수 번 거듭제곱하면 음수가 되고 짝수 번 거듭제곱하면 양수가 된다. 즉,

$$(-2)^3 = (-2) \times (-2) \times (-2) = -8,$$
$$(-2)^4 = (-2) \times (-2) \times (-2) \times (-2) = 16$$

바꾸어 말하면 음수의 홀수 거듭제곱근은 음수 하나뿐이다. 마찬가지 이유로 양수의 홀수 거듭제곱근은 양수 하나뿐이다.

문제는 짝수 번 제곱할 때다. 위의 -2를 4번 곱하면 양수가 된다. 이때 16의 네제곱근은 무엇일까?

$$x^4 = 16$$

을 만족하는 x의 값을 구해야 한다. 이 방정식의 우변 16을 좌변으로 이항하여 인수분해 하면

$$x^4 - 16 = 0,\ (x^2 - 4)(x^2 + 4) = 0$$

그런데 $x^2 + 4 = 0$을 만족하는 실수는 없으므로

$$x^2 - 4 = 0, \ (x+2)(x-2) = 0$$

이다. 따라서 16의 네제곱근은 -2와 2 두 개가 있다. 즉, -2를 4번 곱하거나 2를 4번 곱하면 모두 16이 된다.

$$(-2)^4 = 16, \ 2^4 = 16$$

한편, 양수는 짝수 번 곱하든 홀수 번 곱하든 항상 양수이고 음수는 짝수 번 곱하면 양수가 된다. 따라서 어떤 실수를 짝수 번 곱하면 항상 양수이므로 음수의 짝수 제곱근은 없다. 이를테면 -16의 4제곱근은 없다. 즉, 어떤 수 x를 4번 곱한 결과가 -16이라면

$$x^4 = x \times x \times x \times x = -16$$

인데, 이런 실수 x는 없으므로 -16의 4제곱근은 없다.

이상을 정리하면 n이 2 이상인 자연수일 때, 다음과 같은 결론을 얻는다.

| a의 n제곱근(n이 2 이상인 자연수일 때) |

	$a>0$	$a=0$	$a<0$
n이 짝수	$\sqrt[n]{a}, \ -\sqrt[n]{a}$	0	없다.
n이 홀수	$\sqrt[n]{a}$	0	$\sqrt[n]{a}$

Σ n이 홀수인가 짝수인가, a가 양수인가 음수인가?

위 개념을 예를 들어 정리하면,

① $\sqrt[3]{27}$인 경우 : 3이 홀수이고 27이 양수이므로 $\sqrt[3]{27}$는 양수 3이다.

② $\sqrt[5]{-32}$인 경우 : 5가 홀수이고 -32가 음수이므로 $\sqrt[5]{-32}$는 음수 -2이다.

③ $\sqrt[4]{-32}$인 경우 : 4가 짝수이고 -32가 음수이므로 $\sqrt[4]{-32}$는 실수가 아니

다. 즉, 존재하지 않는다.

④ $\sqrt[4]{81}$인 경우 : 4가 짝수이고 81은 양수이므로 $\sqrt[4]{81}$는 양수 3과 음수 -3이다. 즉 $3^4=81$이고 $(-3)^4=81$이다.

위 사실로부터 a의 n제곱근 $\sqrt[n]{a}$을 다룰 때는 n이 홀수인지 짝수인지 먼저 살피고 a가 양수인지 음수인지 살펴야 한다는 것을 알 수 있다.

a와 b가 모두 양수이고 m과 n이 2 이상인 자연수일 때, 다음이 성립한다.

| 거듭제곱근의 성질 |

① $\sqrt[n]{a}\sqrt[n]{b} = \sqrt[n]{ab}$ ② $\dfrac{\sqrt[n]{a}}{\sqrt[n]{b}} = \sqrt[n]{\dfrac{a}{b}}$

③ $(\sqrt[n]{a})^m = \sqrt[n]{a^m}$ ④ $\sqrt[m]{\sqrt[n]{a}} = \sqrt[mn]{a}$

이때, 제곱근의 성질 $\sqrt{a}\sqrt{b} = \sqrt{ab}$와 $\dfrac{\sqrt{a}}{\sqrt{b}} = \sqrt{\dfrac{a}{b}}$는 a와 b가 양수 즉 $a>0, b>0$일 때에만 성립한다. 예를 들어 다음과 같이 음수인 경우는 성립하지 않는다.

$$\sqrt{-4}\sqrt{-9} = 2i \times 3i = 6i^2 = -6$$

이고

$$\sqrt{(-4)\times(-9)} = \sqrt{36} = 6$$

이므로

$$\sqrt{-4}\sqrt{-9} \neq \sqrt{(-4)\times(-9)}$$

또,

$$\frac{\sqrt{4}}{\sqrt{-9}} = -\frac{2}{3}i$$

이고

$$\sqrt{\frac{4}{-9}} = \sqrt{\frac{4}{9}}i = \frac{2}{3}i$$

이므로

$$\frac{\sqrt{4}}{\sqrt{-9}} \neq \sqrt{\frac{4}{-9}}$$

실제로 $a<0,\ b<0$일 때에는

$$\sqrt{a}\sqrt{b} = -\sqrt{ab}$$

$a>0,\ b<0$일 때에는

$$\frac{\sqrt{a}}{\sqrt{b}} = -\sqrt{\frac{a}{b}}$$

가 성립한다.

하지만 고등학교 과정에서는 $a>0, b>0$일 때만 생각하므로 반드시 부호를 확인해야 한다.

한편, 일반적으로 지수가 실수일 때 다음과 같은 지수법칙이 성립한다.

| 지수법칙 |

$a>0,\ b>0$이고 x, y가 실수일 때

① $a^x a^y = a^{x+y}$ ② $(a^x)^y = a^{xy}$

③ $(ab)^x = a^x b^x$ ④ $a^x \div a^y = a^{x-y}$

제곱근이나 지수법칙에 대한 공식이 잘 생각나지 않을 때는 직접 수를 예로 들어서 계산해 보면 된다. 주어진 조건에 맞는 수를 이용하여 제시된 법칙이나 이용해야 할 법칙에 직접 대입해서 확인하면 된다.

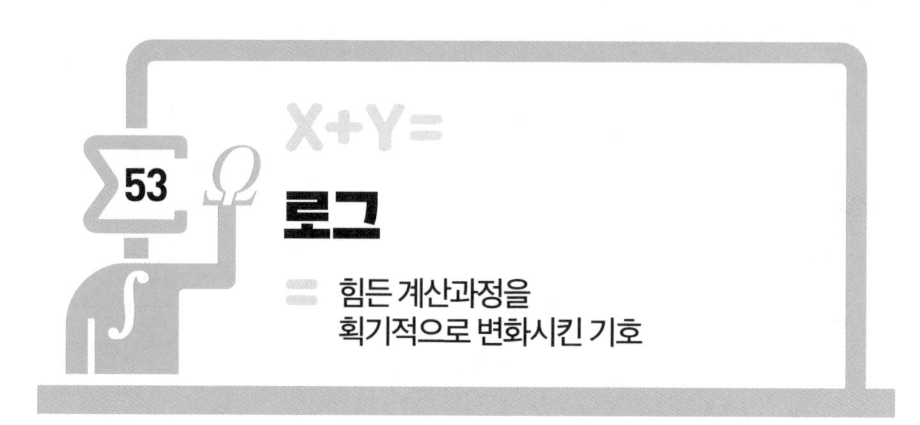

53 로그

힘든 계산과정을 획기적으로 변화시킨 기호

독감은 바이러스 또는 인플루엔자 바이러스가 일으키는 급성 호흡기 질환이다. 독감 바이러스에는 인플루엔자 바이러스 A, B, C형 세 가지가 있는데, 사람에게 병을 일으키는 것은 A형과 B형 두 가지다. B형은 증상이 약한 한 가지뿐이지만, A형은 바이러스 표면에 있는 H항원과 N항원의 종류에 따라 여러 가지가 있다. 보통 사람에게 병을 일으키는 항원의 종류는 H1, H2, H3와 N1, N2다.

조류에서 나타나는 H항원과 N항원은 보통 사람에게는 병을 일으키지 않지만, 바이러스 내에서 유전자 돌연변이가 일어나거나 사람에게 병을 일으키는 종류의 항원과 유전자를 교환하면 사람에게도 쉽게 병을 일으키는 형태로 변할 수 있다. 사람에게 면역이 없는 이런 새로운 인플루엔자 바이러스가 나타나면 전 세계를 휩쓰는 대유행을 일으킬 수 있다.

독감은 바이러스의 특성 때문에 전파 속도가 빠르다. 특히 독감의 원인인 인플루엔자 바이러스에 대하여 특효약이 없으므로 백신에 의한 예방이 필수다. 연구에 따르면 백신을 맞은 대부분의 연령군에서 면역 지속력이 접종 12개월째에 줄어들었지만, 65세 이상 고령자들은 접종 후 6개월째부터 줄어들었다고 한다.

$a^x = N$을 만족시키는 실수 x

예를 들어 어떤 독감 백신을 접종한 직후의 면역력 수치 ω는 t개월 후에 $\omega\left(\frac{2}{3}\right)^t$이 된다고 해보자. 그러면 접종한 지 4개월이 지난 후, 면역력 수치는 이 식에 $t = 4$를 대입하여 계산하면 $\omega\left(\frac{2}{3}\right)^4 = \frac{16}{81}\omega$이다. 따라서 $\frac{16}{81} \approx 0.198$이므로 백신을 접종한 지 4개월이 지나면 면역력 수치는 처음의 약 20% 정도다. 그렇다면 백신을 접종한 후 면역력 수치가 절반이 되는 시간을 구하려면 어떻게 해야 할까?

면역력 수치가 절반이 되는 시간은 $\omega\left(\frac{2}{3}\right)^t = \frac{1}{2}\omega$ 즉, $\left(\frac{2}{3}\right)^t = \frac{1}{2}$이 되는 t를 구하면 된다. 이때 t를 $\frac{2}{3}$와 $\frac{1}{2}$로 나타낼 수 있어야 절반이 되는 시간을 구할 수 있다.

일반적으로 $a > 0, a \neq 1$일 때, 양수 N에 대하여 $a^x = N$을 만족시키는 실수 x는 오직 하나 존재한다. 이 수 x를

$$\log_a N$$

으로 나타내고, a를 밑(base)으로 하는 N의 **로그**라고 한다. 이때 N을 $\log_a N$의 **진수**라고 한다.

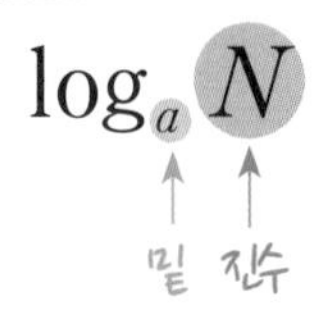

로그는 거듭제곱과 연결하여 알아보면 조금 쉬워진다. 거듭제곱

$$a^x = N$$

에서 a를 밑, x를 지수라 한다. 이때 N은 a를 x승하여 얻은 수다. 이 거듭제곱을 로그로 표현하면

$$x = \log_a N$$

이고, 로그에서도 a를 밑이라고 한다. 또 a를 기본으로 x를 계속 변화시키면 다른 수를 얻을 수 있다. 이를테면 밑이 10인 경우

$$10^x = N$$

인데, x가 자연수라면 N의 값은 차례로 10, 100, 1000,⋯이고, 이 값은 10진수의 자릿값이다. 그런 뜻에서 로그에서도 N을 진수라고 한다. 사실 '진수'라는 용어는 영국 수학자 네이피어(John Napier, 1550~1617)가 처음 로그를 발명하면서 사용한 용어로, '로그값을 구하려는 수'를 뜻한다.

이제 로그의 개념을 정확히 이해하기 위하여 정의를 좀 더 자세히 살펴보자.

로그를 정의할 때 밑의 조건으로 항상 $a > 0$, $a \neq 1$가 필요하다.

만일 $a = 1$이라면 $a^x = N$에서 $1^x = N$이므로 항상 $N = 1$이다. 즉 모든 x에 대하여 $1^x = 1$이다. 이것을 로그로 바꾸면

$$x = \log_1 1$$

인데, 1을 몇 승할 때 1이 되는 x의 값을 구해야 하고, 이때 x값은 무수히 많으므로 하나로 정할 수 없다. 그래서 반드시 $a \neq 1$가 필요하다. 마찬가지로 $a = 0$이면 $0^x = N$이므로 x를 정할 수 없다.

이제 $a > 0$인 이유를 알아보자.

거듭제곱 $a^x = N$에서 $a > 0$이면 x의 값에 관계없이 a의 거듭제곱 N은 항상 양수이지만, $a < 0$이면 x의 값에 따라서 a^x의 값 N이 양수와 음수로 반복적으로 나타난다. 이를테면,

$$(-2)^2 = 4,\ (-2)^3 = -8,\ (-2)^4 = 16,\ (-2)^5 = -32, \cdots$$

와 같이 음수 -2의 거듭제곱은 x가 2, 3, 4, 5,⋯ 일 때, 음수가 되기도 하고 양수가 되기도 한다. 특히 거듭제곱에서 $a > 0$일 때 $\sqrt[n]{a^m} = a^{\frac{m}{n}}$이 성립한다. 이때 a가 음수이면 어떻게 될까?

예를 들어 $\sqrt{(-2)^3}$과 $(\sqrt{-2})^3$을 $\sqrt[n]{a^m} = a^{\frac{m}{n}}$와 같은 식으로 나타내면

$$\sqrt{(-2)^3} = (-2)^{\frac{3}{2}}\text{이고 } (\sqrt{-2})^3 = (-2)^{\frac{3}{2}}$$

이므로

$$\sqrt{(-2)^3} = (\sqrt{-2})^3$$

이어야 한다. 이때 복소수 $i = \sqrt{-1}$을 이용하면 $i^3 = -i$이므로

$$\sqrt{(-2)^3} = \sqrt{-8} = \sqrt{8}\,i\text{이고 } (\sqrt{-2})^3 = (\sqrt{2}\,i)^3 = \sqrt{8}\,i^3 = -\sqrt{8}\,i$$

이다. 즉 $\sqrt{(-2)^3} = \sqrt{8}\,i$이고 $(\sqrt{-2})^3 = -\sqrt{8}\,i$이다. 결국 $1 = -1$이라는 식을 얻게 된다. 이는 옳지 않으므로 거듭제곱에서는 반드시 a가 양수일 때만 $\sqrt[n]{a^m} = a^{\frac{m}{n}}$이 성립한다. 그래서 지수가 실수인 지수법칙에서 밑 a는 항상 양수만 생각한다. 즉 $a > 0$에 대하여 $a^x = N$을 생각한다. 그래서 로그에서도 $a > 0$인 경우만 다루는 것이다.

Σ 지수법칙에서 유도된 로그의 성질

로그의 정의는 지수를 이용하므로 로그의 성질은 지수법칙에서 유도된다. 다음 표는 지수법칙에 대한 로그의 성질을 나타낸 것이다.

특히 두 수의 곱과 몫의 로그가 각각의 수의 로그의 합과 차가 된다는 성질을 이용하면, 두 수의 곱셈과 나눗셈을 계산할 때 로그를 취하여 덧셈과 뺄셈으로 계산한 후에 다시 로그의 역을 취해 간편하게 계산할 수 있다. 이것이 로그가

| 지수법칙에 대한 로그의 성질 |

지수법칙(성질)	로그의 성질
$a^0 = 1$	$\log_a 1 = 0$
$a^1 = a$	$\log_a a = 1$
$a^p \times a^q = a^{p+q}$	$\log_a xy = \log_a x + \log_a y$
$a^p \div a^q = a^{p-q}$	$\log_a \dfrac{x}{y} = \log_a x - \log_a y$
$(a^p)^k = a^{kp}$	$\log_a x^k = k\log_a x$

계산법에서 위력을 갖게 된 이유다. 이런 기본적인 생각을 분명하게 이해하고 학습하는 것이 중요하다. 즉, 지수의 곱셈과 나눗셈을 덧셈과 뺄셈으로 바꾸는 것이 로그다.

이제 처음에 소개했던 면역력에 대한 문제를 해결해 보자. 백신 접종 후 면역력 수치가 절반이 되는 시간인 $\left(\frac{2}{3}\right)^t = \frac{1}{2}$ 이 되는 t를 로그로 나타내면

$$t = \log_{\frac{2}{3}} \frac{1}{2}$$

이다. 로그의 성질을 이용하여 밑을 간단히 하면

$$t = \log_{\frac{2}{3}} \frac{1}{2} = \frac{\log 2}{\log\left(\frac{3}{2}\right)} = \frac{\log 2}{\log 3 - \log 2} \approx 1.71$$

따라서 접종 후 약 1.7개월이 지나면 면역력 수치가 반으로 줄어듦을 알 수 있다. 사실 지수와 로그 특히 로그는 학생들이 어려워하는 내용이다. 기호와 용어가 낯설고, 지수의 개념과 성질을 충분히 이해하지 못해서 생기는 결과다. 하지만 로그는 지수와 역관계이기에 지수와 연계하여 찬찬히 생각한다면 그렇게 어렵진 않을 수 있다. 만약 로그에 대하여 어려움을 겪는다면 지수부터 다시 공부해야 한다. 로그가 어려운 이유는 지수에 대한 개념과 성질을 충분히 이해하지 못했기 때문이다.

개념 Talk

선배들의 유산에서 점 하나를 지워 유명해진 수학자

로그는 영국의 수학자 네이피어가 처음 발명했다. 당시에 아직 수학이 발전하지 않아서 0.0002345와 같이 아주 작은 소수나 1,073,741,824와 같은 매우 큰 수를 곱하거나 나눌 때 큰 어려움을 겪고 있었다. 네이피어는 이 문제를 해결하기 위하여 곱셈은 덧셈으로 나눗셈은 뺄셈으로 계산하려고 새로운 계산 기술인 로그를 발명했다.

log 기호를 처음 사용한 영국의 수학자 토드헌터.

로그를 나타내는 기호 log는 'logarithm'의 앞부분 세 자에서 따온 것이다. 네이피어는 그리스어로 '비(比)'를 뜻하는 'logos'와 '수'를 뜻하는 'arithmos'를 합쳐서 'logarithm'이라는 용어를 만들었다.

네이피어가 'logarithm'이라는 용어를 만들기는 했으나 기호 log를 처음 사용한 사람은 아니다. 이 기호는 1858년에 영국의 수학자 토드헌터(Isaac Todhunter, 1820~1884)의 책에서 처음 사용된 것으로 알려져 있다. 특히 1624년에 독일의 천문학자 케플러(Johannes Kepler, 1571~1630)는 기호 'Log.'을 사용했다. 이 기호에서 '.'은 축약을 의미했다. 마찬가지로 1632년에는 이탈리아의 수학자 카발리에리(Bonaventura F. Cavalieri, 1598~1647)가 기호 'log.'을 사용했는데, 마찬가지로 축약의 뜻으로 '.'을 붙였다. 결국 토드헌터는 앞선 수학자들의 이런 기호에서 '.'을 제거하고 로그를 표현했던 것이다.

한편 밑이 자연대수 e인 자연로그를 나타내는 기호 ln은 1893년에 스트링엄(Washington I. Stringham, 1847~1909)이 처음 사용했다. ln에서 n은 자연을 뜻하는 'natural'의 첫 글자다.

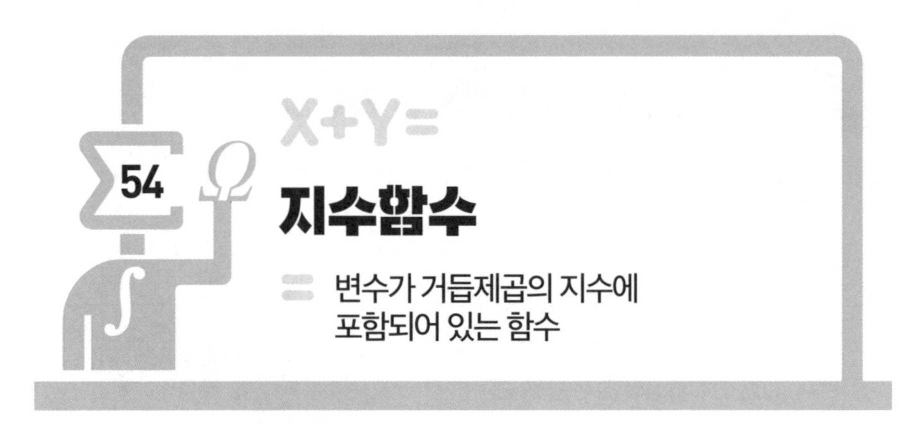

54 지수함수

= 변수가 거듭제곱의 지수에 포함되어 있는 함수

대장균은 온혈동물의 대장과 소장에서 많이 볼 수 있는 박테리아다. 대장균 자체는 인체에 해롭지 않다. 우리 몸속에 있는 대장균은 대장의 공생미생물이며 비타민 K2 등을 생산하여 이로움을 주기도 하며, 창자에서 병의 원인이 되는 박테리아 번식을 막기도 한다. 그러나 대장균의 변종은 종종 해를 끼치기도 하는데, 식중독을 일으키는 원인이 되기도 한다.

대장균과 같은 박테리아는 쉽게 번식하고 유전적으로 비교적 단순하고 다루기가 쉬워 가장 많이 연구된 원핵생물의 표본생물이기에 바이오산업에서도 중요하게 쓰인다. 예를 들어 유전자 연구에 많이 쓰이는 대장균은 환경이 좋으면 약 20분마다 그 수가 2배로 증가한다. 이는 1마리의 대장균이 10시간 만에 10억 마리 이상으로 증식할 수 있을 정도의 빠른 속도다.

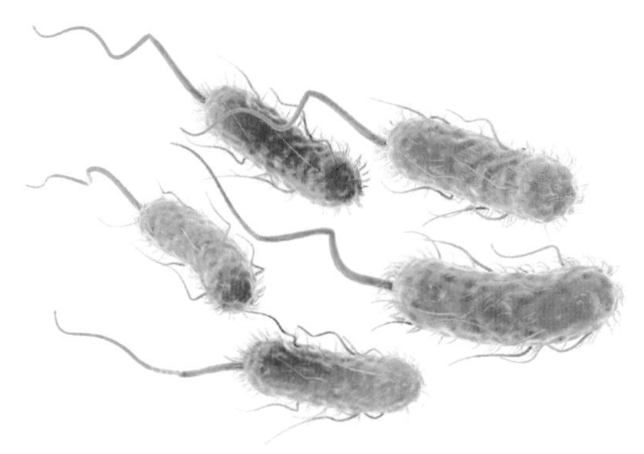

대장균. 박테리아의 일종인 대장균은 약 20분마다 그 수가 2배로 증가한다.

Σ 대장균 증식 속도와 지수함수

예를 들어 어느 실험실에서 대장균을 배양하면 매일 개체수가 2배로 늘어난다고 가정하자. 처음 1마리의 대장균을 배양할 때, x일째 대장균의 개체수를 y라 하면 $y = 2^x$인 관계가 성립한다. 즉, 1일째 $2^1 = 2$마리, 2일째 $2^2 = 4$마리, 3일째 $2^3 = 8$마리와 같이 증가한다. 실수 x에 거듭제곱 2^x를 대응시키면 그 값은 하나로 정해지므로 $y = 2^x$은 실수 전체의 집합을 정의역으로 하는 일대일 함수다. 이 함수에서 x값에 대응하는 y값의 순서쌍 (x, y)를 좌표평면 위에 점으로 나타내고, 매끄러운 곡선으로 연결하면 다음과 같다.

| 그림1. $y = 2^x$의 그래프 |

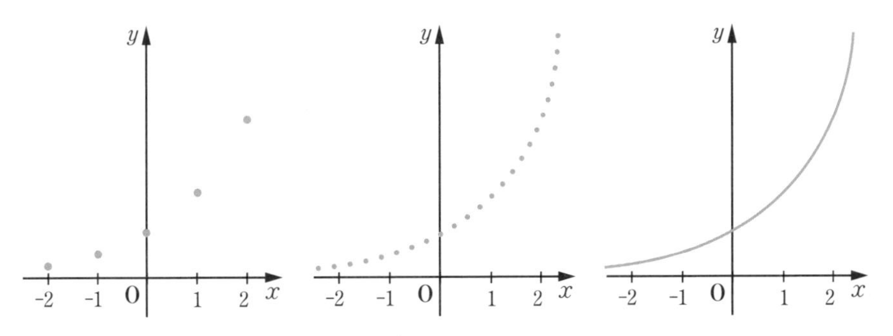

위 그래프는 x의 값이 증가하면 y의 값도 증가하고, x의 값이 감소하면 y의 값은 양수이면서 0에 한없이 가까워진다. 따라서 함수 $y = 2^x$의 치역은 양의 실수 전체의 집합이고, 이 함수의 그래프의 점근선은 x축이다.

일반적으로 $a > 0$, $a \neq 1$일 때, 실수 x에 a^x을 대응시키면 각각의 x에 대하여 a^x의 값이 하나로 정해지므로 이 대응은 일대일 함수이고 $y = a^x$으로 나타낸다. 이와 같이 실수 전체의 집합을 정의역으로 하는 함수 $y = a^x (a > 0, a \neq 1)$을 a를 밑으로 하는 **지수함수**라고 한다. 이를테면 앞에서 예로 든 $y = 2^x$은 2를 밑으로 하는 지수함수다.

a의 값에 따라 $y=a^x$의 값은 어떻게 변할까?

지수함수를 잘 이해하기 위해서는 먼저 지수의 성질을 알아야 한다. 앞에서도 소개했었지만, 여기서 다시 지수함수에서 $a>0$이고 $a\neq 1$인 이유를 간단하게 알아보자.

실수 x의 값에 a^x의 값을 대응시키는 규칙에서

(i) $a>0$이면 실수 지수의 성질에 의하여 임의의 실수 x에 대하여 a^x은 하나씩 대응한다.

(ii) $a<0$이면 $(-2)^{\frac{1}{2}}=\sqrt{-2}$와 같이 허수가 되는 경우가 생기므로 치역이 실수가 아니다.

(iii) $a=0$이면 임의의 실수 x에 대하여 $a^x=1$이 되어 상수함수이므로 역함수가 정의되지 않는다.

따라서 (i), (ii), (iii)에 의하여 지수함수 $y=a^x$에서 밑 a의 조건을 $a>0$이고 $a\neq 1$로 제한한다. 이때, $a>0$이고 $a\neq 1$이면 모든 실수 x에 대하여 $a^x>0$임을 잊지 말자.

이제 a값의 크고 작음에 따라 $y=a^x$의 값이 어떻게 변하는지 살펴보자. 다음과 같이 $a=3, 2, \frac{1}{2}, \frac{1}{3}$에 대하여 x의 값이 $-2, -1, 0, 1, 2$일 때 $y=a^x$의 값을 구해 보자.

① $a=3$이면 $y=3^x$이다. 이때 $x=-2$이면 $y=3^{-2}$이고 $3^{-2}=\frac{1}{3^2}=\frac{1}{9}$이다. 마찬가지로 $x=-1$이면 $y=3^{-1}=\frac{1}{3}$이다. 또 $x=0$이면 $3^0=1$이므로 다음 표(표1)를 얻을 수 있다.

| 표1. $a=3$일 경우 y 값 |

$a=3$	x	-2	-1	0	1	2
	y	$\frac{1}{9}$	$\frac{1}{3}$	1	3	9

② $a=2$이면 $y=2^x$이다. 이때 $x=-2$이면 $y=2^{-2}$이고 $2^{-2}=\frac{1}{2^2}=\frac{1}{4}$ 이다. 마찬가지로 $x=-1$이면 $y=2^{-1}=\frac{1}{2}$ 이다. 또 $x=0$이면 $2^0=1$ 이므로 다음 표(표2)를 얻을 수 있다.

| 표2. $a=2$일 경우 y 값 |

$a=2$	x	-2	-1	0	1	2
	y	$\frac{1}{4}$	$\frac{1}{2}$	1	2	4

③ $a=\frac{1}{2}$이면 $y=\left(\frac{1}{2}\right)^x$이다.

이때 $x=-2$이면 $y=\left(\frac{1}{2}\right)^{-2}$이고 $\left(\frac{1}{2}\right)^{-2}=\frac{1}{\left(\frac{1}{2}\right)^2}=2^2=4$이다.

마찬가지로 $x=-1$이면 $y=\left(\frac{1}{2}\right)^{-1}=2$이다. 또 $x=0$이면 $\left(\frac{1}{2}\right)^0=1$ 이므로 다음 표(표3)를 얻을 수 있다.

| 표3. $a=\frac{1}{2}$일 경우 y 값 |

$a=\frac{1}{2}$	x	-2	-1	0	1	2
	y	4	2	1	$\frac{1}{2}$	$\frac{1}{4}$

④ $a=\frac{1}{3}$이면 $y=\left(\frac{1}{3}\right)^{-1}$이다.

이때 $x = -2$이면 $y = \left(\frac{1}{3}\right)^{-2}$이고 $\left(\frac{1}{3}\right)^{-2} = \frac{1}{\left(\frac{1}{3}\right)^2} = 3^2 = 9$다.

마찬가지로 $x = -1$이면 $y = \left(\frac{1}{3}\right)^{-1} = 3$이다. 또 $x = 0$이면 $\left(\frac{1}{3}\right)^0 = 1$ 이므로 다음 표(표4)를 얻을 수 있다.

| 표4. $a = \frac{1}{3}$일 경우 y값 |

$a = \frac{1}{3}$	x	-2	-1	0	1	2
	y	9	3	1	$\frac{1}{3}$	$\frac{1}{9}$

앞에서 a의 값에 따른 y값을 비교하기 쉽게 표로 정리하면 다음과 같다.

| 표5. a 값에 따른 $y = a^x$의 값 |

	x	-2	-1	0	1	2
$a = 3$	y	$\frac{1}{9}$	$\frac{1}{3}$	1	3	9
$a = 2$	y	$\frac{1}{4}$	$\frac{1}{2}$	1	2	4
$a = \frac{1}{2}$	y	4	2	1	$\frac{1}{2}$	$\frac{1}{4}$
$a = \frac{1}{3}$	y	9	3	1	$\frac{1}{3}$	$\frac{1}{9}$

Σ 지수함수 $y = a^x$의 그래프 모양

〈표5〉에서 알 수 있듯이, $a = 3$과 $a = 2$인 경우는 x의 값이 커짐에 따라

y의 값도 커진다. 그런데 x가 음수인 경우는 $a = 3$에 대한 값보다 $a = 2$에 대한 값이 더 크고, x가 양수인 경우는 반대로 $a = 3$에 대한 값보다 $a = 2$에 대한 값이 더 작다. 따라서 그래프는 〈그림1〉과 같다.

| 그림1. $a=3$, $a=2$일 때 그래프 |

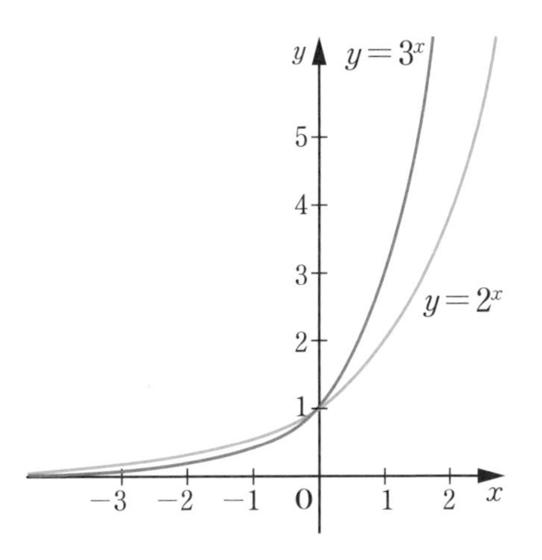

$a = \frac{1}{2}$과 $a = \frac{1}{3}$인 경우는 x의 값이 커짐에 따라 y의 값이 작아진다. 그런데 x가 음수인 경우는 $a = \frac{1}{2}$에 대한 값보다 $a = \frac{1}{3}$에 대한 값이 더 크고, x가 양수인 경우는 반대로 $a = \frac{1}{2}$에 대한 값보다 $a = \frac{1}{3}$에 대한 값이 더 작다. 따라서 그래프는 〈그림2〉와 같다.

| 그림2. $a=\frac{1}{2}$, $a=\frac{1}{3}$일 때 그래프 |

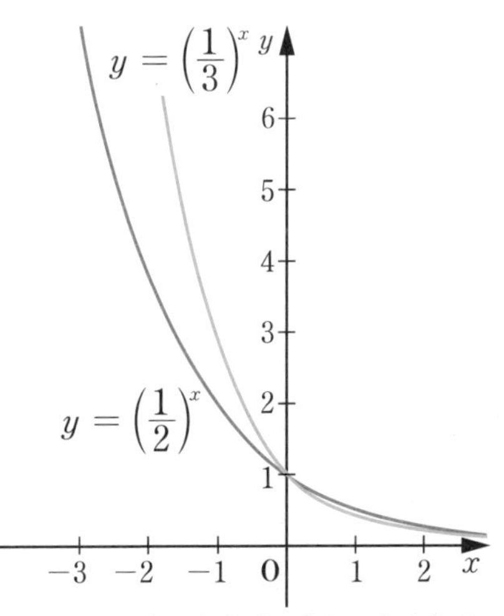

〈그림1〉과 〈그림2〉에서 네 개의 그래프를 자세히 보면, $y = 2^x$의 그래프와 $y = \left(\frac{1}{2}\right)^x$의 그래프는 y축에 대하여 대칭임을 알 수 있다. 마찬가지로 $y = 3^x$의 그래프와 $y = \left(\frac{1}{3}\right)^x$의 그래프도 대칭이다. 여러 차례 말했지만, 두 그래프가 대칭인 것은 대칭축을 접는 선으로 하여 종이접기를 했을 때 두 그래프가 포개어지는 것이다. 이를테면, $y = 2^x$의 그래프와 $y = \left(\frac{1}{2}\right)^x$의 그래프가 y축에 대하여 대칭인 것은 y축을 접는 선으로 하여 종이를 접으면 두 그래프가 포개어진다는 뜻이다. 따라서 지수함수 $y = a^x(a > 0,\ a \neq 1)$의 그래프의 모양은 a의 값에 따라

다음과 같다.

| 그림3. a값에 따른 지수함수 $y=ax(a>0,\ a\neq1)$의 그래프 |

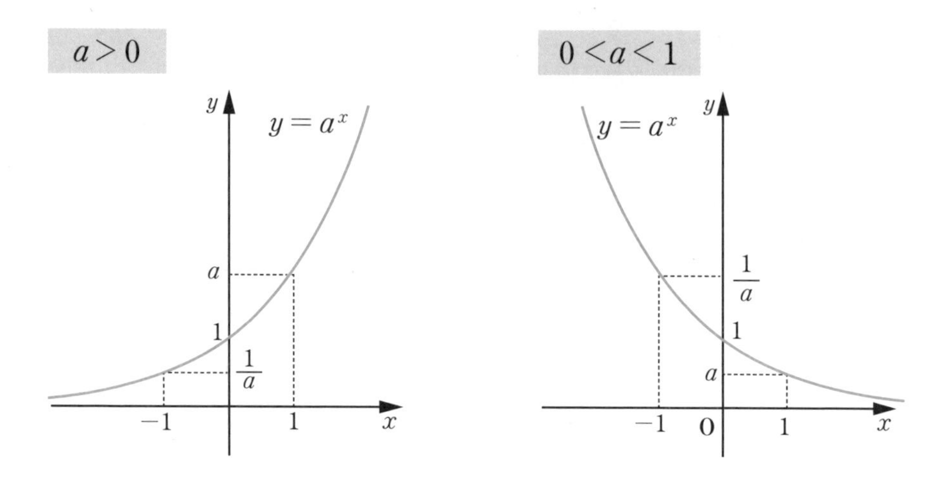

또 지수함수는 다음과 같은 성질을 갖는다.

| 지수함수 $y=a^x(a>0,\ a\neq1)$의 성질 |

① 정의역은 실수 전체의 집합이고, 치역은 양의 실수 전체의 집합이다.

② $a>1$일 때, x의 값이 증가하면 y의 값도 증가한다.

$0<a<1$일 때, x의 값이 증가하면 y의 값은 감소한다.

③ 그래프는 점 $(0, 1)$을 지나고, x축을 점근선으로 한다.

지수함수는 인구의 수나 병원균의 확산 등을 예측할 때 주로 이용된다. 따라서 지수함수를 잘 이해하고 있어야 수학을 활용하는 모든 분야에 대해 깊이 이해할 수 있다. 게다가 지수함수는 다음에 소개할 로그함수와 역함수 관계다. 따라서 지수함수를 잘 이해하고 있으면 로그함수에 대한 개념은 거저먹기와 같다.

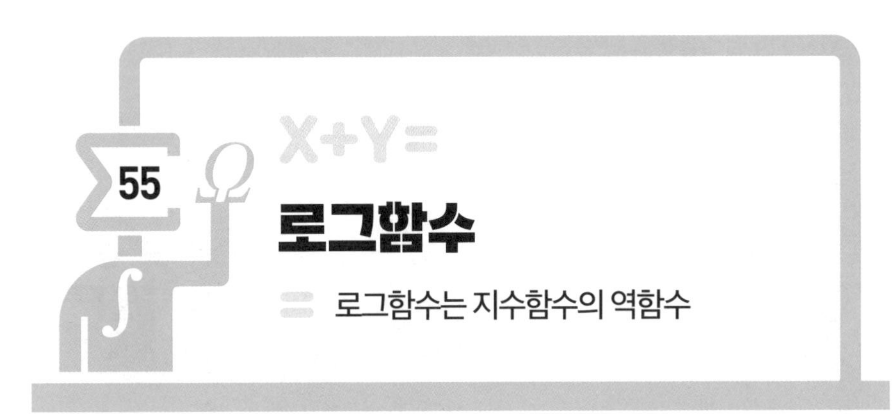

55 로그함수

= 로그함수는 지수함수의 역함수

과학이 아무리 발전하여도 자연재해를 모두 막을 수는 없다. 특히 지하에 강한 충격이 가해지거나 단층이 미끄러지면서 강력한 에너지가 방출되는 지진은 더욱 그렇다. 미동조차 느끼기 힘든 약한 지진이 있는 반면에, 자전축을 뒤흔들 만큼 강력한 지진이 발생하기도 한다. 이렇게 세기에 따라 파멸적인 위력을 가진 자연재해가 될 수 있음에도, 현대 인류의 과학기술로 지진의 발생 시기와 장소를 사전에 예측할 수 있는 방법은 거의 없다. 그래서 많은 나라에서는 조기경보 시스템 구축과 지진대피요령 및 재난계획 수립, 내진설계 등 공학적 연구를 통해 지진에 대비하고 있다.

지진이 어느 정도 강력한지를 나타내는 단위로 보통 '규모(Magnitude)'와 '진도(Intensity scale)'를 사용한다. 두 가지 용어를 혼동하기 쉽지만 지진의 규모와 진도는 엄연히 다르다. 규모는 지진의 절대적인 세기 척도이고, 진도는 특정 장소에서 느껴지는 상대적인 세기 척도다. 진도는 특정 지점의 땅이 흔들리는 정도를 측정한 것으로 주로 피해의 정도를 직관적으로 나타내기 위해서 사용한다. 즉, 규모와 진도는 다음 그림에서 그 차이를 쉽게 이해할 수 있다.

| 규모와 진도의 용례 |

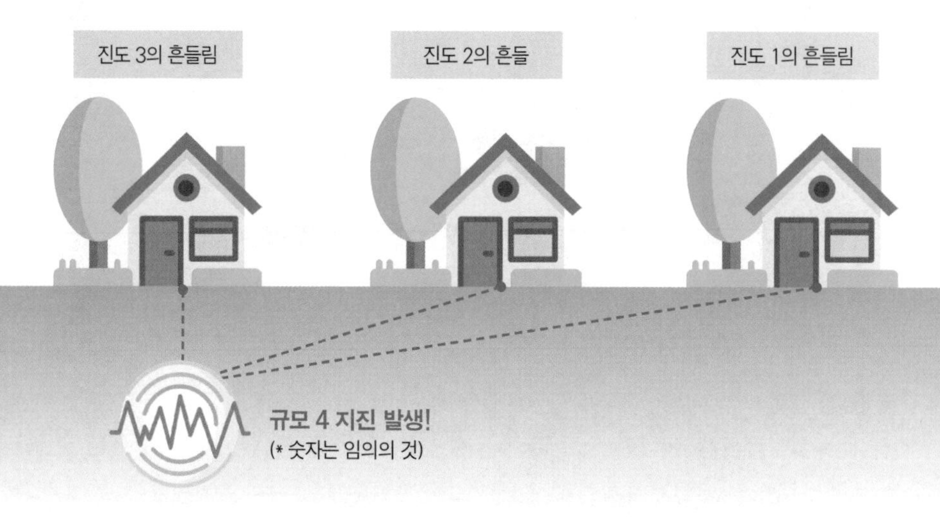

사실 지진에 의해 발생한 에너지 양은 보통 리히터 규모로 나타내는데, 발생하는 에너지가 x에르그(erg)인 지진의 리히터 규모를 M이라 하면, 밑이 10인 상용로그를 사용하여 다음과 같이 나타낼 수 있다.

$$\log x = 11.8 + 1.5M$$

우리나라 기상청의 지진 조기경보 기준은 리히터 규모 5.0 이상이다. 규모가 5인 지진이 발생했다면

$$\begin{aligned}\log x &= 11.8 + 1.5M = 11.8 + 1.5 \times 5 \\ &= 19.3\end{aligned}$$

이다. 이 경우 밑이 10인 상용로그이므로

$$\log x = 19.3 \Leftrightarrow \log_{10} x = 19.3 \Leftrightarrow x = 10^{19.3}$$

이다. 즉, 리히터 규모 5인 지진이 가진 에너지는 약

$$10^{19} = 10000000000000000000 = 100\text{경 에르그}$$

에 이른다. 사실 잘 알려진 에너지 단위인 줄(J)로 바꾸면 $1J = 10^{-7}$(에르그)이므로 리히터 규모 5의 지진 에너지는 1조J이다. 이 정도 에너지는 약 2400억 칼로리(cal)이고, 전력으로 약 28만 메가와트시(MWh)에 해당하는 어

마어마한 양이다.

로그함수의 기본 개념

이제 이와 같은 로그함수의 기본 개념에 대하여 알아보자.

앞에서 우리는 지수함수 $y = a^x$ $(a > 0, a \neq 1)$에 대하여 알아보았다. 로그함수는 바로 지수함수의 역함수다. 즉, 지수함수 $y = a^x$로부터 로그의 정의에 의하여

$$x = \log_a y \quad (a > 0, a \neq 1)$$

이고, 이 등식에서 x와 y를 서로 바꾸면 지수함수 $y = a^x$의 역함수

$$y = \log_a x \quad (a > 0, a \neq 1)$$

를 얻는다. 이 함수를 a를 밑으로 하는 **로그함수**라고 한다.

따라서 로그함수 $y = \log_a x$ $(a > 0, a \neq 1)$의 정의역은 양의 실수 전체의 집합이고 치역은 실수 전체의 집합이다. 게다가 로그함수는 지수함수의 역함수이므로 그래프는 $y = x$에 대하여 대칭이다. 즉, 로그함수 $y = \log_a x$의 그래프는 다음(그림2)과 같이 그릴 수 있다. 다시 강조하는데, 모든 함수의 그래프는 역함수의 그래프와 $y = x$를 대칭축으로 대칭이다.

$a > 1$일 때, 지수함수 $y = a^x$은 증가함수이고, 일대일 대응이므로 역함수가 존재한다. 증가함수의 역함수는 역시 증가함수이므로 $a > 1$일 때 로그함수 $y = \log_a x$는 증가함수다. 따라서 지수함수 $y = a^x$의 그래프와 마찬가지로 로그함수 $y = \log_a x$의 그래프도 $a > 1$인 경우와 $0 < a < 1$인 경우에 따라 증가 또는 감소 상태가 다르다.

역함수의 그래프는 직선 $y = x$에 대하여 대칭이므로 로그함수 $y = \log_a x$의

| 그림2. 지수함수와 로그함수의 그래프 |

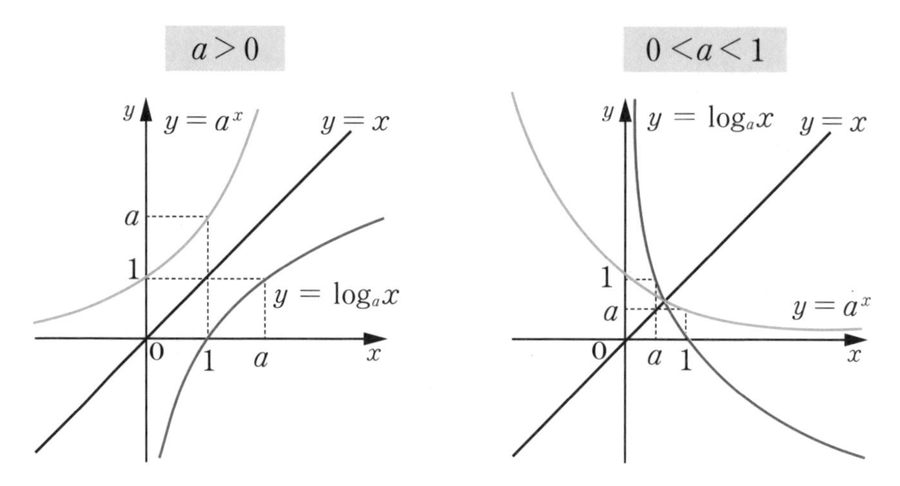

그래프는 지수함수 $y = a^x$의 그래프를 직선 $y = x$에 대하여 대칭이동하여 그린다. 그러면 다음 두 가지 성질을 알 수 있다.

(i) $y = a^x$의 그래프가 점 $(0, 1)$을 지나므로 $y = \log_a x$의 그래프는 점 $(1, 0)$을 지난다.

(ii) $y = a^x$의 그래프의 점근선이 x축이므로 $y = \log_a x$의 그래프의 점근선은 y축이다.

위의 사실을 정리하면 지수함수와 마찬가지로 로그함수는 다음과 같은 성질을 갖는다.

| 로그함수 $y = \log_a x(a > 0, a \neq 1)$의 성질 |

① 정의역은 양의 실수 전체의 집합이고, 치역은 실수 전체의 집합이다.

② $a > 1$일 때, x의 값이 증가하면 y의 값도 증가한다.

$0 < a < 1$일 때, x의 값이 증가하면 y의 값은 감소한다.

③ 그래프는 점 $(1, 0)$을 지나고, y축을 점근선으로 한다.

지금까지 알아본 것과 같이 지수함수와 로그함수는 서로 역함수 관계에 있다. 따라서 둘 중 한 가지 함수만이라도 정확히 이해하고 있다면 그로부터 다른 함수의 성질도 똑같이 유추할 수 있다. 특히 두 함수는 서로 역함수 관계이므로 직선 $y=x$에 대하여 대칭임을 잘 기억하고 있어야 한다. 실제로 학교 시험이나 수학능력시험에 출제되는 문제는 지수함수와 로그함수의 개념을 묻는 문제이거나 함수를 활용하여 실생활 문제를 해결하는 것이다. 따라서 지수함수나 로그함수 중에서 하나만이라도 정확히 알고 있어야 한다.

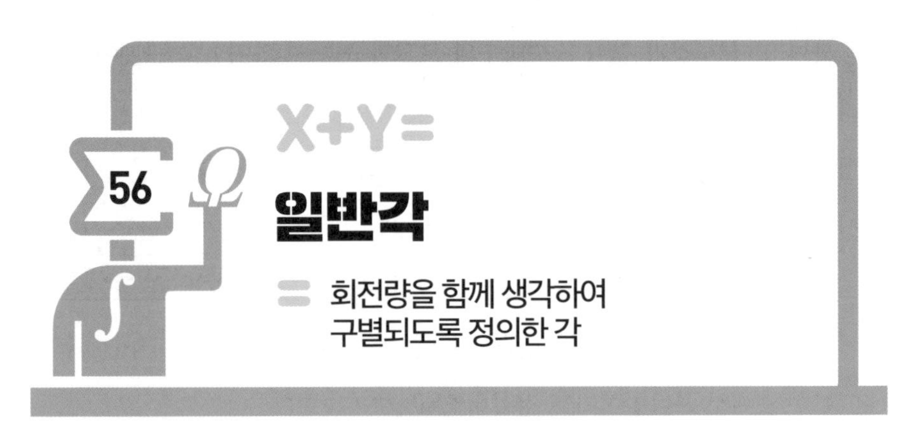

일반각

= 회전량을 함께 생각하여 구별되도록 정의한 각

개인이나 은행은 귀중품이나 거액의 현금을 보관할 때 금고(金庫)를 사용한다. 요즘 나오는 금고는 주로 디지털 방식이며, 생체인식 등 첨단 기법으로 귀중품을 지켜준다. 그러나 전통적인 금고는 다이얼을 돌려 숫자를 맞춰야 열리는 다이얼 금고다.

보통 다이얼 금고는 세 개의 비밀번호를 설정하고 다이얼을 돌려서 맞춰야 한다. 처음 다이얼을 시계 방향으로 두 바퀴 이상 돌린 후에 계속해서 시계 방향으로 천천히 돌리며 첫 번째 비밀번호를 화살표에 맞춘다. 첫 번째 숫자를 맞췄다면 다이얼을 시계 반대 방향으로 돌리며 두 번째 비밀번호를 화살표에 맞춘다. 마지막으로 다이얼을 시계 방향으로 돌리며 세 번째 비밀번호를 화살표에 맞춘다. 각 단계에서 맞추고자 하는 숫자를 지나쳤다면 처음부터 다시 시도해야 한다.

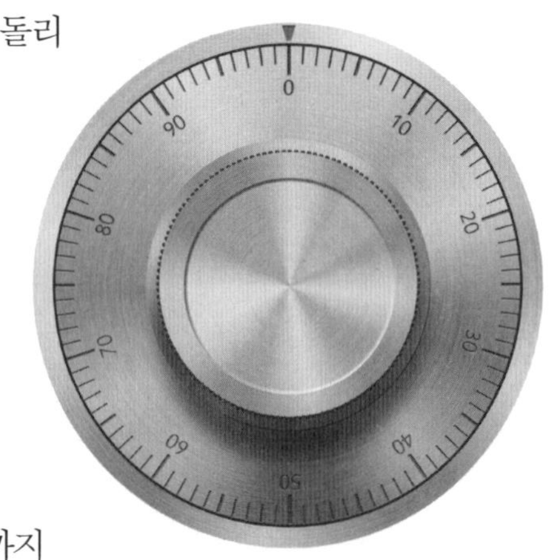

지금까지는 각의 크기를 0°에서 360°까지

의 범위로 나타내었다. 하지만 다이얼 금고의 잠금장치와 같이 여러 바퀴를 회전하거나 회전하는 방향을 구분해야 할 필요가 있을 때, 좀 더 넓은 범위의 각의 크기가 필요하다.

Σ 각의 크기 범위 확장하기

이제 각의 크기 범위를 확장해 보자.

〈그림1〉과 같이 두 반직선 OX와 OP에 의해 정해진 ∠XOP의 크기는 반직선 OP가 점 O를 중심으로 반직선 OX에서 반직선 OP의 위치까지 회전한 양으로 정의한다. 이때 반직선 OX를 **시초선**, 반직선 OP를 **동경**이라고 한다. 시초선은 '처음 시작하는 선'이라는 뜻이고, 동경은 '움직이는 선'이라는 뜻이다.

| 그림1 |

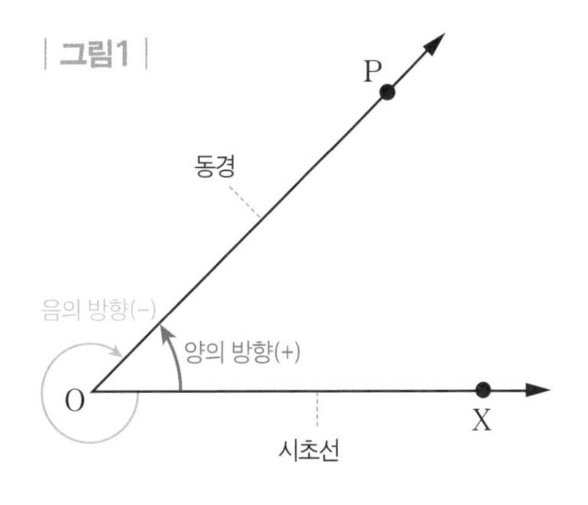

동경 OP가 점 O를 중심으로 회전할 때, 시계 반대 방향을 양의 방향, 시계 방향을 음의 방향이라고 정한다. 그리고 음의 방향으로 회전하여 생기는 각의 크기는 음의 부호 '−'를 붙여서 나타낸다. 양의 방향으로 회전하여 생기는 각의 크기는 양의 부호 '+'를 붙여서 나타내지만, 양의 부호는 보통 생략한다.

따라서 ∠XOP의 동경 OP는 점 O를 중심으로 음의 방향으로 회전하면 각의 크기를 음수의 범위로 확장할 수 있다. 또 한 바퀴 이상 회전할 수 있으므로 $360°$보다 큰 각 또는 $-360°$보다 작은 각을 생각할 수 있다. 이를테면 $-50°$, $410°$, $-410°$인 각을 그림으로 나타내면 다음과 같다.

| 그림2 |

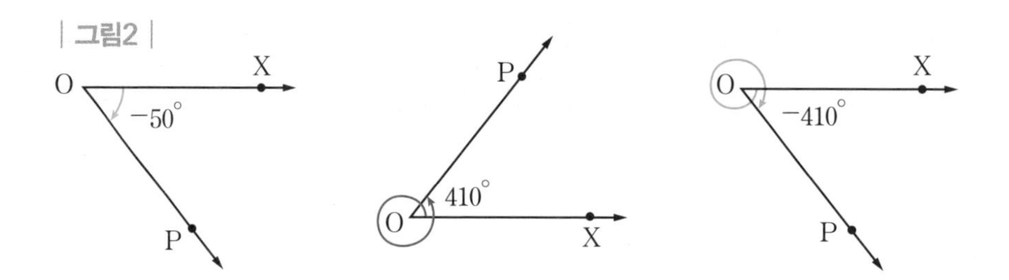

시초선 OX는 고정되어 있으므로 ∠XOP의 크기가 정해지면 동경 OP의 위치도 하나로 정해진다. 그런데 동경 OP의 위치가 정해지더라도 시초선 OX로부터 동경 OP가 어느 방향으로 회전하였는가 또는 몇 바퀴를 회전하였는가에 따라 ∠XOP의 크기는 여러 가지 값을 가질 수 있으므로 ∠XOP의 크기는 하나로 정해지지 않는다.

예를 들어 시초선 OX와 50°의 위치에 있는 동경 OP가 나타내는 각의 크기는 다음과 같이 여러 가지다.

| 그림3. 시초선 OX와 50°의 위치에 있는 동경 OP가 나타내는 각의 크기 |

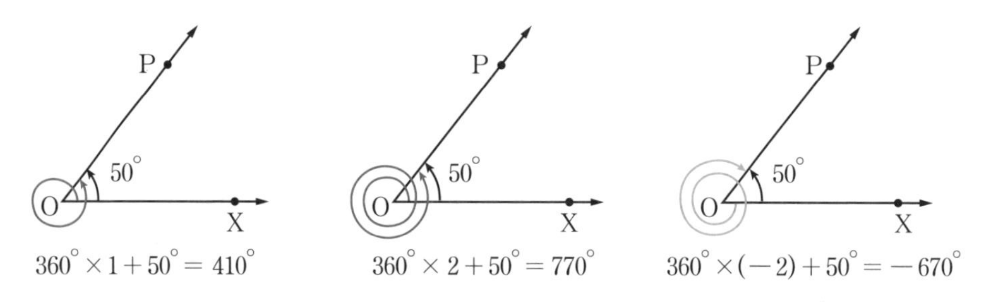

일반적으로 시초선 OX와 동경 OP가 나타내는 한 각의 크기를 $\alpha°$라 하면 ∠XOP의 크기는

| 그림4 |

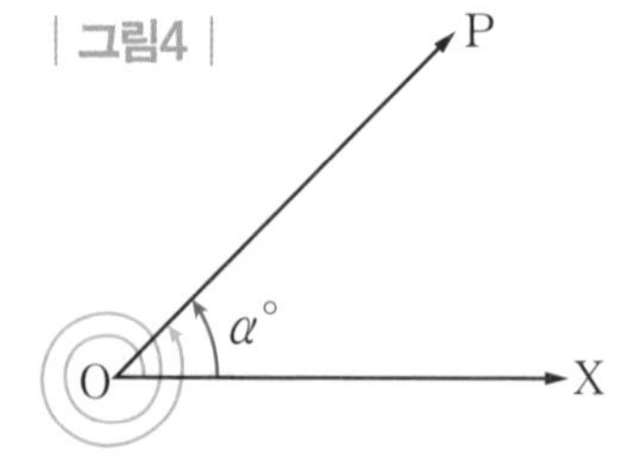

$$360° \times n + \alpha° \ (n\text{은 정수})$$

의 꼴로 나타낼 수 있다. 이것을 동경 OP가 나타내는 **일반각**이라고 한다. 일반각을 나

타낼 때, $\alpha°$는 보통 $0° \leq \alpha° < 360°$ 또는 $-180° < \alpha° \leq 180°$인 것을 택한다.

예를 들어 $1120° = 360° \times 3 + 40°$이므로 $1120°$를 나타내는 동경 OP는 〈그림5〉와 같다. 따라서 동경 OP가 나타내는 일반각은 $360° \times n + 40°$(n은 정수)와 같다.

| 그림5. 1120° |

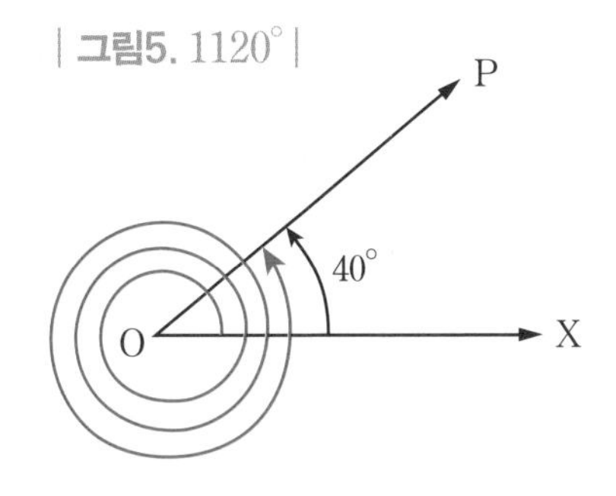

삼각함수에서 이용하는 각의 개념

한편, 일반각의 꼭짓점을 좌표평면 위의 원점 O에 잡고, 시초선 OX를 x축의 양의 방향으로 잡을 때, 동경 OP가 좌표평면의 제1사분면, 제2사분면, 제3사분면, 제4사분면에 있으면 동경 OP가 나타내는 각을 각각 제1사분면의 각, 제2사분면의 각, 제3사분면의 각, 제4사분면의 각이라고 한다. 좌표평면에서 시초선은 보통 x축의 양의 부분으로 정하고, 동경 OP가 좌표축 위에 있을 때는 어느 사분면에도 속하지 않는다.

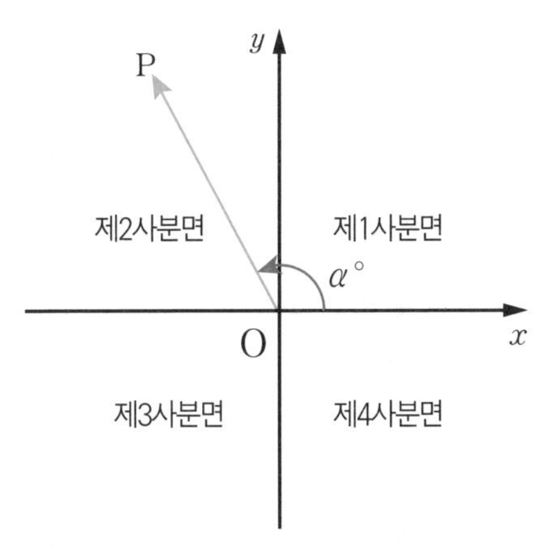

이와 같이 각의 범위를 넓히면 중학교에서 배운 삼각비도 일반각으로 확장할 수 있다. 그래서 중학교에서 배웠던 삼각비와 고등학교에서 배우는 삼각함수는 약간의 차이가 있으나 본질적으로는 똑같다. 삼각함수에서 이용하는 각의 개념은 다음과 같다.

| 그림7. 삼각함수에서 이용하는 각의 개념 |

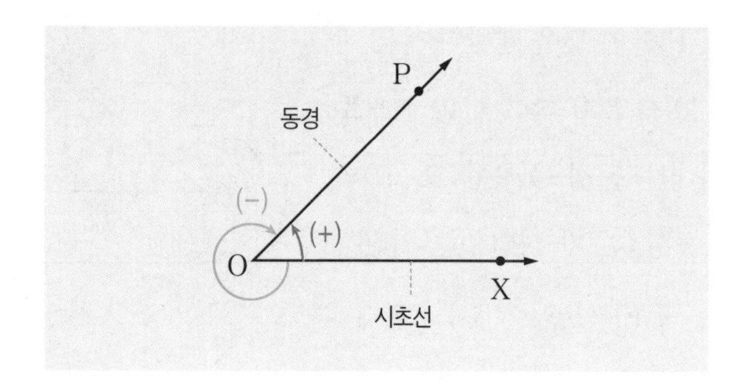

삼각함수에서는 도형으로서의 ∠XOP는 반직선 OX를 고정되어 있는 것으로 보고, 반직선 OP가 OX의 위치에서 O를 중심으로 하여 적당히 회전하여 $\overrightarrow{OP}$의 위치가 되었다고 본다. 이때 〈그림7〉과 같이 회전 방향에 따라 각의 크기에 양과 음을 생각하고 회전량을 생각하여 서로 구별한다. 그러면 도형으로서의 각이 같아도 회전량에 따라 서로 다른 각이 되며, 이렇게 회전량을 함께 생각하여 구별되도록 정의한 각을 일반각이라고 한다. 또 일반각에서 그 크기는 회전 방향에 따라 양과 음의 부호를 붙여서 측정하는 것으로 한다. 일반각을 표현하는 방법은 회전 방향과 회전량을 그림으로 나타내든가, 아니면 그 크기를 각 자체와 구별하지 않고 크기 $360° \times n + \alpha°$(단, n은 정수)로 나타낸다. 어느 경우에나 꼭짓점은 좌표축의 원점에 고정하고 시초선은 x축의 양의 방향과 일치하는 반직선으로 정한다.

삼각함수는 수학에서 매우 중요한 개념이다. 삼각함수를 잘 이해하려면 우선 각에 대한 개념이 뒷받침되어야 한다. 따라서 초등학교와 중학교에서 배운 각의 범위를 확장하여 일반각으로 나타내는 방법을 잘 알고 있어야 한다.

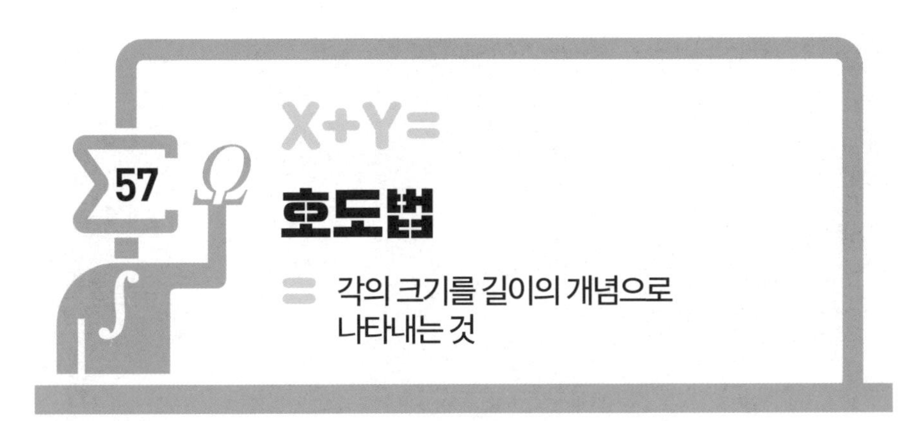

카메라로 밤하늘 사진을 찍을 때, 오랜 시간 동안 셔터를 열고 찍으면 천체들이 움직인 자취가 곡선으로 나타나는 별의 일주사진을 얻을 수 있다. 별의 일주운동은 지구 자전으로 인해 일어나는 현상이다. 실제로 별은 고정되어 있지만, 지구가 자전하면서 하늘의 별이 관측자가 보기에 회전하는 것처럼 보이게 된다. 이런 겉보기 운동을 '일주운동'이라고 한다.

우리나라가 있는 북반구에서는 북극성을 중심으로 모든 별이 하루에 한 번씩 시계 반대 방향으로 원을 그리며 일주운동을 한다. 이때 천구에 그려지는 원을 '일주권'이라고 하며, 일주권의 크기는 천구상의 별의 위치가 천구의 남극이나 북극에 가까울수록 작아지고 멀수록 커진다. 또한 하루 24시간에 360°를 돌아야 하므로 1시간에 15°씩 움직인다.

다음 사진은 북극성을 중심으로 찍은 일주사진으로, 별의 자취가 북극성을 중심으로 하는 원의 호 모양을 이루고 있으며 그 길이는 카메라 노출 시간에 비례한다. 별의 일주사진에서 노출 시간이 같기 때문에 모든 호의 중심각 크기는 같다. 또 반지름의 길이와 호의 길이가 같을 때, 부채꼴의 중심각 크기는 반지름의 길이에 관계없이 항상 일정하다.

북반구에서는 북극성을 중심으로 모든 별이 하루에 한 번씩 시계 반대 방향으로 원을 그리며 일주운동을 한다.

각의 크기를 온전히 실수만으로 나타내는 방법

이제 호의 길이와 중심각의 크기 관계를 이용하여 각의 크기를 나타내는 방법에 대하여 알아보자. 즉, 각의 크기를 나타낼 때, 30°, 60°, 120°와 같이 도($^\circ$)를 단위로 하는 육십분법을 사용하였는데, 각의 크기를 실수로 나타내는 방법을 알아보자. 육십분법은 원주를 360등분하여 각각의 호에 대한 중심각의 크기를 1도($^\circ$), 1°의 $\frac{1}{60}$을 1분($'$), $1'$의 $\frac{1}{60}$을 1초($''$)로 정의하여 각의 크기를 나타내는 방법이다.

사실 각의 크기가 30°인 것은 실수가 아니라 도형을 이용한 방법이다. 그런데 복잡한 계산에서 이와 같은 도형을 이용한 각의 크기를 계속 사용하면 매우 불편하다. 그래서 도형을 이용한 각의 크기를 온전히 실수만으로 나타내는 새로운 방법을 생각하게 되었다.

〈그림1〉과 같이 반지름의 길이가 r인 원에서 길이가 r인 호 AB의 중심각의

크기를 α°라 하면, 호의 길이는 중심각의 크기에 비례한다.

(호의 길이) : (원주) = (중심각의 크기) : (원 전체의 각)

이므로

$$r : 2\pi r = \alpha^\circ : 360^\circ$$

이다. 이를 정리하면

$$2\pi r \times \alpha^\circ = r \times 360^\circ \Leftrightarrow 2\pi \times \alpha^\circ = 360^\circ \Leftrightarrow \alpha^\circ = \frac{180^\circ}{\pi}$$

이다. 여기서 $\frac{180^\circ}{\pi}$는 반지름의 길이와 관계없이 항상 일정하다.

| 그림1 |

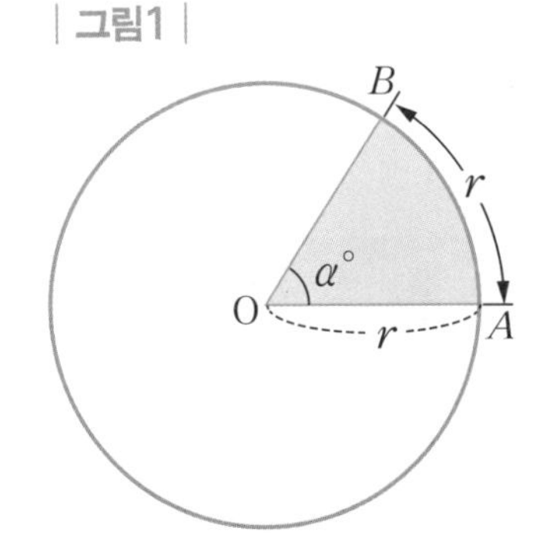

이 일정한 각의 크기 $\frac{180^\circ}{\pi}$를 1 **라디안 (radian)** 이라고 하며, 이것을 단위로 각의 크기를 나타내는 방법을 **호도법(弧度法)** 이라고 한다. 여기서 라디안(radian)은 반지름(radius)과 각(angle)을 나타내는 영어 단어의 합성어다. 또 호도법에서 한자로 '弧'는 원의 호이고 '度'는 길이를 뜻한다. 따라서 호도법은 '호를 재는 방법' 또는 '호를 재는 단위'라는 뜻이다. 즉, 호도법은 각의 크기를 도형이 아닌 길이의 개념으로 나타낸다는 뜻이다.

호도법 개념은 영국의 수학자 코츠(Roger Cotes,1682~1716)가 1714년에 처음 고안했고, 크기의 단위인 '라디안'이란 용어는 영국의 물리학자 톰슨(James Thomson, 1822~1892)이 처음 사용했다. 호도법에 의하면 1라디안과 1°는 다음과 같다.

$$1\text{라디안} = \frac{180^\circ}{\pi},\ 1^\circ = \frac{\pi}{180}\text{라디안}$$

그리고 각의 크기를 호도법으로 나타낼 때는 단위인 '라디안'을 생략하고 $1, \frac{\pi}{3}, 2\pi$와 같이 실수로 나타낸다.

예를 들어 자주 이용되는 특별한 몇 가지 각의 크기를 호도법으로 나타내면 다음과 같다.

$0° = 0 \times 1° = 0 \times \frac{\pi}{180} = 0,$ $\quad 30° = 30 \times 1° = 30 \times \frac{\pi}{180} = \frac{\pi}{6}$

$45° = 45 \times 1° = 45 \times \frac{\pi}{180} = \frac{\pi}{4},$ $\quad 60° = 60 \times 1° = 60 \times \frac{\pi}{180} = \frac{\pi}{3}$

$90° = 90 \times 1° = 90 \times \frac{\pi}{180} = \frac{\pi}{2},$ $\quad 180° = 180 \times 1° = 180 \times \frac{\pi}{180} = \pi$

$360° = 360 \times 1° = 360 \times \frac{\pi}{180} = 2\pi$

Σ 라디안, 각의 크기이면서 호의 길이

이제 라디안에 대하여 좀 더 자세히 알아보자.

예를 들어 각의 크기 30°를 도형으로 나타내면 〈그림2〉와 같다.

한편 반지름의 길이가 1인 원 위에 30°를 그림으로 나타내면 〈그림3〉과 같다.

이때 중심각의 크기가 30°인 호의 길이 $\frac{\pi}{6}$가 바로 30°를 라디안으로 나타낸 값이다.

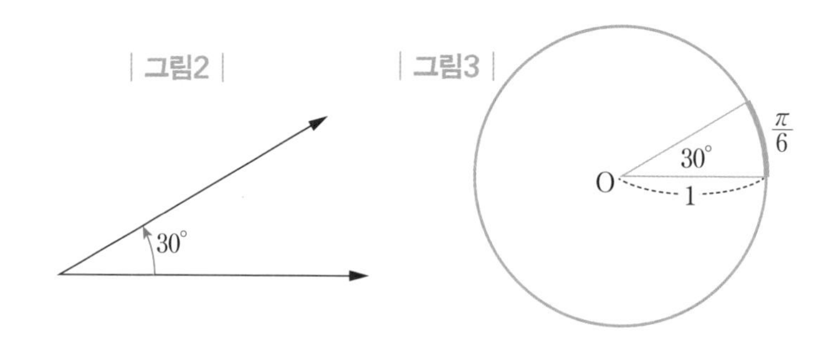

즉, 도형인 각을 호의 길이인 실수로 바꿔서 나타내는 것이 바로 라디안이다.

이때 원주율 π의 값은 π=3.141592…이므로, 실제 이 길이는

$$\frac{\pi}{6} = \frac{3.141592\cdots}{6} = 0.523598\cdots$$

이다. 이것은 각의 크기 30°를 실수 $0.523598\cdots$로 계산한다는 뜻이다.

원래 각은 두 반직선이 만나는 점에서 두 반직선 사이에 벌어진 것을 나타내는 도형이고, 벌어진 정도를 각의 크기라고 한다. 따라서 30°와 같이 나타낸 것은 도형적 성격이 강하다. 이를 실수로 바꾸면 다양한 함수에도 사용할 수 있으므로 매우 편리해진다. 그래서 고등학교 이상의 수학에서는 각의 크기를 대부분 라디안으로 나타낸다. 간단히 말하면 라디안은 주어진 각에 대한 호의 길이라 생각하면 되고, 각의 크기이면서 호의 길이다.

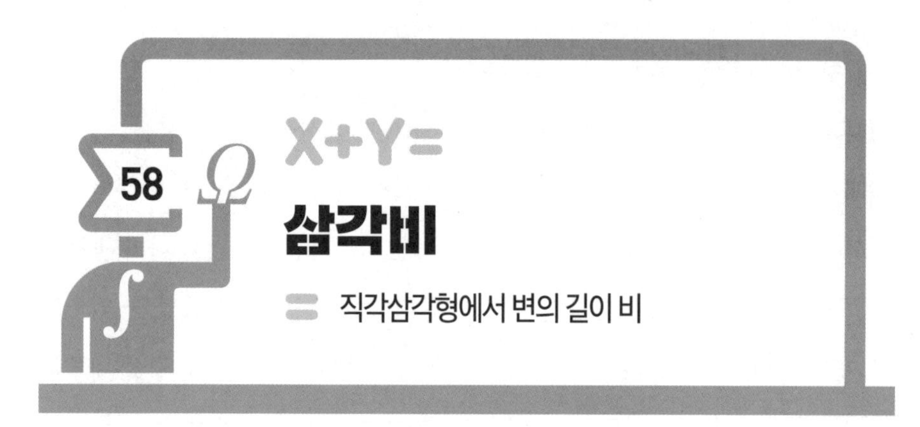

삼각비

= 직각삼각형에서 변의 길이 비

고대에 천문학은 별의 움직임을 관측하여 자신의 위치를 알아내거나 미래를 예측하였다. 그래서 별의 움직임을 면밀하게 조사하여 지구에서 별까지의 거리를 구하기도 했다. 지구가 춘분점이나 추분점에 있을 때 가까이 있는 별 S를 3개월이라는 시차를 두고 2번 관찰한다. 이때 관찰 결과를 그림으로 그려놓는데, 그림에서 S의 이동 거리 l을 측정하면 지구의 공전에 의한 별 S의 겉보기 움직임 각도 $\alpha°$를 구할 수 있다.

| 그림1 |

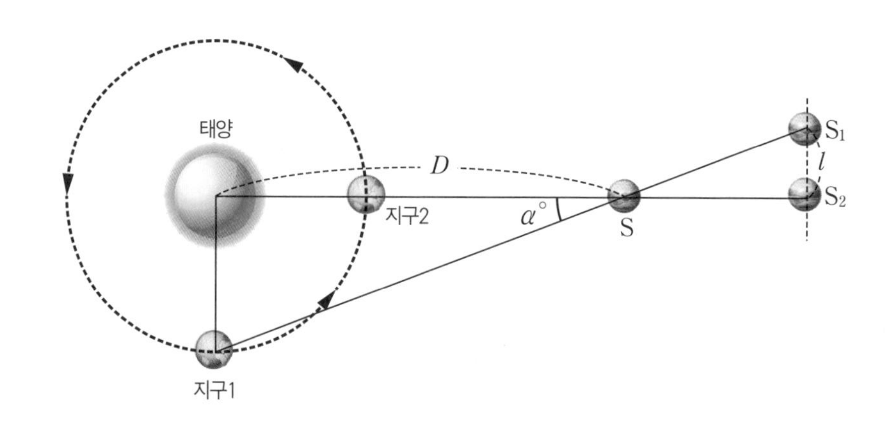

예를 들어 〈그림1〉에서와 같이 지구가 '지구1' 위치에 있을 때 별 S를 관찰하면 S_1이고, 3개월이 지나 '지구2' 위치에서 별 S를 관찰하면 S_2로 l만큼 이동했다고 하자. 그러면 별은 각도 $\alpha°$만큼 움직인 것으로 보인다. 이때 별 S에 대하여 큰 삼각형과 작은 삼각형은 서로 닮은 삼각형이고, 삼각비와 닮음을 이용하면 태양과 별 사이의 거리 D를 구할 수 있다. 또 D에서 태양과 지구 사이의 거리를 빼면 지구에서 별까지의 거리를 구할 수 있다.

실제로 디지털카메라를 이용하여 거리를 측정하고 싶은 별을 3개월의 시차를 두고 사진을 찍은 후에 이를 겹쳐서 〈그림1〉과 같이 만들면 각도 $\alpha°$를 구할 수 있고, 이 각도를 이용하여 별까지의 거리를 구할 수 있다.

Σ 삼각비의 기원을 찾아서

직각삼각형에서 각의 크기가 정해지면 삼각형의 변의 길이에 관계없이

(높이) : (빗변의 길이), (밑변의 길이) : (빗변의 길이), (높이) : (밑변의 길이)

의 값은 일정하다. 삼각형에서 이와 같은 비를 **삼각비**라고 한다. 학교에서 배우는 방식이 아닌, 용어의 기원으로부터 삼각비의 개념을 알아보자.

〈그림2〉와 같이 반지름의 길이가 1인 원 O의 중심에서 반직선 OA와 OC를 그린다. 그러면 중심각이 ∠AOC인 부채꼴, 현 AC, 호 ADC를 얻는다. 이때 현 AC의 반인 선분 AB를 '반 현'이라고 하는데, '반 현'을 뜻하는 원래의 아라비아어가 점차 잘못 전달되며 라틴어 '만' 또는 '협곡'

| 그림2 |

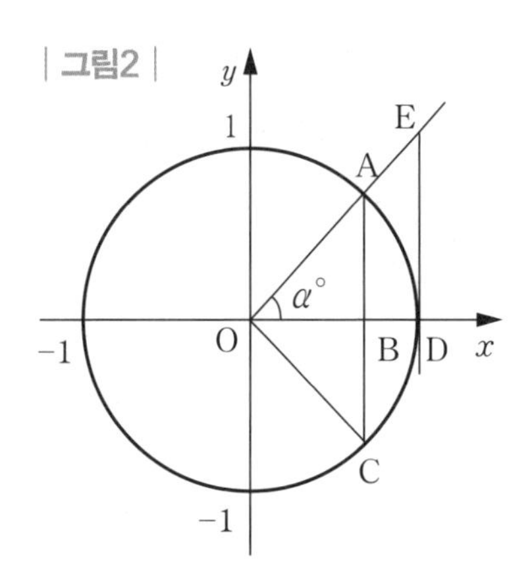

을 뜻하는 'sinus'로 바뀌었다. 마침내 'sinus'는 'sine'이 되었으며 이것을 오늘날 기호로 'sin'과 같이 나타낸다. 즉, sin은 '반 현의 길이'를 나타내므로 선분 AB의 길이다. '반 현의 길이'는 각도 $\alpha°$에 대한 것이므로 기호로

$$\sin\alpha°$$

와 같이 나타낸다. 따라서 $\sin\alpha° = \overline{AB}$이다.

또 반 현 AB를 보조 해주는 역할을 하는 선분 OB를 '여현(餘弦)'이라고 한다. 여현은 '남아 있는 현'이라는 뜻이고 영어로 'complemental sine'을 축약하여 'cos'로 나타낸다. 여현의 정확한 뜻을 알려면 여각(餘角)을 알아야 한다. 여각은 두 각의 합이 직각일 때, 그 한 각에 대한 다른 각을 뜻한다. 이를테면 $90°$에 대한 $30°$의 여각은 $60°$다. 따라서 cos은 '여각의 사인'이라는 뜻이다. 이를테면 앞의 〈그림2〉에서 $\alpha°$의 여각은 $90° - \alpha°$이므로

$$\cos\alpha° = \sin(90° - \alpha°)$$

이다. 따라서 $\cos\alpha° = \overline{OB}$이다.

마지막으로 직선 DE는 원 O의 점 D에서의 접선이다. 접선을 영어로 'tangent line'이라고 하는데, 이를 축약하여 'tan'으로 나타낸다. 이때 각도 $\alpha°$에 대한 tan은 접선이 점 D에서 반직선 OA와 만나는 점 E까지의 길이를 나타낸다. 즉,

$$\tan\alpha° = \overline{DE}$$

앞에서 알아본 $\sin\alpha°$, $\cos\alpha°$, $\tan\alpha°$를 통틀어 삼각비라고 한다. 그런데 앞의 원 O는 반지름의 길이가 1이므로 $\overline{OA} = \overline{OD} = 1$이다. 또 삼각형 AOB를 이용하여 삼각비를 다음과 같이 나타낼 수 있다.

$$\sin\alpha° = \overline{AB} = \frac{\overline{AB}}{\overline{OA}},$$

$$\cos\alpha° = \overline{OB} = \frac{\overline{OB}}{\overline{OA}},$$

$$\tan\alpha° = \overline{DE} = \frac{\overline{DE}}{\overline{OD}}$$

특히, 삼각형 AOB와 삼각형 EOD는 닮음이므로

$$\tan\alpha^\circ = \overline{DE} = \frac{\overline{DE}}{\overline{OD}} = \frac{\overline{AB}}{\overline{OB}}$$

또, 삼각형 AOB가 직각삼각형이므로 피타고라스 정리에 의하여

$$\overline{AB}^2 + \overline{OB}^2 = \overline{OA}^2$$

이 성립하고 $\sin\alpha^\circ = \overline{AB}$, $\cos\alpha^\circ = \overline{OB}$, $\overline{OA} = 1$이므로

$$\sin^2\alpha^\circ + \cos^2\alpha^\circ = 1$$

이 성립한다.

지금까지 알아본 삼각비를 원을 제거하고 직각삼각형에 대응하여 정리하면 다음을 얻을 수 있다.

| **삼각비** |

$\angle C = 90^\circ$인 직각삼각형 ABC에서

$\angle A$, $\angle B$, $\angle C$의 대변의 길이를 각각

a, b, c 라고 하면

$$\sin B = \frac{b}{c},\ \cos B = \frac{a}{c},\ \tan B = \frac{b}{a}$$

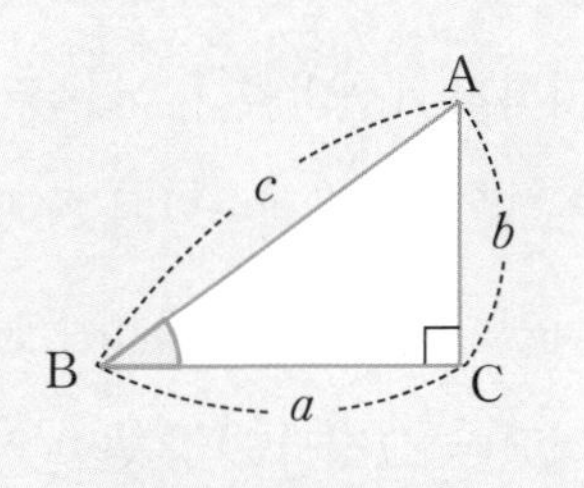

한편, 세 가지 삼각비를 구할 때는 다음 그림을 활용하면 기억하기 쉽다.

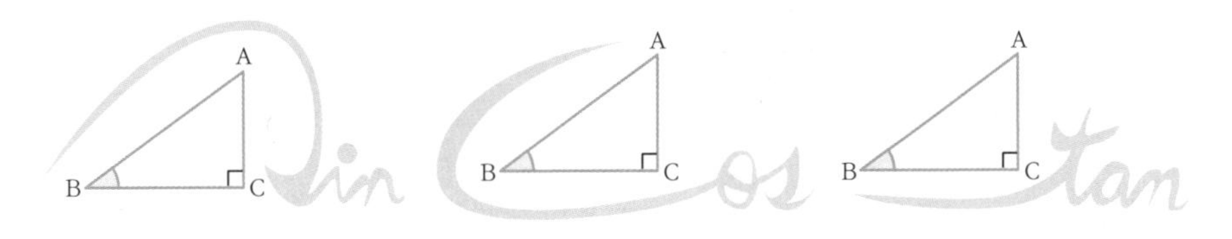

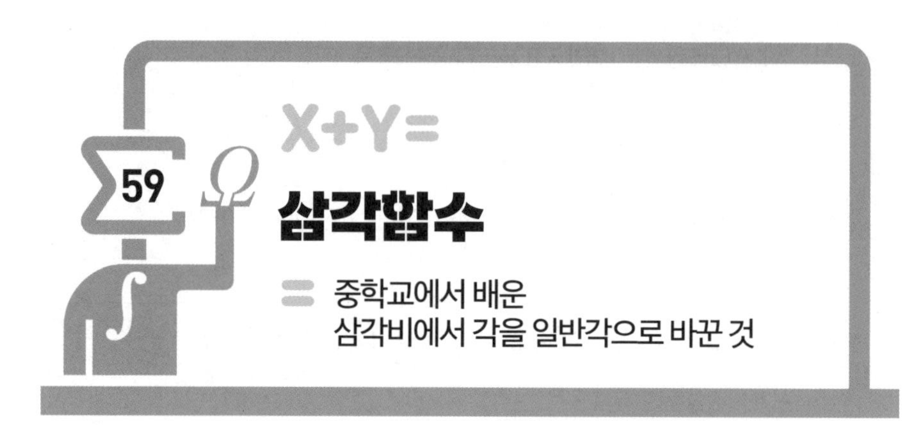

삼각함수

= 중학교에서 배운 삼각비에서 각을 일반각으로 바꾼 것

영국은 19세기에 당시 식민지였던 인도의 정확한 지도를 제작하기 위하여 '대삼각 측량(Great Trigonometrical Survey)' 사업을 벌였다. 이 사업에서 영국인들은 인도 땅을 삼각형으로 나눈 후 삼각비를 사용하여 직접 측량하기 어려운 거리까지 계산하였다. 이 측량 사업은 컴퓨터나 인공위성을 이용한 위치 측정 시스템(GPS)이 개발되기 전에 과학계에서 이루어진 가장 어려운 작업 가운데 하나였다고 한다. 이 측량으로 에베레스트산이 이 세상에서 가장 높은 산임이 밝혀졌다. 그래서 가장 높은 산의 이름을 이 사업의 책임자였던 조지 에베레스트(George Everest, 1790~1866)의 이름을 따서 지었다.

| 그림1 |

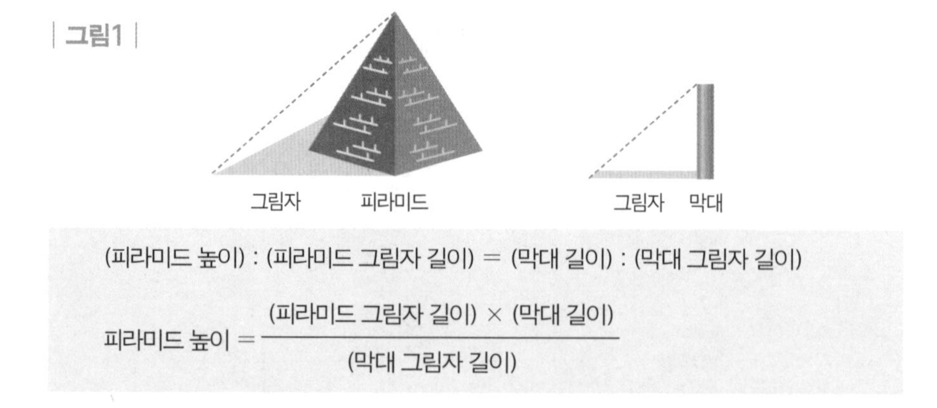

(피라미드 높이) : (피라미드 그림자 길이) = (막대 길이) : (막대 그림자 길이)

$$\text{피라미드 높이} = \frac{(\text{피라미드 그림자 길이}) \times (\text{막대 길이})}{(\text{막대 그림자 길이})}$$

삼각법을 이용한 측량은 고대에도 있었다. 사각뿔 모양의 거대한 건축물인 피라미드는 현대의 최신식 기술과 장비를 가지고도 만들기 힘들 만큼 정교하고 불가사의한 구조물이다. 고대 그리스의 수학자 탈레스(Thales, BC 624?~BC 546)는 막대기와 피라미드 그림자의 길이로부터 닮음비를 이용하여 피라미드 높이를 구하였다. 이는 닮음인 두 삼각형에서 삼각비의 값을 이용한 것이다.

Σ 삼각비 개념을 일반각으로 확장

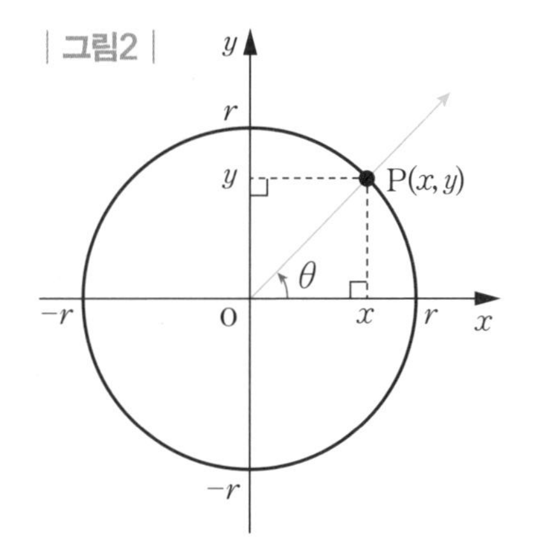

우리는 중학교에서 0°에서 90°까지의 삼각비의 값은 직각삼각형의 크기에 관계없이 일정함을 배웠다. 이제 삼각비의 개념을 일반각의 경우로 확장하자.

〈그림2〉와 같이 좌표평면 위에서 x축의 양의 부분을 시초선, 일반각 θ의 동경을 OP라고 하자. 이때 반지름의 길이가 r인 원과 동경 OP의 교점을 $P(x, y)$라고 하면

$$\frac{y}{r},\ \frac{x}{r},\ \frac{y}{x}\ (x \neq 0)$$

의 값은 반지름의 길이 r에 관계없이 θ에 따라 각각 하나씩 결정된다. 즉,

$$\theta \to \frac{y}{r},\ \theta \to \frac{x}{r},\ \theta \to \frac{y}{x}\ (x \neq 0)$$

의 대응 관계는 각각 θ에 대한 함수다. 이 함수를 각각 θ에 대한 **사인함수, 코사인함수, 탄젠트함수**라고 하며, 이것을 기호로 $\sin\theta$, $\cos\theta$, $\tan\theta$와 같이 나타낸다. 즉,

$$\sin\theta = \frac{y}{r},\ \cos\theta = \frac{x}{r},\ \tan\theta = \frac{y}{x}\ (x \neq 0)$$

이다. 이와 같은 함수들을 θ에 대한 **삼각함수**라고 한다. 간단히 말하면, 중학교에서 배운 삼각비에서 각을 일반각으로 바꾼 것을 삼각함수라고 생각하면 된다.

앞에서 삼각비를 소개할 때, 반지름의 길이가 1인 원을 생각했었다. 삼각함수 사이에 어떤 관계가 있는지 알아보기 위하여 다시 반지름의 길이가 1인 원을 생각하자.

〈그림3〉과 같이 각 θ를 나타내는 동경과 단위원의 교점을 $P(x, y)$라 하면 $\overline{OP} = 1$이므로

$$x = \cos\theta,\ \ y = \sin\theta$$

이고, $\tan\theta = \frac{y}{x}$이므로

$$\tan\theta = \frac{y}{x} = \frac{\sin\theta}{\cos\theta}$$

가 성립한다.

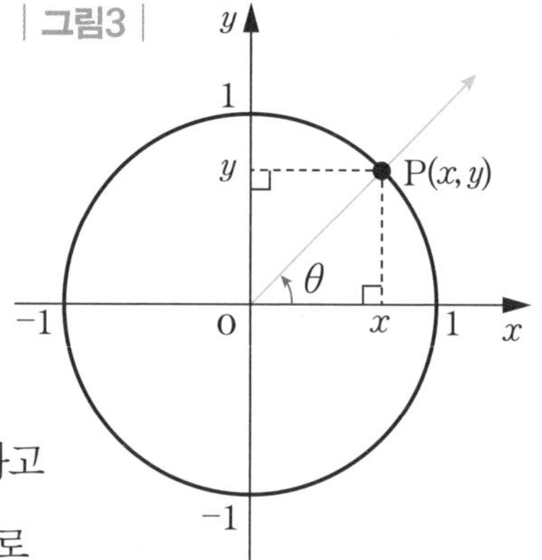

또 점 $P(x, y)$가 단위원 위의 점이므로 피타고라스 정리로부터 $x^2 + y^2 = 1$이 성립하므로

$$\cos^2\theta + \sin^2\theta = 1$$

임을 알 수 있다.

한편, 동경이 위치한 사분면에 따라 삼각함수 값의 부호가 어떻게 결정되는지 알 수 있다. 각 θ를 나타내는 동경 위의 점 $P(x, y)$에 대하여 x좌표와 y좌표의 부호는 동경이 위치한 사분면에 따라 결정되므로 삼각함수 값의 부호는 다음 표와 같다.

즉, x의 값은 제1사분면과 제4사분면에서는 양수이고, 제2사분면과 제3사분면에서는 음수다. 또 y의 값은 제1사분면과 제2사분면에서는 양수이고, 제3사분면과 제4사분면에서는 음수다. 따라서 x와 y가 어떤 사분면의 값인지에 따라 삼각함수의 값의 부호가 정해진다. 각 사분면에서 그 값이 양수인 삼각함수를

적으면 〈그림5〉와 같다. 기억하기 쉽게 시계 반대 방향으로 제1사분면부터 'all san ta claus'로 부호의 변화를 기억하면 된다.

all san ta claus

| 삼각함수 값의 부호 |

사분면 / 삼각함수	제1사분면 $(x>0, y>0)$	제2사분면 $(x<0, y>0)$	제3사분면 $(x<0, y<0)$	제4사분면 $(x>0, y<0)$
$\sin\theta=\frac{y}{r}$	$+$	$+$	$-$	$-$
$\cos\theta=\frac{x}{r}$	$+$	$-$	$-$	$+$
$\tan\theta=\frac{y}{x}$	$+$	$-$	$+$	$-$

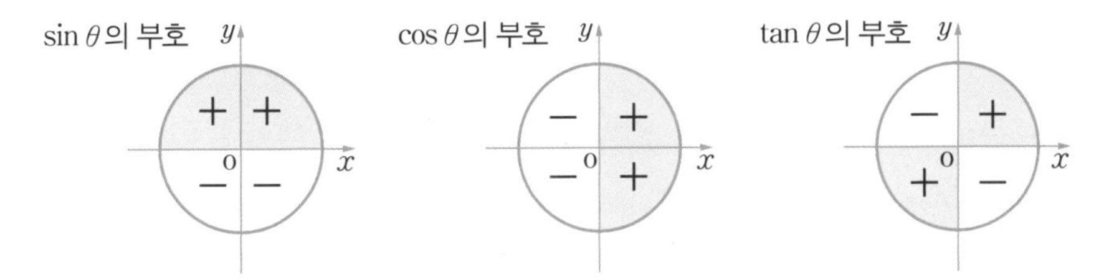

| 그림5. 사분면에서 양수인 삼각함수 |

san: $\sin\theta$	all: $\sin\theta$, $\cos\theta$, $\tan\theta$
ta: $\tan\theta$	claus: $\cos\theta$

지금까지 알아본 삼각함수는 결국 삼각형의 닮음과 원을 이용한 것이다. 따라서 삼각형에 대한 성질과 원에 대한 성질을 잘 이해하는 것이 삼각비와 삼각함수에 대한 개념을 정확히 파악하는데 밑거름이 된다. 삼각함수에서 어려움을 겪고 있다면 먼저 삼각형과 원에 대한 성질과 함께 일반각에 대한 개념을 다시 한번 살펴보는 것이 좋다.

삼각함수의 그래프

런던 아이의 곤돌라 위치를 그래프로 그린다면

21세기의 시작을 기념하기 위하여 영국 브리티시 항공에서 1999년 말에 135m 높이의 초대형 관람차인 런던 아이(London Eye)를 세웠다. 런던 아이는 현재까지 세계에서 가장 큰 대관람차로 처음에는 5년만 운행하려 했으나 사람들에게 엄청난 사랑을 받으면서 영구적인 운행을 허가받았다. 마치 자전거 바퀴처럼 생긴 동그란 휠에는 32개의 곤돌라가 달려 있는데 1개의 곤돌라에 최대 25명까지 탑승할 수 있으며 한 바퀴 도는 데 30분이 소요된다고 한다.

놀이공원의 대관람차가 회전하면 곤돌라 높이는 시시각각 변한다. 어느 대관람차의 한 곤돌라 위치를 다음 그림과 같이 A, B, C, ⋯, L로 나타낼 때, 곤돌라 위치와 그 지점에서의 높이를 그림으로 나타내면 〈그림1〉과 같다.

| 그림1 |

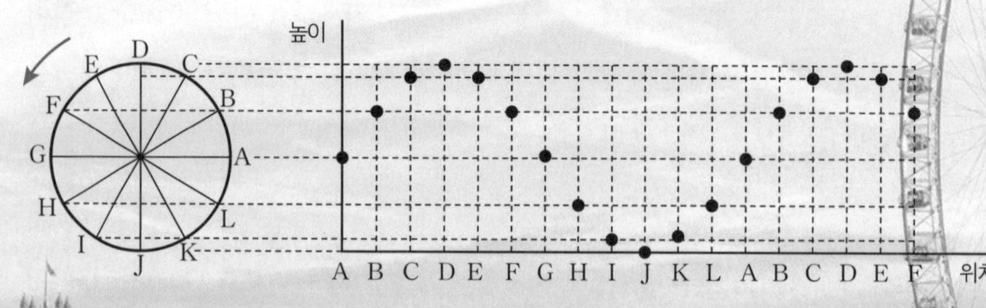

이를테면, 각 지점에서 점의 높이는 12개 지점을 지날 때마다 같다. 따라서 12개의 지점을 지날 때마다 곡선의 모양이 반복된다.

삼각함수 $y=\sin\theta$, $y=\cos\theta$, $y=\tan\theta$의 그래프

마찬가지로, 〈그림2〉와 같이 반지름의 길이가 1인 단위원에서 각 θ의 동경과 단위원의 교점을 $P(x, y)$라고 하면

$$x = \cos\theta,\ y = \sin\theta$$

이다. 따라서 점 P가 단위원 위를 움직일 때, θ의 값에 따른 $\sin\theta$와 $\cos\theta$의 값의 변화는 각각 점 P의 y좌표와 x좌표의 변화와 같다. 이를 이용하여 사인함수 $y = \sin\theta$와 코사인함수 $y = \cos\theta$의 그래프를 그려보자.

| 그림2 |

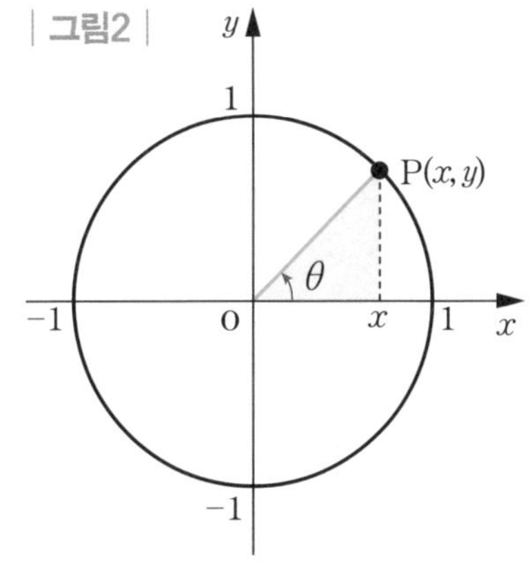

| 그림3. θ의 값의 변화에 따른 $\sin\theta$값의 변화 |

θ (라디안)	0	$\frac{\pi}{6}$	$\frac{\pi}{3}$	$\frac{\pi}{2}$	$\frac{2}{3}\pi$	$\frac{5}{6}\pi$	π	$\frac{7}{6}\pi$	$\frac{4}{3}\pi$	$\frac{3}{2}\pi$	$\frac{5}{3}\pi$	$\frac{11}{6}\pi$	2π
$\sin\theta$	0	$\frac{1}{2}$	$\frac{\sqrt{3}}{2}$	1	$\frac{\sqrt{3}}{2}$	$\frac{1}{2}$	0	$-\frac{1}{2}$	$-\frac{\sqrt{3}}{2}$	-1	$-\frac{\sqrt{3}}{2}$	$-\frac{1}{2}$	0

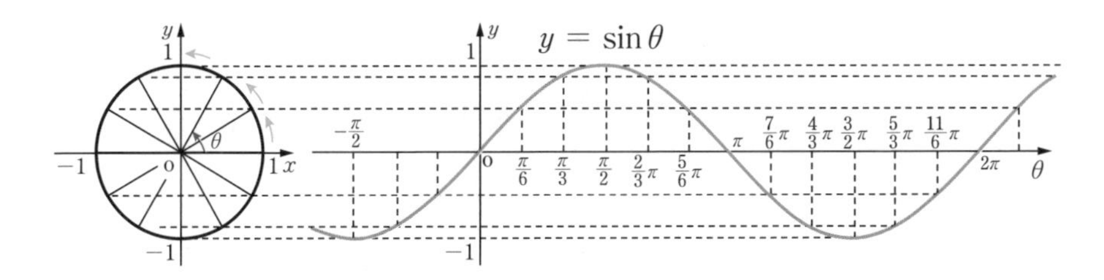

점 P가 단위원 위를 시계 반대 방향으로 계속 움직이므로, θ의 값의 변화에

따른 $\sin\theta$값의 변화를 표로 나타내어 알아보고 θ의 값을 가로축에, 그에 대응하는 $\sin\theta$의 값을 세로축에 나타내면 〈그림3〉과 같은 사인함수 $y = \sin\theta$의 그래프를 얻는다.

사인함수의 그래프에서 알 수 있듯이 사인함수 $y = \sin\theta$의 정의역은 실수 전체의 집합이고, 치역은 $\{y \mid -1 \le y \le 1\}$이다. 또 사인함수 $y = \sin\theta$는 모든 실수에서 연속이다.

같은 방법으로 θ의 값의 변화에 따른 $\cos\theta$값의 변화를 표로 나타내어 알아보고 θ의 값을 가로축에, 그에 대응하는 $\cos\theta$의 값을 세로축에 나타내면 다음과 같은 코사인함수 $y = \cos\theta$의 그래프를 얻는다.

| 그림4. θ의 값의 변화에 따른 $\cos\theta$값의 변화 |

θ (라디안)	0	$\frac{\pi}{6}$	$\frac{\pi}{3}$	$\frac{\pi}{2}$	$\frac{2}{3}\pi$	$\frac{5}{6}\pi$	π	$\frac{7}{6}\pi$	$\frac{4}{3}\pi$	$\frac{3}{2}\pi$	$\frac{5}{3}\pi$	$\frac{11}{6}\pi$	2π
$\cos\theta$	1	$\frac{\sqrt{3}}{2}$	$\frac{1}{2}$	0	$-\frac{1}{2}$	$-\frac{\sqrt{3}}{2}$	-1	$-\frac{\sqrt{3}}{2}$	$-\frac{1}{2}$	0	$\frac{1}{2}$	$\frac{\sqrt{3}}{2}$	1

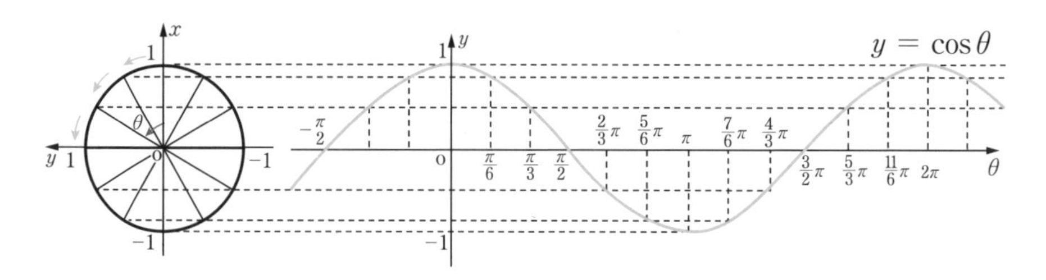

코사인함수의 그래프에서 알 수 있듯이 코사인함수 $y = \cos\theta$의 정의역은 실수 전체의 집합이고, 치역은 $\{y \mid -1 \le y \le 1\}$이다. 또 코사인함수 $y = \cos\theta$는 모든 실수에서 연속이다.

또 $y = \sin\theta$의 그래프는 원점에 대하여 대칭이고, $y = \cos\theta$의 그래프는 y축에 대하여 대칭임을 알 수 있다. 따라서 다음이 성립함을 알 수 있다.

$$\sin(-\theta) = -\sin\theta,\quad \cos(-\theta) = \cos\theta$$

한편, 두 함수 $y = \sin\theta$와 $y = \cos\theta$의 그래프는 모두 2π 간격으로 함숫값의

변화가 반복된다. 일반적으로 함수 $f(x)$의 정의역에 속하는 실수 x에 대하여

$$f(x+p) = f(x)$$

를 만족시키는 0이 아닌 상수 p가 존재할 때 함수 $f(x)$를 **주기함수**라고 하고, 이런 상수 p중에서 최소인 양수를 그 함수의 **주기**라고 한다. 예를 들어

$$\sin(\theta + 2\pi) = \sin\theta, \quad \cos(\theta + 2\pi) = \cos\theta$$

이므로 두 함수 $y = \sin\theta$와 $y = \cos\theta$는 주기가 2π인 주기함수다.

마지막으로 삼각함수 중에서 $y = \tan\theta$의 그래프를 그려보자.

〈그림5〉와 같이 각 θ의 동경과 단위원의 교점을 $\mathrm{P}(a, b)$라 하고, 점 $\mathrm{A}(1, 0)$에서의 단위원의 접선 l과 각 θ의 동경의 교점을 $\mathrm{T}(1, y)$라고 하면

| 그림5 |

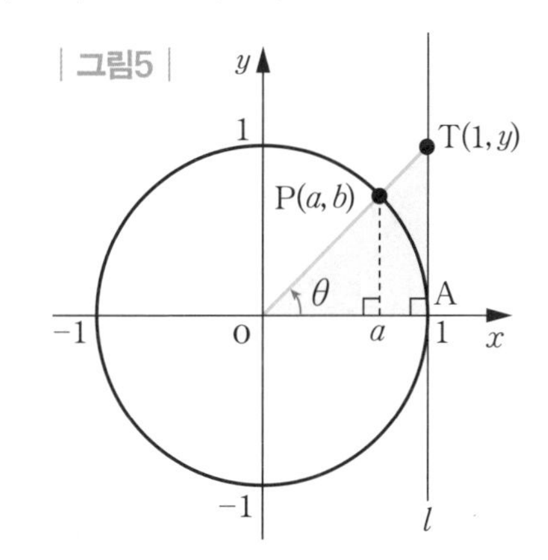

$$\tan\theta = \frac{b}{a} = \frac{y}{1} = y$$

이다. 따라서 점 P가 단위원 위를 움직일 때, $\tan\theta$의 값은 점 T의 y좌표로 정해진다. 이를 이용하여 점 P가 단위원 위를 움직일 때 θ의 값을 가로축에, 그에 대응하는 $\tan\theta$의 값을 세로축에 나타내면 〈그림6〉과 같은 탄젠트함수 $y = \tan\theta$의 그래프를 얻는다.

| 그림6. $y = \tan\theta$의 그래프 |

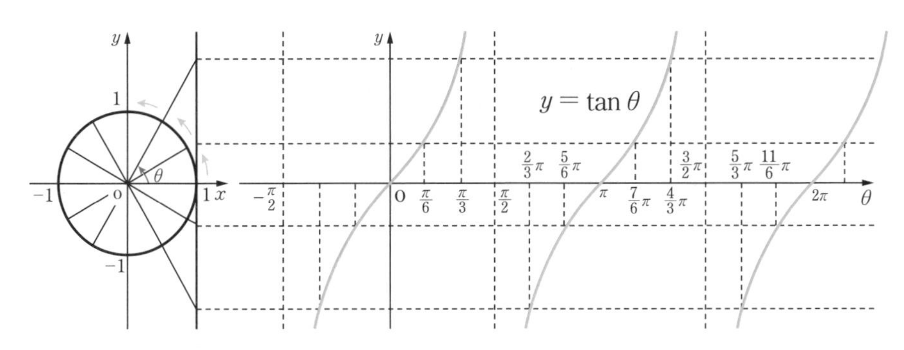

한편, 정수 n에 대하여 각 $\theta = n\pi + \frac{\pi}{2}$의 동경과 단위원의 교점의 x좌표는 0이므로 $\tan\theta$의 값은 정의되지 않는다. 따라서 탄젠트함수 $y = \tan\theta$의 정의역은 $\theta \neq n\pi + \frac{\pi}{2}$인 실수 전체의 집합이고, 치역은 실수 전체의 집합이며 직선 $\theta = n\pi + \frac{\pi}{2}$는 탄젠트함수 $y = \tan\theta$의 그래프의 점근선이다.
또한, 탄젠트함수 $y = \tan\theta$의 그래프는 원점에 대하여 대칭이고, π 간격으로 함숫값의 변화가 반복되므로 주기가 π인 주기함수다. 즉, 다음이 성립함을 알 수 있다.

$$\tan(-\theta) = -\tan\theta,\ \tan(\pi + \theta) = \tan\theta$$

여기서 잠깐! 삼각함수는 주기함수로 다음과 같이 간단하지만 중요한 성질이 있다. $f(x)$가 주기 p인 주기함수이므로 모든 x에 대하여 $f(x+p) = f(x)$이다. 이때 양수 a에 대하여 $f(ax+p) = f(ax)$이다. 여기서 $g(x) = f(ax)$로 놓으면

$$g(x + \frac{p}{a}) = f(ax+p) = f(ax) = g(x) \quad (a > 0)$$

이므로 $g(x) = f(ax)$의 주기는 $\frac{p}{a}$이다. 이를테면 $y = \sin x$의 주기가 2π이므로 $y = \sin 2x$의 주기는 $\frac{2\pi}{2} = \pi$가 된다.

Σ 삼각함수의 그래프 성질에서 얻을 수 있는 공식

지금까지 세 가지 삼각함수의 그래프를 그리는 방법과 가장 기본적인 성질을 알아보았다. 다음은 삼각함수의 그래프 성질로부터 얻을 수 있는 공식을 정리한 것이다.

| $\frac{\pi}{2} \pm x$의 삼각함수 |

$$\sin\left(\frac{\pi}{2} + x\right) = \cos x, \qquad \sin\left(\frac{\pi}{2} - x\right) = \cos x$$
$$\cos\left(\frac{\pi}{2} + x\right) = -\sin x, \qquad \cos\left(\frac{\pi}{2} - x\right) = \sin x$$

| $\pi \pm x$의 삼각함수 |

$$\sin(\pi + x) = -\sin x, \qquad \sin(\pi - x) = \sin x$$
$$\cos(\pi + x) = -\cos x, \qquad \cos(\pi - x) = -\cos x$$
$$\tan(\pi + x) = \tan x, \qquad \tan(\pi - x) = -\tan x$$

이외의 공식은 모두 앞에서 다룬 삼각함수의 그래프의 성질로부터 얻을 수 있다. 따라서 무턱대고 공식을 암기하기보다는 가장 기본이 되는 삼각함수의 그래프를 잘 살펴서 정확히 이해하는 것이 무엇보다 필요하다. 삼각함수의 그래프에 대한 기본적인 이해가 완전히 이루어지면 그래프의 높이를 변화시키거나 주기를 변화시킨 경우는 별로 어렵지 않게 된다. 수학은 가장 기본이 되는 개념을 정확하게 이해하는 데부터 실력이 쌓이는 과목이다.

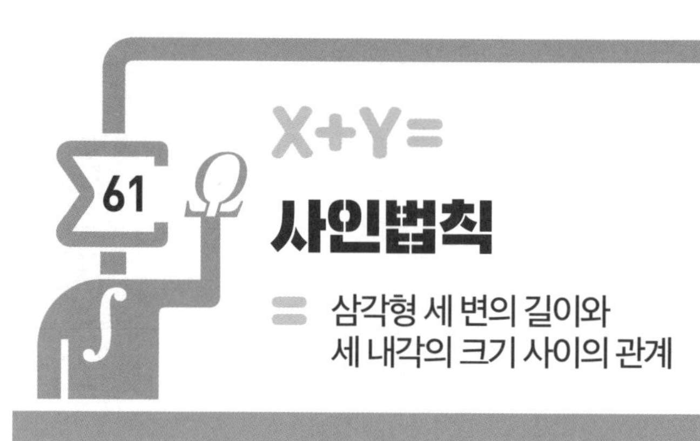

사인법칙

= 삼각형 세 변의 길이와 세 내각의 크기 사이의 관계

산 정상에 오르면 비석같이 생긴 돌에 숫자와 글씨가 새겨진 삼각점을 볼 수 있다. 이것은 삼각측량을 위한 기준점이다. 삼각측량은 측량하려는 지점과 두 기준점이 주어졌을 때, 그 점과 두 기준점이 이루는 삼각형에서 밑변과

삼각측량법. 삼각형 한 변의 길이와 그 양쪽의 각을 알면 남은 변의 길이를 계산해 내는 수학 공식을 이용해 평면의 위치를 결정하는 측량법.

다른 두 변이 이루는 각을 각각 측정하고 그 변의 길이를 측정한 뒤, 삼각함수인 사인과 코사인 등을 이용하여 측량하려는 지점에 대한 좌표와 거리, 높이 등을 알아내는 방법이다.

삼각측량법의 원리를 3차원 공간에 적용한 것이 GPS(Global Positioning System)다. GPS는 GPS 위성이 보내는 신호를 수신하여 GPS 위성과의 거리를 계산하고 이를 이용하여 물체의 위치를 파악하는 기술로 항공기나 선박의 자동 항법 장치, 교통관제, 지도 제작 등 다양한 분야에서 활용되고 있다.

수학에서는 일반적으로 〈그림1〉과 같은 삼각형 ABC에서 세 꼭짓점은 각각 A, B, C로, 세 내각 ∠A, ∠B, ∠C의 크기는 각각 A, B, C로, 대변의 길이를 각각 a, b, c로 나타낸다. 따라서 특별한 언급이 없으면 그림이 주어지지 않더라도 앞으로는 이처럼 나타낼 것이다.

| 그림1 |

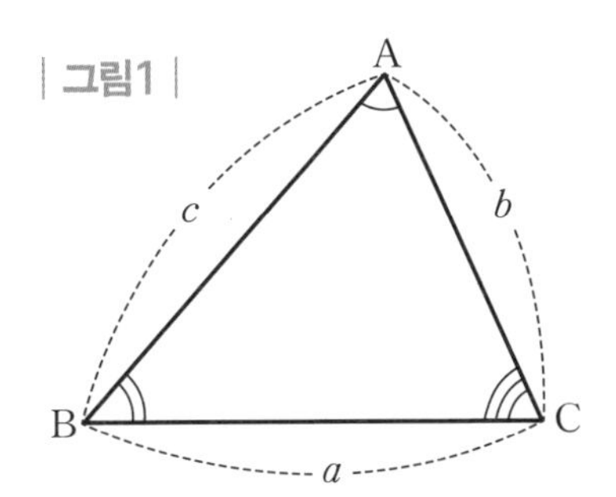

Σ 사인법칙 증명해 보기

이제, 삼각형에서 세 변의 길이와 세 각의 크기 사이의 관계를 삼각형 외접원의 반지름과 사인함수를 이용하여 나타내는 방법을 알아보자. 그런데 이 방법은 수학적 증명보다는 내용이 중요하므로 증명은 개념을 이해하는 정도로 가능하면 쉽게 소개하겠다.

삼각형 ABC의 외접원의 반지름의 길이를 R이라 할 때,

$$\frac{a}{\sin A} = 2R$$

이 성립함을 (i) $A < 90°$, (ii) $A = 90°$, (iii) $A > 90°$로 나누어 알아보자.

(i) $A < 90°$일 때,

우선 중학교에서, '한 원에서 같은 길이의 호에 대한 원주각의 크기는 서로 같다'는 것을 배웠다. 즉, 〈그림2〉에서 호 BC에 대하여

$$\angle BAC = \angle BA'C$$

| 그림2 |

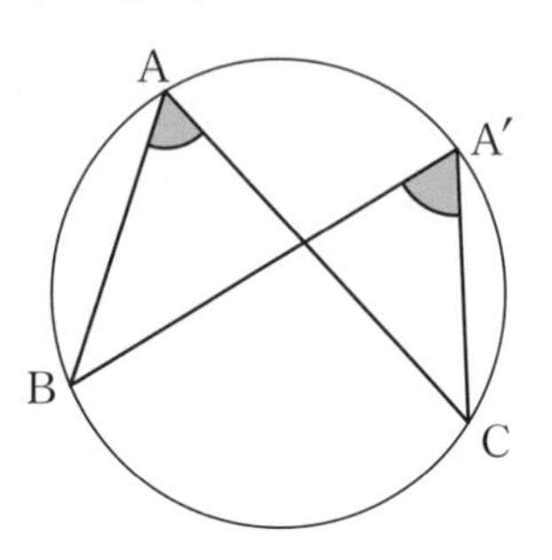

이다. $A < 90°$라 하고 〈그림3〉과 같이 삼각형 ABC의 외접원 O를 생각하자. 점 B를 지나는 지름의 다른 끝점을 A'라고 하면, 호 BC에 대하여 $\angle BAC = \angle BA'C$이라 했으므로 $A = A'$이고 $\angle A'CB = 90°$이다.

| 그림3 |

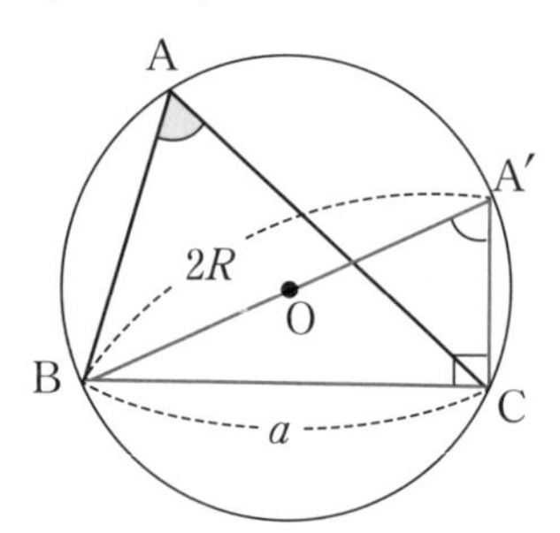

그러면 $\sin A = \sin A'$이고,

$$\sin A' = \frac{\overline{BC}}{\overline{BA'}} = \frac{a}{2R}$$ 이다. 즉,

$$\sin A = \frac{a}{2R} \Leftrightarrow \frac{a}{\sin A} = 2R$$

(ii) $A = 90°$일 때,

$\sin A = \sin 90° = 1$이고 $a = 2R$이므로

$$\sin A = 1 = \frac{a}{2R}$$

이다.

| 그림4 |

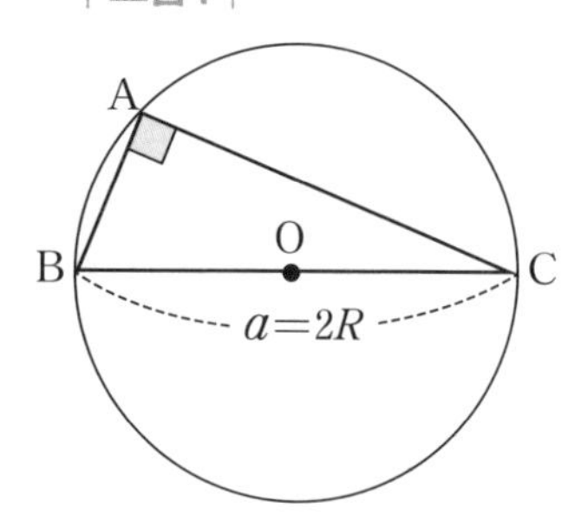

(iii) $A > 90°$일 때,

이 경우는 중학교에서 배운 '원에 내접하는 사각형의 한 쌍의 대각의 크기의 합은 180°이다'를 이용한다. 즉, 〈그림5〉에서

$$\angle A + \angle C = 180°, \angle B + \angle D = 180°$$

이다.

| 그림5 |

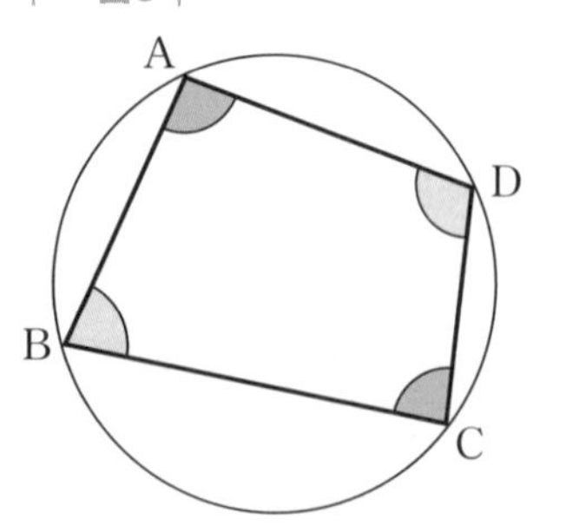

점 B를 지나는 지름의 다른 끝점을 A′라고 하면 사각형 ABA′C에서 $\angle A + \angle A' = 180°$이므로 $A = 180° - A'$이다. 또 BA′가 원의 지름인데, 삼각형의 외접원에서 밑변이 원의 지름이면 마주 보는 각은 90°이므로 $\angle A'CB = 90°$이다.

| 그림6 |

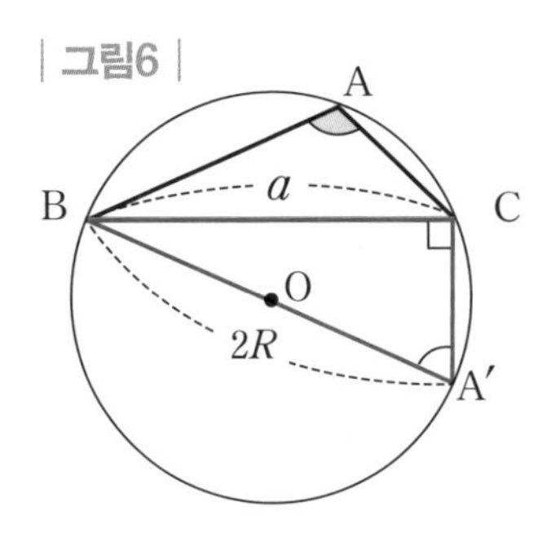

이때 사인의 성질 $\sin(\pi - x) = \sin x$에서 $\pi = 180°$이므로

$$\begin{aligned}\sin A &= \sin(180° - A') \\ &= \sin A' \\ &= \frac{\overline{BC}}{\overline{BA'}} = \frac{a}{2R}\end{aligned}$$

이다.

따라서 위의 (i), (ii), (iii)으로부터 ∠A의 크기와 관계없이

$$\sin A = \frac{a}{2R} \Leftrightarrow \frac{a}{\sin A} = 2R$$

이 성립한다. 마찬가지 방법으로

$$\frac{b}{\sin B} = 2R,\ \frac{c}{\sin C} = 2R$$

이 성립함을 보일 수 있다.

따라서 삼각형 세 변의 길이와 세 내각의 크기 사이에 다음과 같은 관계가 성립하는데, 이를 **사인법칙** 이라고 한다.

| 사인법칙 |

$$\frac{a}{\sin A} = \frac{b}{\sin B} = \frac{c}{\sin C} = 2R$$

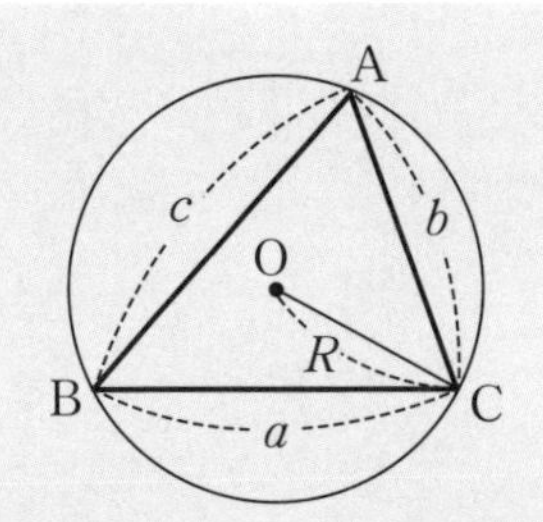

사인법칙을 이용하면 삼각형 변의 길이와 넓이 등을 구하는 여러 가지 문제를 해결할 수 있다.

수학은 얼핏 매우 어려워 보이지만 하나하나 이해해 나가면 그렇게까지 어렵지 않다. 어떤 수학적 사실을 이해하기보다는 먼저 공식을 무조건 암기하려고 하려다 보니 수학이 어렵고 싫어지는 것이다. 지금부터라도 양파껍질을 벗기는 것처럼 찬찬히 하나씩 이해한다면 복잡해 보이는 수학 원리와 개념이 보일 것이다.

항구가 있어 다리를 건설하기 어려운 구간이나 장거리 바다 구간을 지나가야 해 교량 건설에 무리가 있을 때 해저터널을 건설한다. 2023년 현재까지 우리나라에 건설되어 이용 중인 해저터널은 모두 다섯 곳이다. 그중에서 가장 긴 것은 77번 국도의 일부로, 충청남도 보령시 대천항과 태안군 안면도를 잇는 노선 중에서 대천항과 원산도까지의 구간이다. 이 터널은 보령해저터널로 명명되었으며, 2021년 12월 1일 오전 10시부터 일반 차량의 통행을 허가했다.

Σ 삼각함수의 성질로 뚫는 해저터널

해저터널을 뚫을 때는 삼각함수의 성질을 이용해야 한다. 예를 들어 〈그림1〉과 같이 두 섬 A와 B를 잇는 해저터널을 뚫으려 한다고 하자. 이때 두 지점 사이의 거리를 구하기 위하여 육지의 한 점 C에서 두 점 A와 B 사이의 각과 거리를 측정했더니 그림과 같았다. 이런 상황에서 삼각함수를 이용하면 원하는 두 지점의 거리를 직접 가서 측량하지 않아도 구할 수 있다. 그림에서 보다시피 직각삼각형이 등장하니, 피타고라스 정리를 활용해야 한다는 것을 기억하자.

삼각형에서 세 변의 길이와 세 내각의 크기 사이의 관계를 피타고라스 정리와 코사인함수를 이용하여 정리하면 다음과 같고, 이것을 **코사인법칙**이라고 한다.

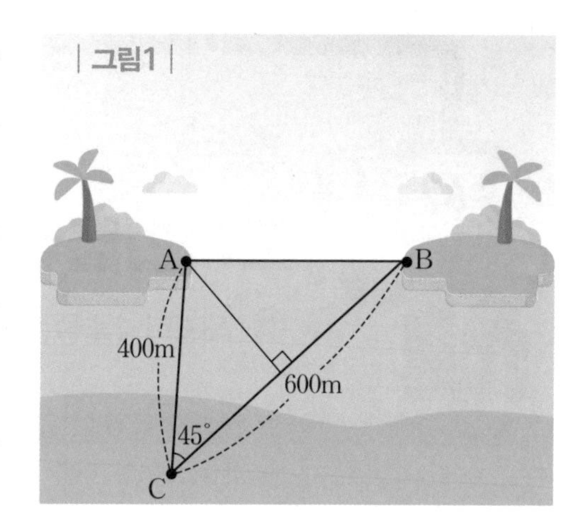

| 코사인법칙 |

$$a^2 = b^2 + c^2 - 2bc\cos A$$
$$b^2 = a^2 + c^2 - 2ac\cos B$$
$$c^2 = a^2 + b^2 - 2ab\cos C$$

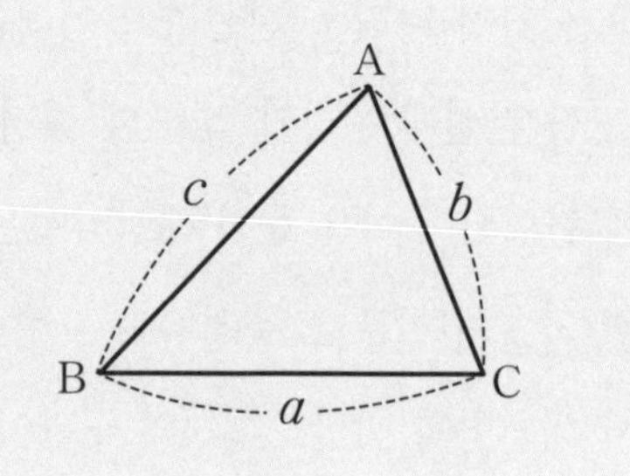

즉, 코사인법칙은 삼각형에서 두 변의 길이와 그 끼인 각을 알면 나머지 한 변의 길이를 구할 수 있다는 것이다. 그런데 코사인법칙은 사인법칙과 마찬가지로 증명보다는 내용이 중요하다. 따라서 개념을 이해할 수 있도록 증명은 가능하면 간단히 소개한다. 사실 피타고라스 정리만 잘 알고 있다면 증명은 어렵지 않다.

코사인법칙은 $a^2+b^2=c^2$이라는 피타고라스 정리만 잘 알고 있다면 어렵지 않게 증명할 수 있다.

코사인법칙 증명하기

삼각형 ABC의 꼭짓점 A에서 변 BC 또는 그 연장선에 내린 수선의 발을 H 라고 할 때, ∠C의 크기에 따라 다음의 세 가지로 나누어 생각할 수 있다.

(i) $\angle C < 90°$일 때,

$$\overline{AH} = b\sin C,\ \overline{CH} = b\cos C,\ \overline{BH} = \overline{BC} - \overline{CH} = a - b\cos C$$

| 그림2 |

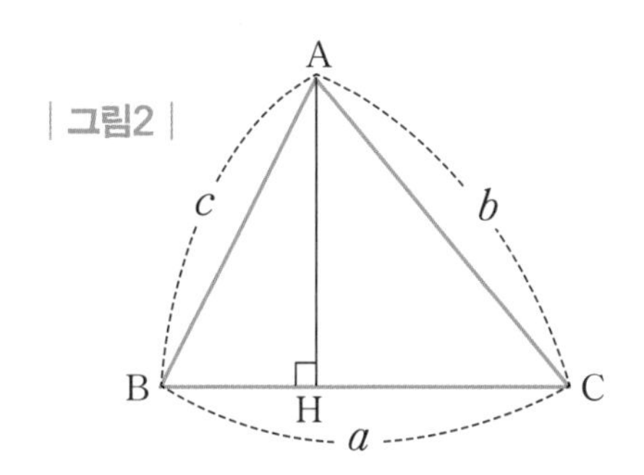

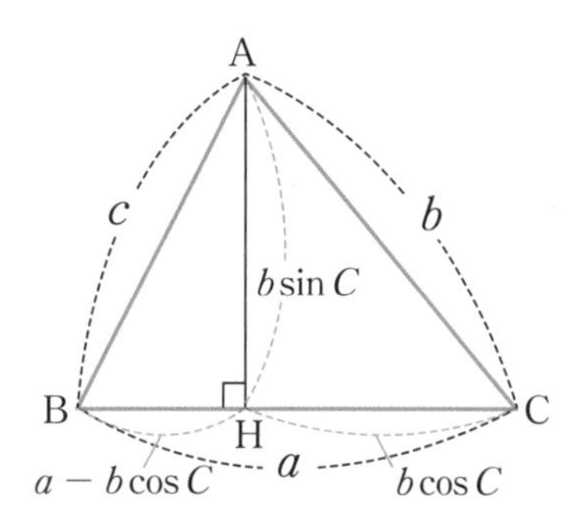

삼각함수에서 $\sin^2 C + \cos^2 C = 1$이고, 직각삼각형 ABH에서 피타고라스 정리에 의하여

$$\begin{aligned} c^2 &= \overline{BH}^2 + \overline{AH}^2 \\ &= (a - b\cos C)^2 + (b\sin C)^2 \\ &= a^2 + b^2(\sin^2 C + \cos^2 C) - 2ab\cos C \\ &= a^2 + b^2 - 2ab\cos C \end{aligned}$$

(ii) $C = 90°$일 때,

피타고라스 정리에 의하여

$$c^2 = a^2 + b^2$$

이다. 그런데 $\cos C = \cos 90° = 0$이므로 다음을 만족한다.

$$c^2 = a^2 + b^2 = a^2 + b^2 - 2ab\cos C$$

| 그림3 |

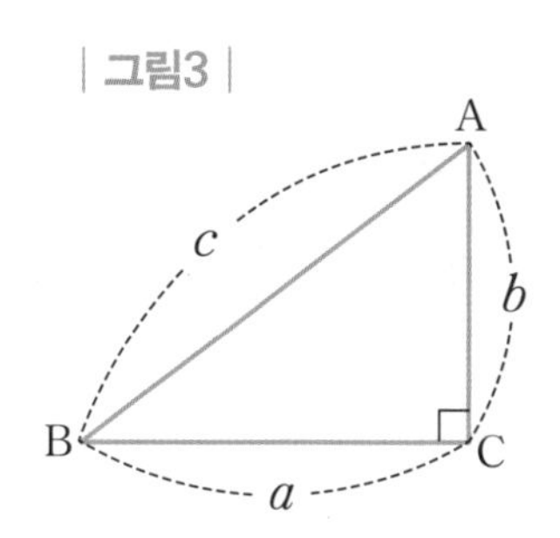

(ⅲ) $C > 90°$일 때,

$$\overline{\text{AH}} = b\sin(180° - C) = b\sin C,$$
$$\overline{\text{CH}} = b\cos(180° - C) = -b\sin C,$$
$$\overline{\text{BH}} = \overline{\text{BC}} - \overline{\text{CH}} = a - b\cos C$$

이다.

| 그림4 |

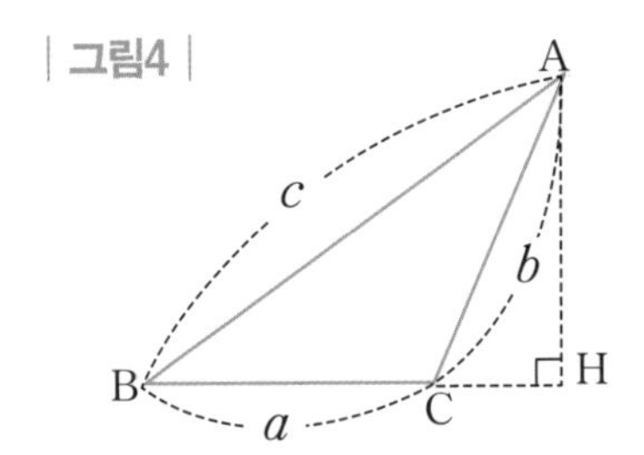

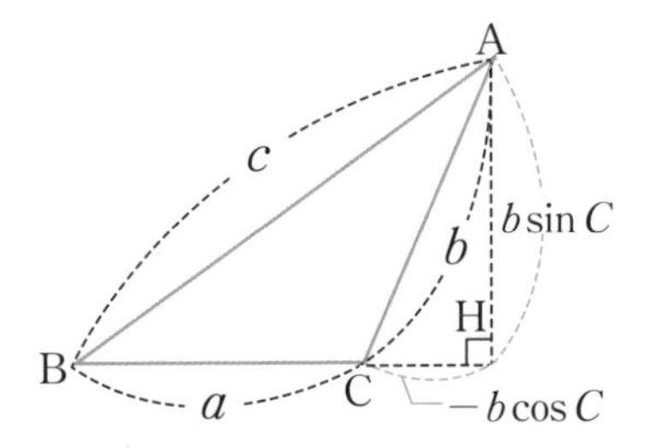

직각삼각형 ABH에서 피타고라스 정리에 의하여

$$\begin{aligned} c^2 &= \overline{\text{BH}}^2 + \overline{\text{AH}}^2 \\ &= (a - b\cos C)^2 + (b\sin C)^2 \\ &= a^2 + b^2(\sin^2 C + \cos^2 C) - 2ab\cos C \\ &= a^2 + b^2 - 2ab\cos C \end{aligned}$$

앞의 (ⅰ), (ⅱ), (ⅲ)에서 알 수 있듯이 삼각형 ABC에서 ∠C의 크기에 관계없이

$$c^2 = a^2 + b^2 - 2ab\cos C$$

가 성립함을 알 수 있다. 마찬가지 방법으로

$$a^2 = b^2 + c^2 - 2bc\cos A$$

$$b^2 = c^2 + a^2 - 2ca\cos B$$

가 성립함을 알 수 있다.

한편, 세 변의 길이가 주어진 삼각형 ABC에서 각의 크기를 구할 때는 코사인 법칙을 변형하여 다음과 같은 식을 이용하기도 한다.

$$\cos A = \frac{b^2 + c^2 - a^2}{2bc},$$

$$\cos B = \frac{c^2 + a^2 - b^2}{2ca},$$

$$\cos C = \frac{a^2 + b^2 - c^2}{2ab}$$

그런데 어느 경우든 한 가지만 정확히 암기하고 있으면 간단히 변형할 수 있다. 따라서 처음에 소개했던 코사인법칙의 공식을 기억하는 것이 좋다. 기억이 나지 않는다면, 물론 시간은 조금 걸리겠지만, 삼각형을 그려놓고 삼각함수와 피타고라스 정리를 이용하여 직접 구하면 된다.

사인법칙과 마찬가지로 코사인법칙도 삼각형의 변의 길이와 넓이를 구하는 여러 가지 문제에 적용할 수 있다. 그런데 어떤 경우에 사인법칙 또는 코사인법칙을 활용해야 할 것인지는 문제의 상황에 따라서 다르므로 삼각형에 대한 문제를 해결하는 약간의 유형 파악이 필요하다.

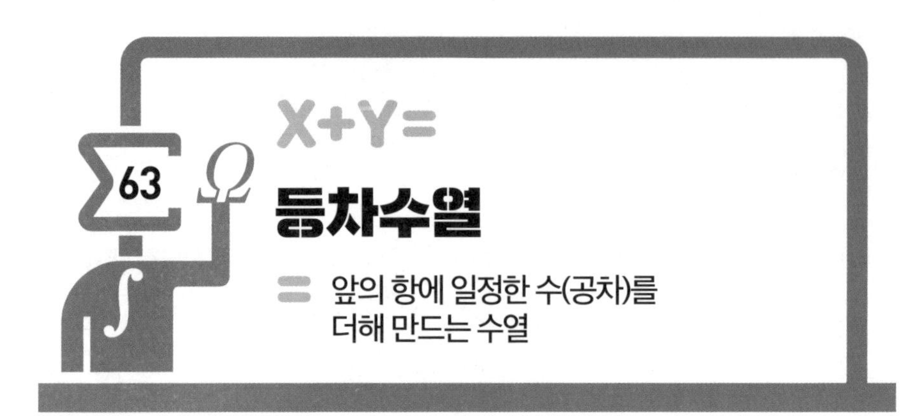

63

등차수열

= 앞의 항에 일정한 수(공차)를 더해 만드는 수열

미국의 천문학자 칼 세이건(Carl Sagan, 1934~1996)의 소설 《콘택트》는 주인공 엘리가 외계 생명체를 찾아 나서는 내용이다. 이 소설은 영화로도 만들어져 외계인이 등장하지 않는 외계인 영화로 큰 성공을 거두었다. 소설과 영화의 내용을 잠깐 살펴보자.

어려서부터 우주에 관심이 많았던 엘리는 천문학자가 되어 외계 생명체를 찾는 연구를 한다. 결국 외계로부터 신호를 받게 되고, 이 소식은 전 세계에 퍼지게 된다. 외계 생명체의 존재를 확인한 사람들은 외계인이 전해준 기계 설계도를 이용하여 외계 생명체와 접촉할 기회를 얻는다. 엘리는 우여곡절 끝에 외계인을 만나고 돌아온다. 그녀는 자신의 이야기를 증명하려 온갖 노력을 기울이지만, 마치 갈릴레오(Galileo Galilei, 1564~1642)가 그랬듯이 아무도 그녀의 말을 믿으려 하지 않는다.

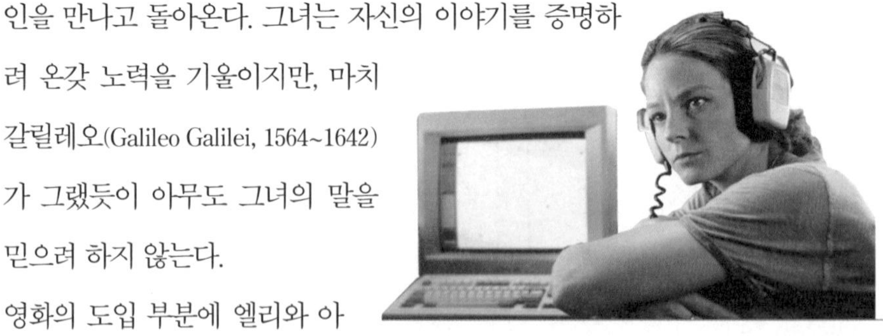

영화 〈콘택트〉에서 천문학자 엘리가 외계인으로부터 받은 신호는 모두 소수였다.

영화의 도입 부분에 엘리와 아빠가 대화를 나누는 장면이 나오는데, 엘리가 아빠에게 묻는다.

"다른 행성에도 누가 살까요?"

그러자 아빠가 대답한다.

"우주에서 우리 둘뿐이라면 엄청난 공간의 낭비겠지."

이 말은 영화 전체를 통하여 외계 생명체가 반드시 존재한다는 강한 메시지를 전달한다.

외계인으로부터 받은 신호는 2번, 3번, 5번, 7번과 같이 모두 소수였다. 즉, 외계 생명체는 작은 소수부터 차례로 신호를 반복하여 전달한다. 외계 생명체가 소수를 빌려 신호를 보내는 것이 시사하는 바는 그 신호가 지구에서 보낸 어떤 신호의 단순한 반사가 아니고, 또 그 신호를 보내는 문명이 뛰어나다는 것이다. 엘리의 발견은 전 세계를 놀라게 하고 드디어 국가 안보 담당자까지 엘리를 방문하게 된다. 그리고 국가 안보 담당자가 엘리에게 묻는다.

"왜 단순한 수로 신호를 보내는 것인가요?"

엘리의 대답은 단호했다.

"수학만이 범우주적인 언어이기 때문입니다."

Σ 구구단은 등차수열!

영화에 등장하는 소수를 차례로 나열하면 다음과 같다.

$2, 3, 5, 7, 11, 13, 17, \cdots$

이와 같이 차례대로 나열된 수의 열을 **수열**이라 하며, 나열된 각 수를 그 수열의 **항**이라고 한다. 이때 각 항을 앞에서부터 차례대로 첫째항, 둘째항, 셋째항, … 또는 제1항, 제2항, 제3항, … 이라고 한다.

일반적으로 수열을 나타낼 때 항에 번호를 붙여

$a_1, a_2, a_3, \cdots$

과 같이 나타내고, 제n항 a_n을 이 수열의 **일반항**이라고 한다.

또, 수열을 일반항 a_n을 이용하여

$\{a_n\}$

과 같이 나타낸다. 이때 일반항 a_n을 나타내는 식에서 n에 자연수 1, 2, 3, ⋯ 을 차례대로 대입하여 각 항을 구할 수 있다.

그런데 수열 중에 첫째항부터 차례대로 일정한 수를 더하여 만든 것이 있다. 이렇게 만든 수열을 **등차수열**이라고 하며, 그 일정한 수를 **공차**라고 한다. 예를 들어 등차수열 1, 3, 5, 7, ⋯ 은 첫째항이 1이고 공차가 2다. 또 첫째항이 4이고 공차가 -3인 등차수열은 4, 1, -2, -5, ⋯ 이다.

등차수열에서 등차는 '차이가 일정하다'이고 '공차'는 '공통적인 차'라는 뜻이다. 공차는 보통 d로 나타내는데, 이것은 영어로 '차이'를 뜻하는 'difference'의 첫 글자다. 일반적으로 공차가 d인 등차수열 $\{a_n\}$에서 제n항에 공차 d를 더하면 바로 그다음 항인 $(n+1)$항이 된다. 따라서 $n = 1, 2, 3, \cdots$에 대하여 다음이 성립한다.

$$a_{n+1} = a_n + d$$

등차수열은 첫째항과 공차를 이용하여 다른 모든 항을 표현할 수 있다. 첫째항이 a이고 공차가 d인 등차수열 $\{a_n\}$의 각 항은 다음과 같은 규칙이 있다.

$$\begin{aligned} a_1 &= a \\ a_2 &= a_1 + d = a + d \\ a_3 &= a_2 + d = (a+d) + d = a + 2d \\ a_4 &= a_3 + d = (a+2d) + d = a + 3d \\ &\vdots \end{aligned}$$

$$\begin{aligned} a_1 &= a + 0d \\ a_2 &= a + 1d \\ a_3 &= a + 2d \\ a_4 &= a + 3d \\ &\vdots \end{aligned}$$

이를테면 제5항 a_5는 공차를 4배 하여 첫째항에 더하면 되므로 $a_5 = a + 4d$이다. 따라서 앞의 규칙으로부터 첫째항이 a이고 공차가 d인 등차수열 $\{a_n\}$의 일반항은

$$a_n = a + (n - 1)d$$

임을 알 수 있다.

등차수열의 일반항 $a_n = a + (n - 1)d$를 전개한 후에 n에 대한 일차식으로 나타내면 다음과 같다.

$$\begin{aligned} a_n &= a + (n - 1)d = a + dn - d \\ &= dn + (a - d) \\ &= pn + q \end{aligned}$$

여기서 $d = p$이고 $a - d = q$이다. 즉, 등차수열의 일반항은 n에 관한 일차식이고, n의 계수가 등차수열의 공차임을 알 수 있다. 역으로 일반항 a_n이 $a_n = pn + q$일 때, 수열 $\{a_n\}$은 공차가 p인 등차수열이다. 이를테면 $a_n = -3n + 11$이라면 $p = d = -3$이고, $q = 11$이다.

이때 $q = a - d = a - (-3) = a + 3$이므로 $11 = a + 3$에서 $a = 8$이다. 따라서 $a_n = -3n + 11$이라면 수열 $\{a_n\}$은 초항이 8이고 공차가 -3인 등차수열이다. 종종 등차수열을 이와 같은 일차식으로 주는 경우가 있으므로 변형하는 방법을 익혀놓으면 좋을 것이다.

Σ 등차중항, 같은 차이 중에서 가운데에 있는 항

등차수열에 대한 문제 중에서 빠지지 않는 것이 등차중항 관련 문제다. 세 수 a, b, c가 이 순서대로 등차수열을 이룰 때, b를 a와 c의 **등차중항**이라고 한다. 이때 $b - a = c - b$이므로 다음을 알 수 있다.

$$b = \frac{a+c}{2}$$

'등차중항'은 '같은 차이 중에서 가운데에 있는 항'이라는 뜻이므로 세 수 a, b, c에서 b를 뜻한다. 사실 a와 c의 등차중항 $b = \frac{a+c}{2}$는 a와 c의 산술평균이다.

마지막으로 등차수열 $\{a_n\}$의 합을 구해 보자.

수열 $\{a_n\}$의 첫째항부터 제n항까지의 합을 기호 S_n으로 나타낸다. 즉,

$$S_n = a_1 + a_2 + \cdots + a_n$$

이때 등차수열의 성질을 이용하면 S_n을 쉽게 구할 수 있다. 첫째항이 a이고 공차가 d인 등차수열 $\{a_n\}$에 대하여 $a_n = a + (n-1)d$ 이므로

$$\begin{aligned} S_n &= a_1 + a_2 + a_3 + \cdots + a_{n-1} + a_n \\ &= a + (a+d) + (a+2d) + \cdots \\ &\quad + (a+(n-2)d) + (a+(n-1)d) \quad \cdots\cdots ① \end{aligned}$$

이다. 여기서 S_n의 우변을 교환하면

$$\begin{aligned} S_n &= a_1 + a_2 + a_3 + \cdots + a_{n-1} + a_n \\ &= a_n + a_{n-1} + \cdots + a_3 + a_2 + a_1 \\ &= (a+(n-1)d) + (a+(n-2)d) + \cdots \\ &\quad + (a+2d) + (a+d) + a \quad \cdots\cdots ② \end{aligned}$$

이다. ①과 ②를 변끼리 더하면

$$\begin{aligned} 2S_n &= a + (a+(n-1)d) + a + (a+(n-1)d) \\ &\quad + (a+(n-1)d) + \cdots + a + (a+(n-1)d) \\ &= n\{a + (a+(n-1)d)\} \end{aligned}$$

따라서 다음을 얻는다.

$$S_n = \frac{n\{2a+(n-1)d\}}{2}$$

한편, $S_n = a_1 + a_2 + \cdots + a_n$이고 $S_{n-1} = a_1 + a_2 + \cdots + a_{n-1}$이므로

$$S_n - S_{n-1} = a_n$$

임을 알 수 있다.

계산과정이 조금 복잡해 보이지만 단순한 다항식의 덧셈이므로 찬찬히 계산하면 쉽게 결론을 얻을 수 있다. 많은 학생이 복잡한 계산을 어렵다고 생각하고 쉽게 포기하는데, 사실 중간 계산과정은 중학교 1학년에서 배운 다항식의 덧셈, 뺄셈 정도만 알고 있으면 이해할 수 있다. 중간 계산과정을 이해해야 최종 결론으로 얻은 공식을 이해할 수 있고, 이해한 후에 암기해야 필요할 때 사용할 수 있다. 그러니 계산이 복잡하더라도 찬찬히 써가며 도전해 보기 바란다. 특히 수열에 관한 문제는 지문에 제시된 대로 찬찬히 써가다 보면 대부분 규칙이 보이므로 직접 써보는 연습이 필요한 분야다.

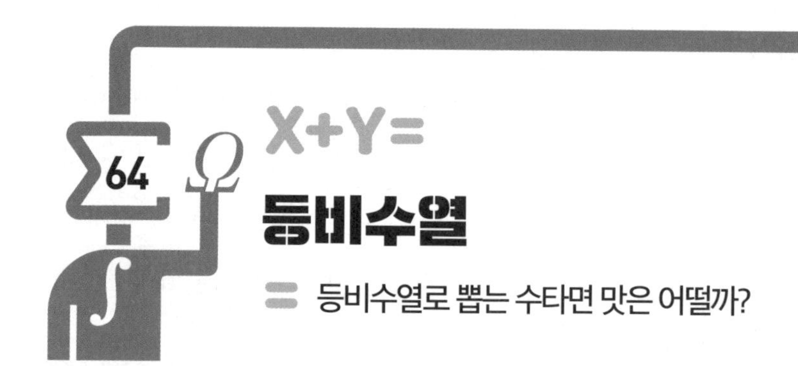

예나 지금이나 짜장면은 우리나라 사람들이 좋아하는 음식의 하나로 손꼽힌다. 어떤 음식점에서는 기계를 이용해 면을 뽑지만, 어떤 음식점에서는 요즘도 손으로 면을 뽑는다. 요리사는 적당히 반죽한 밀가루를 반씩 접어 가며 처음 반죽 양을 유지한 채 늘려가며 면을 만든다. 이런 과정을 몇 차례 반복하면 쫄깃하고 맛있는 면이 만들어진다. 처음에는 한 가닥이었던 면발이 요리사의 능숙한 손놀림으로 순식간에 가늘고 많은 가닥으로 바뀐다.

Σ 첫째항부터 차례대로 일정한 수를 곱하여 만든 수

밀가루 반죽한 면 가닥을 한 번 접으면 $2^1 = 2$가닥, 두 번 접으면 $2^2 = 4$가닥, 세 번 접으면 $2^3 = 8$가닥이 된다. 대략 6~7번 접어서 늘리면 먹기에 적당한 굵기의 면이 나오는데, 이때 생기는 면은 $2^6 = 64$가닥 또는 $2^7 = 128$가닥이다. 짜장면을 만들기 위한 면 가닥수는 차례로 1, 2, 4, 8,

16, 32, 64, 128과 같이 늘어난다. 접는 것을 계속 한다면 면 가닥수는 〈그림1〉과 같이 나타낼 수 있다.

| 그림1 |

$$1, \underset{\times 2}{\frown} 2, \underset{\times 2}{\frown} 4, \underset{\times 2}{\frown} 8, \underset{\times 2}{\frown} 16, \cdots$$

이것은 첫째항 1부터 차례로 일정한 수 2를 곱하여 얻은 수열이다. 이와 같이 첫째항부터 차례대로 일정한 수를 곱하여 만든 수열을 **등비수열**이라 하고, 그 일정한 수를 **공비**라고 한다. 등차수열과 비슷하게 '등비'는 '비율이 일정하다'이고 공비는 '공통적인 비율'이라는 뜻이다. 공비는 보통 r로 나타내는데, 이것은 영어로 '비율'를 뜻하는 'ratio'의 첫 글자다. 일반적으로 공비가 r인 등비수열 $\{a_n\}$에서 제n항에 공비 r을 곱하면 바로 그다음 항인 $(n+1)$항이 된다. 따라서 $n = 1, 2, 3, \cdots$과 $r \neq 0$에 대하여 다음이 성립한다.

$$a_{n+1} = ra_n$$

예를 들어 등비수열 2, 6, 18, 54, 162, ⋯는 첫째항이 2, 공비가 3이다. 또 첫째항이 1이고 공비가 $-\frac{1}{2}$인 등비수열은 $1, -\frac{1}{2}, \frac{1}{4}, -\frac{1}{8}, \frac{1}{16}, \cdots$이다.

등비수열은 첫째항과 공비를 이용하여 다른 모든 항을 표현할 수 있다. 첫째항이 a이고 공비가 r인 등비수열 $\{a_n\}$의 각 항은 다음과 같은 규칙이 있다.

$$\begin{aligned} a_1 &= a \\ a_2 &= a_1 r = ar \\ a_3 &= a_2 r = (ar)r = ar^2 \\ a_4 &= a_3 r = (ar^2)r = ar^3 \\ &\vdots \end{aligned} \qquad \begin{aligned} a_1 &= ar^0 \\ a_2 &= ar^1 \\ a_3 &= ar^2 \\ a_4 &= ar^3 \\ &\vdots \end{aligned}$$

이를테면 제5항 a_5는 공비를 4승 하여 첫째항에 곱하면 되므로 $a_5 = ar^4$이다. 따라서 위의 규칙으로부터 첫째항이 a이고 공비가 r인 등비수열 $\{a_n\}$의 일반항은

수열

등비수열

$$a_n = ar^{n-1}$$

임을 알 수 있다.

등비수열에 대한 문제 중에서 빠지지 않고 등장하는 것은 등비중항 관련 문제다. 0이 아닌 세 수 a, b, c가 이 순서대로 등비수열을 이룰 때, b를 a와 c의 **등비중항**이라고 한다. 이때 $\frac{b}{a} = \frac{c}{b}$이므로 다음을 알 수 있다.

$$b^2 = ac$$

'등비중항'은 '같은 비율 중에서 가운데에 있는 항'이라는 뜻이므로 세 수 a, b, c에서 b를 뜻한다. 사실 b가 a와 c의 등비중항일 때, $b^2 = ac$에서 $b = \pm\sqrt{ac}$이다. 특히 $b = \sqrt{ac}$일 때, 등비중항 $b = \sqrt{ac}$는 a와 c의 기하평균이다.

Σ 등비수열은 곱셈과 나눗셈에 대한 수열

마지막으로 등비수열 $\{a_n\}$의 합을 구해 보자.

수열 $\{a_n\}$의 첫째항부터 제n항까지의 합을 기호 S_n로 나타낸다. 즉,

$$S_n = a_1 + a_2 + \cdots + a_n$$

이때 등차수열의 경우와 비슷하게, 등비수열의 성질을 이용하면 S_n을 쉽게 구할 수 있다. 첫째항이 a이고 공비가 r인 등비수열 $\{a_n\}$에 대하여 $a_n = ar^{n-1}$이므로

$$\begin{aligned} S_n &= a_1 + a_2 + a_3 + \cdots + a_{n-1} + a_n \\ &= a + ar + ar^2 + \cdots + ar^{n-2} + ar^{n-1} \quad \cdots\cdots ① \end{aligned}$$

이고, ①의 양변에 공비 r을 곱하면

$$rS_n = ar + ar^2 + ar^3 + \cdots + ar^{n-1} + ar^n \quad \cdots\cdots ②$$

이다. ①에서 ②를 변끼리 빼면

$$\begin{array}{rl} S_n = & a + ar + ar^2 + \cdots + ar^{n-1} \\ -)\quad rS_n = & \quad\ \ ar + ar^2 + \cdots + ar^{n-1} + ar^n \\ \hline (1-r)S_n = & a - ar^n \end{array}$$

에서 $(1-r)S_n = a(1-r^n)$이다. 이때 공비 r이 $r \neq 1$인 경우가 있고 $r = 1$인 경우가 있다. 따라서 $r \neq 1$인 경우와 $r = 1$인 경우로 나누면 다음과 같다.

(ⅰ) $r \neq 1$일 때,

$$S_n = \frac{a(1-r^n)}{1-r} = \frac{a(r^n-1)}{r-1}$$

(ⅱ) $r = 1$일 때, ①에서

$$S_n = \underbrace{a + a + a + \cdots + a}_{n\text{개}} = na$$

지금까지 알아본 것으로부터 등차수열은 덧셈과 뺄셈에 대한 수열이고 등비수열은 곱셈과 나눗셈에 대한 수열임을 알 수 있다. 사실 수열은 수를 일정한 규칙으로 나열한 것이며, 이때 나열하는 규칙을 덧셈과 뺄셈으로 정할지, 곱셈과 나눗셈으로 정할지에 따라 등차수열과 등비수열이 된다. 다만 수열을 표현하는 방법이 진짜 수보다는 문자를 이용하는 경우가 더 많을 뿐이다. 따라서 수열은 초등학교에서 배운 사칙연산에 중학교에서 배운 문자와 식을 잘 이해하고 있다면 어렵지 않게 이해할 수 있는 개념이다. 혹시 수열에 대한 개념이 어렵다면 중학교의 문자와 식을 다시 한번 공부하는 것이 필요하다.

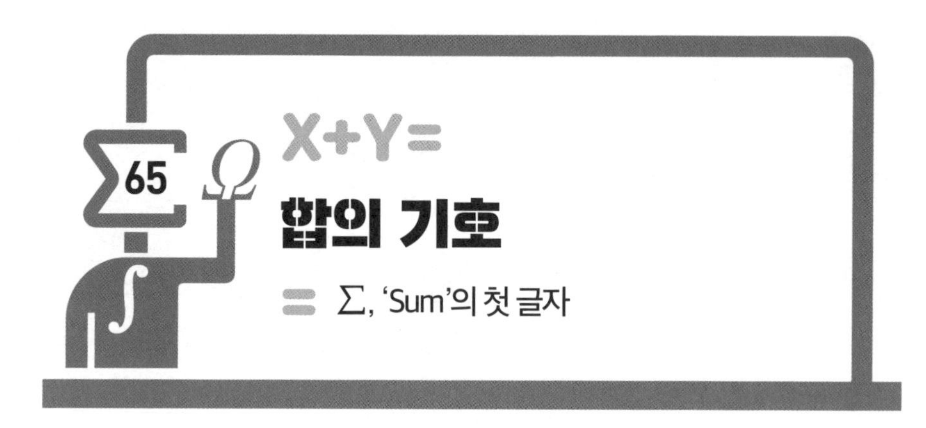

길을 걷다 보면 건널목이나 위험지역을 나타내는 그림을 볼 수 있다. 이와 같은 그림을 그래픽 심벌이라고 하는데, 그래픽 심벌은 자세한 설명 없이도 무엇을 뜻하는지 쉽게 이해할 수 있도록 하는 기호다.

문화와 문명이 발전함에 따라 국내뿐 아니라 국가 사이에도 교류가 빈번해지며 사람들의 왕래가 당연한 시대가 되었다. 그래서 언어, 국가, 민족, 문화, 종교, 습관 등의 차이에 관계없이 누구나 쉽고 편안하게 모든 생활과 산업 분야에서 활용할 수 있는 그래픽 심벌은 더욱 중요해졌다. 이에 따라 그래픽 심벌을 제작하는 표준이 정해졌다. 그래서 그래픽 심벌을 제작하고 적용하는 디자이너는 표준에 부합하는 그래픽 심벌을 사용하여 혼란을 최소화하고 모든 사람이 쉽게 인식할 수 있도록 해야 한다.

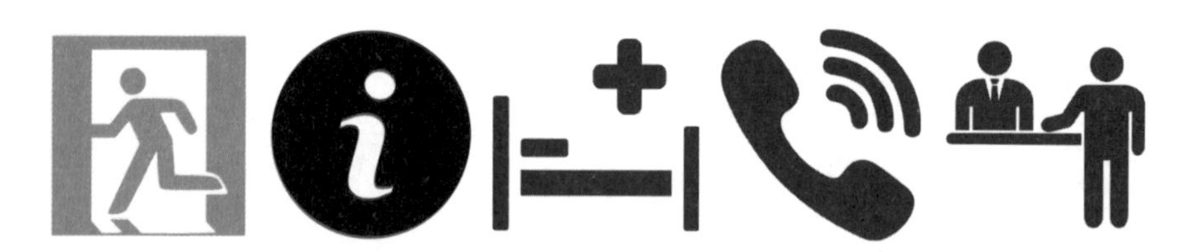

비상구, 안내소, 병원, 전화, 접수처를 나타내는 그래픽 심벌.

Σ 장황한 설명을 간략하게 나타낸 기호들

수학에서도 수학의 개념을 간결하게 표현하기 위해 많은 기호를 사용하는데, 수열의 합도 기호를 사용하여 간단히 나타낼 수 있다. 수열 $\{a_n\}$의 첫째항부터 제n항까지의 합 $a_1 + a_2 + a_3 + \cdots + a_n$은 합의 기호 $\sum$를 사용하여 $\sum_{k=1}^{n} a_k$로 나타낼 수 있다. 즉,

$$a_1 + a_2 + a_3 + \cdots + a_n = \sum_{k=1}^{n} a_k$$

이다. 기호 $\sum$는 합을 뜻하는 'Sum'의 첫 글자 S에 해당하는 그리스 문자로, '시그마(sigma)'라고 읽는다. 또 k 대신에 i, j, l 등의 다른 문자를 사용하여 나타낼 수도 있다. 즉, 다음에서 알 수 있듯이 k 대신 다른 문자를 사용하여도 그 값은 변하지 않는다.

$$\sum_{k=1}^{n} a_k = a_1 + a_2 + \cdots + a_n, \qquad \sum_{i=1}^{n} a_i = a_1 + a_2 + \cdots + a_n$$

$$\sum_{j=1}^{n} a_j = a_1 + a_2 + \cdots + a_n, \qquad \sum_{l=1}^{n} a_l = a_1 + a_2 + \cdots + a_n$$

한편, $m \le n$일 때 제m항부터 제n항까지의 합은 $\sum_{k=m}^{n} a_k$로 나타낸다. 예를 들어

$$1 + 4 + 7 + \cdots + 28 = \sum_{k=1}^{10} (3k - 2), \quad \sum_{i=4}^{13} 2^i = 2^4 + 2^5 + 2^6 + \cdots + 2^{13}$$

과 같이 나타낸다. 합의 기호 $\sum$는 중요한 몇 가지 성질을 갖고 있다.

두 수열 $\{a_n\}$와 $\{b_n\}$에 대하여

$$\begin{aligned}\sum_{k=1}^{n} (a_k + b_k) &= (a_1 + b_1) + (a_2 + b_2) + (a_3 + b_3) + \cdots + (a_n + b_n) \\ &= (a_1 + a_2 + a_3 + \cdots + a_n) + (b_1 + b_2 + b_3 + \cdots + b_n) \\ &= \sum_{k=1}^{n} a_k + \sum_{k=1}^{n} b_k\end{aligned}$$

이므로 다음이 성립한다.

$$\sum_{k=1}^{n}(a_k + b_k) = \sum_{k=1}^{n}a_k + \sum_{k=1}^{n}b_k$$

같은 방법으로 다음도 성립한다.

$$\sum_{k=1}^{n}(a_k - b_k) = \sum_{k=1}^{n}a_k - \sum_{k=1}^{n}b_k$$

수열 $\{a_n\}$과 상수 c에 대하여

$$\begin{aligned}\sum_{k=1}^{n}ca_k &= ca_1 + ca_2 + ca_3 + \cdots + ca_n \\ &= c(a_1 + a_2 + a_3 + \cdots + a_n) \\ &= c\sum_{k=1}^{n}a_k\end{aligned}$$

이므로 다음이 성립한다.

$$\sum_{k=1}^{n}ca_k = c\sum_{k=1}^{n}a_k$$

또 상수 c에 대하여 $\sum_{k=1}^{n}c = \underbrace{c + c + c + \cdots + c}_{n\text{개}} = cn$ 이므로 다음이 성립한다.

$$\sum_{k=1}^{n}c = cn$$

이때 주의해야 할 것이 있다.

$$\sum_{k=1}^{n}a_kb_k = a_1b_1 + a_2b_2 + \cdots + a_nb_n$$

이고,

$$\sum_{k=1}^{n}a_k\sum_{k=1}^{n}b_k = (a_1 + a_2 + \cdots + a_n)(b_1 + b_2 + \cdots + b_n)$$

이므로

$$\sum_{k=1}^{n}a_kb_k \neq \sum_{k=1}^{n}a_k\sum_{k=1}^{n}b_k$$

이다.

수학에서 기호는 수학적 의미를 담고 있으므로 매우 중요하다. 특히 수학적 기호는 장황한 설명을 간략하게 나타낸 것이므로 많은 뜻이 담겨있다. 따라서 기호를 정확히 알고 있으면 수학 개념을 이해하는 데 큰 도움이 된다.

X+Y=

66

여러 가지 수열의 합

= 수식 빼고 그림으로 증명하기

수학은 매우 논리적인 과목이지만 종종 수학적 내용을 직관적으로 이해할 수 있도록 각종 교구나 그림을 이용하기도 한다. 특히 어떤 내용을 증명할 때 언어나 수식을 전개하지 않고 그림만 이용하는 것을 '말 없는 증명(proof without words)'이라고 한다.

수열의 합에는 몇 가지 중요한 공식이 있는데, 가능하면 이런 공식을 모두 암기하면 편리하다. 이때 그 공식이 어떻게 얻어지는지를 복잡한 수식을 전개하는 것보다는 그림만 이용해 설명하면 훨씬 빨리, 그리고 쉽게 공식을 이해할 수 있다.

Σ 수열의 합을 '말 없는 증명'하기

자연수의 제곱과 세제곱에 관련된 수열의 합을 '말 없는 증명'으로 알아보자. 먼저, 1부터 n까지 자연수의 합은 첫째항이 1, 공차가 1인 등차수열의 첫째항부터 제n항까지의 합이므로 다음과 같이 구할 수 있다.

$$\sum_{k=1}^{n} k = 1 + 2 + 3 + \cdots + n = \frac{n(n+1)}{2}$$

그런데 그림을 이용하면 다음과 같이 증명할 수 있다.

| **그림1** |

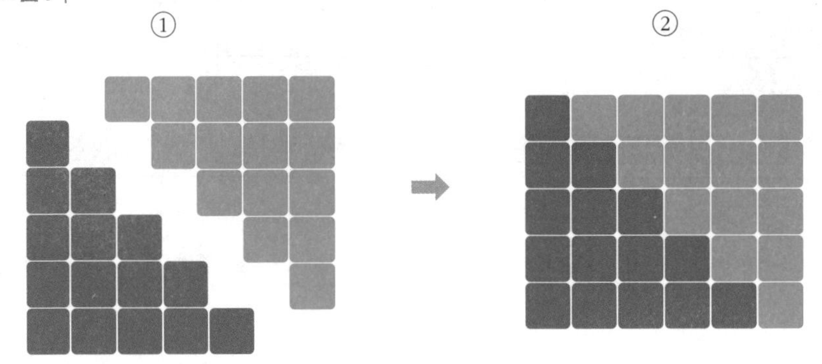

〈그림1〉의 ①에서 빨간색 블록과 초록색 블록은 모두 1+2+3+4+5를 나타내고, 이것을 2개 더하면 ②와 같다. 이때 ②는 직사각형 모양이 되는데, 이 직사각형의 가로는 (5+1) = 6이고 세로는 5다. 따라서 블록 전체의 수는 5×(5+1)이다. 그런데 이것은 1+2+3+4+5를 두 번 시행한 것과 같으므로

$$1 + 2 + 3 + 4 + 5 = \frac{5 \times (5+1)}{2}$$

이다. 여기서 마지막 수 5를 n으로 바꿔서 일반적인 식을 구하면

$$1 + 2 + 3 + \cdots (n-1) + n = \frac{n \times (n+1)}{2}$$

즉,

$$\sum_{k=1}^{n} k = 1 + 2 + 3 + \cdots + n = \frac{n(n+1)}{2}$$

이 성립한다.

| **그림2** |

이번에는 $\sum_{k=1}^{n} k^2 = 1^2 + 2^2 + 3^2 + \cdots + n^2$의 값을 구해 보자. 〈그림2〉는 정육면체 블록을 정사각형 모양으로 하여 차례로 쌓은 것이다. 정육면체 블록의 수는

위에서부터 각각 1, 4, 9, 16개이므로 전체 개수는

$$1 + 4 + 9 + 16 = 1^2 + 2^2 + 3^2 + 4^2$$

이다. 〈그림3〉은 이런 모양을 3개 붙여 큰 정육면체 모양을 만드는 과정이다.

| **그림3** |

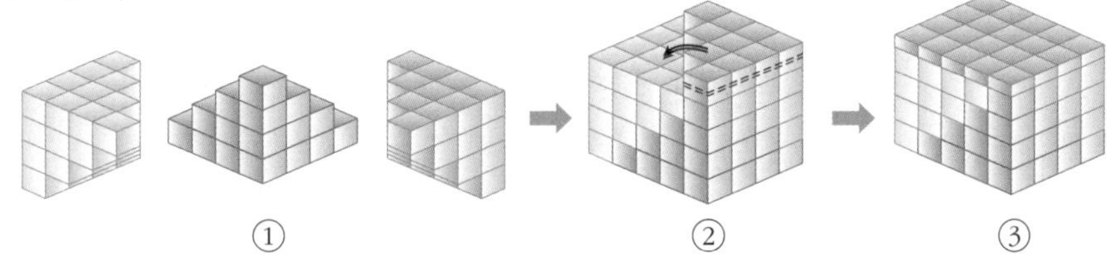

①은 앞에서 말한 모양 3개를 준비한 것이고 ②는 이것을 붙인 것이다. 이때 가장 위에 있는 1+2+3+4개의 블록은 툭 튀어나오기에, 반을 잘라 덮어 붙이면 ③이 된다. 그러면 ③에서 블록은 가로로 (4+1)개, 세로로 4개, 높이는 $4 + \frac{1}{2}$ 이다. 따라서 전체 블록의 개수는 다음과 같음을 알 수 있다.

$$3(1^2 + 2^2 + 3^2 + 4^2) = 4(4 + 1)\left(4 + \frac{1}{2}\right)$$

앞에서와 마찬가지로 여기서 마지막 수 4를 n으로 바꿔 일반적인 식을 구하면

$$3(1^2 + 2^2 + 3^2 + \cdots + n^2) = n(n + 1)\left(n + \frac{1}{2}\right)$$

이다. 이제 좌변에 있는 3을 우변으로 이항하여 정리하면

$$1^2 + 2^2 + 3^2 + \cdots + n^2 = \frac{1}{3}n(n + 1)\left(n + \frac{1}{2}\right)$$

$$= \frac{n(n + 1)(2n + 1)}{6}$$

이다. 즉,

$$\sum_{k=1}^{n} k^2 = 1^2 + 2^2 + 3^2 + \cdots + n^2 = \frac{n(n + 1)(2n + 1)}{6}$$

이다.

마지막으로 $\sum_{k=1}^{n} k^3 = 1^3 + 2^3 + 3^3 + \cdots + n^3$ 을 구해 보자.

〈그림4〉는 정육면체 모양의 작은 블록을 큰 정육면체 모양으로 쌓아 만든 것

이다. ①은 작은 정육면체 블록을 쌓아 차례로 큰 정육면체를 만든 것으로 작은 정육면체 블록이 각각 1, 8, 27개씩 사용되었다. ②는 ①의 쌓아 놓은 블록을 한 줄씩 풀어 놓은 것이고, ③은 이들을 적당히 재배열하여 합치는 과정이다. 마지막으로 ④는 분리한 모양을 다시 합하여 큰 정사각형 모양으로 블록을 쌓은 것이다.

처음에 사용된 정육면체 모양의 작은 블록의 수는 1, 8, 27개씩이므로

$$1 + 8 + 27 = 1^3 + 2^3 + 3^3$$

이다. 그런데 〈그림4〉의 큰 정사각형 모양의 가로와 세로에 있는 작은 블록의 개수는 각각 $(1 + 2 + 3)$이므로 전체 개수는 이들의 곱이다. 즉, 다음과 같다.

$$1^3 + 2^3 + 3^3 = (1 + 2 + 3) \times (1 + 2 + 3) = (1 + 2 + 3)^2$$

| **그림4** |

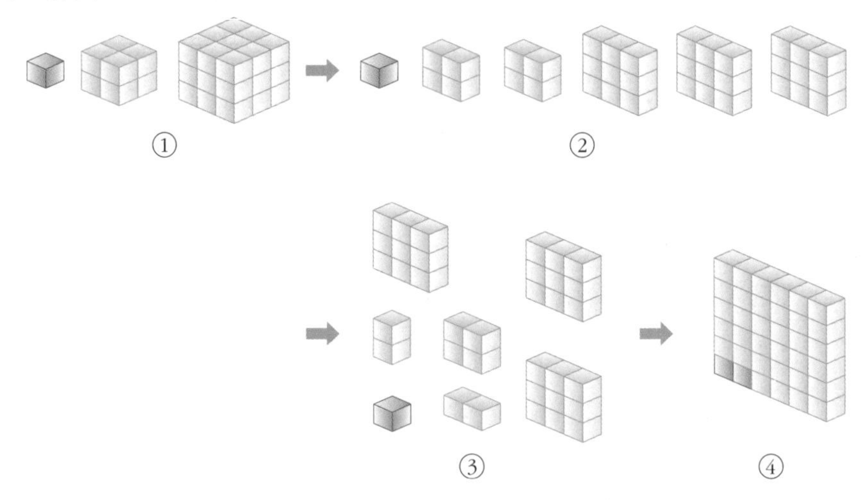

그런데 앞에서 $1 + 2 + 3 = \frac{3(3+1)}{2}$이므로

$$1^3 + 2^3 + 3^3 = (1 + 2 + 3)^2 = \left(\frac{3(3+1)}{2}\right)^2$$

이다.

앞에서와 마찬가지로 여기서 마지막 수 3을 n으로 바꿔 일반적인 식을 구하면

$$1^3 + 2^3 + \cdots + n^3 = (1 + 2 + \cdots + n)^2 = \left(\frac{n(n+1)}{2}\right)^2$$

즉, 다음이 성립한다.

$$\sum_{k=1}^{n} k^3 = 1^3 + 2^3 + \cdots + n^3 = \left(\frac{n(n+1)}{2}\right)^2$$

지금까지 알아본 것과 같이, 수학에서 이용하는 공식은 많은 경우에 간단한 그림으로 내용을 쉽게 이해할 수 있다. 그림을 그리는 방법으로 수학적 내용의 복잡하고 어려운 과정을 피할 수 있다. 사실 수학의 대가들은 자신들이 하고자 하는 수학적 이론을 만들거나 설명하려고 할 때, 그들의 머릿속에 그 내용에 대한 그림을 그린다. 여러분도 자꾸 수학을 그림으로 나타내는 방법을 고민하길 바란다.

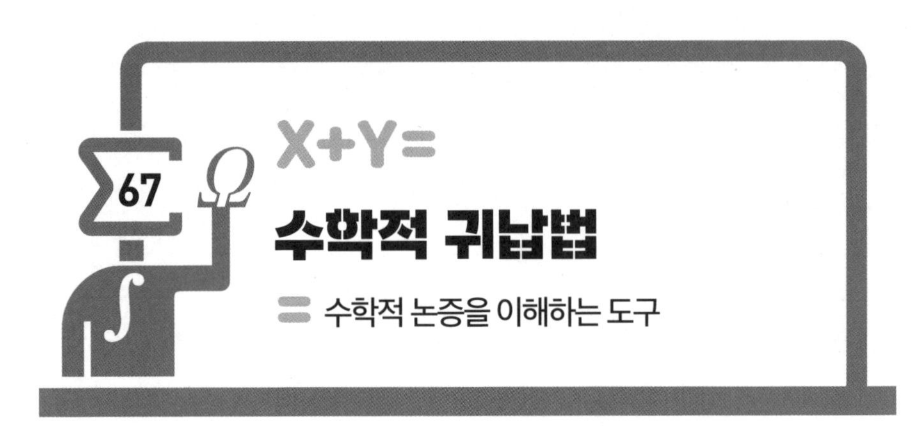

수학적 귀납법

= 수학적 논증을 이해하는 도구

어느 날 어머니께서 과일을 한 상자 사 오셨다. 상자 속을 확인하지 않고 손을 넣어 과일을 꺼냈더니 사과였다. 같은 방법으로 몇 개를 더 꺼냈더니 계속해서 사과가 나왔다. 그렇다면 우리는 그 상자에 담겨있는 과일은 모두 사과라고 생각할 수 있다. 이처럼 낱낱의 사실을 바탕으로 일반적인 법칙을 이끄는 방법을 귀납법이라고 한다. **수학적 귀납법** 이란 자연수와 관련이 있는 어떤 가설을 증명하는 방법으로 파스칼(Blaise Pascal, 1623~1662)에 의하여 처음 구상되었다. 초기에 수학적 귀납법은 연역법과 혼동되기도 했다. 그래서 논리학자 퍼스(Charles Sanders Peirce, 1839~1914)는 '콩 주머니(beanbag)'를 통하여 둘 사이의 차이점을 명확히 설명했다. 퍼스에 의하면 연역법은 다음과 같은 차례로 주장하는 것이다.

| 연역법 |

[법칙] 이 주머니에서 나온 콩은 모두 하얗다.
[사례] 이 콩들은 이 주머니에서 나왔다.
[결과] 이 콩들은 하얗다.

즉, 흰콩만 들어있는 주머니가 있는데 어떤 콩이 이 주머니에서 나왔다고 하자. 그러면 콩이 무슨 색인지 보지 않고도 흰콩임을 아는 것이 연역법이다. 반면에 귀납법은 다음과 같은 차례로 진행된다.

| 귀납법 |

[사례] 이 콩들은 이 주머니에서 나왔다.
[결과] 이 콩들은 하얗다.
[법칙] 이 주머니에서 나온 콩은 모두 하얗다.

콩 주머니를 통해 수학적 귀납법과 연역법의 차이를 명확히 설명한 논리학자 퍼스.

주머니에서 콩을 꺼내는데, 계속해서 흰콩만 나온다고 한다면 그 주머니에는 흰콩만 들어있다고 주장할 수 있다. 그래서 한 개 꺼내보니 흰콩이고 엄청 많이 꺼내보니 모두 흰콩일 때 하나 더 꺼내도 흰콩이라고 할 수 있다는 것이다.

Σ 수학적 귀납법으로 증명하기

콩 주머니의 귀납법을 수학적으로 표현하면 다음과 같다.

자연수 전체의 집합 N의 부분집합 S가 다음 두 조건을 만족한다고 하자.

① $1 \in S$

② 만일 $n \in S$이면, $n+1 \in S$이다.

그러면 $S=N$이다.

이 수학적 귀납법의 원리를 다음과 같이 바꿀 수 있다.

> 자연수 n에 관한 명제 $p(n)$에 대하여 다음 두 조건을 만족한다고 하자.
> ① $p(n)$은 $n=1$일 때 참이다.
> ② 만약 임의의 자연수 n에 대하여 $p(n)$이 참이면 $p(n+1)$도 참이다.
> 그러면 명제 $p(n)$은 모든 자연수 n에 대하여 참이다.

예를 들어 모든 자연수 n에 대하여 $1+2+\cdots+n=\frac{n(n+1)}{2}$임을 수학적 귀납법으로 증명해 보자.

우선 $n=1$이면 좌변과 우변은 모두 1이므로 등호가 성립한다.

이제 어떤 자연수 n에 대하여 $1+2+\cdots+n=\frac{n(n+1)}{2}$이라고 가정하자. 이 식의 양변에 $n+1$을 똑같이 더해주면 다음과 같다.

$$1+2+\cdots+n+(n+1)=\frac{n(n+1)}{2}+(n+1)$$

이 식의 우변을 정리하면

$$\begin{aligned}1+2+\cdots+n+(n+1)&=\frac{n(n+1)}{2}+(n+1)\\&=\frac{(n+1)((n+1)+1)}{2}\end{aligned}$$

이 식은 n인 경우의 식을 $n+1$일 경우로 바꾼 것과 같다. 따라서 임의의 모든 자연수 n에 대하여 다음이 성립한다.

$$1+2+\cdots+n=\frac{n(n+1)}{2}$$

수학적 귀납법은 1단계와 2단계로 크게 나눌 수 있는데 1단계에서는 하나의 구체적인 예, 즉 첫 번째 자연수에 대하여 명제가 성립하는지를 알아보고, 2단계에서는 하나의 자연수에 대하여 명제가 성립한다고 가정하고 그다음 자연수에 대하여 성립함을 보이는 것이다.

그런데 수학적 귀납법을 사용할 때 종종 잘못 사용하는 경우가 있다. 다음 예는 수학적 귀납법을 잘못 사용한 대표적인 경우다.

Σ 수학적 귀납법을 잘못 사용한 경우

case 1 모든 말은 색깔이 같다.

| **수학적 귀납법을 사용한 증명** | 지구상에 말이 단 한 마리만 있다면 분명히 위의 말은 참이다.

이제 수학적 귀납법의 원리에 의하여 지구상에 n마리의 말이 있는데 이들이 모두 같은 색이라고 가정하고 $n+1$마리에 대하여 생각하자. $n+1$마리의 말 중에서 한 마리를 빼면 가정에 의하여 나머지 n마리의 색은 모두 같은 색이다. 이제 뺐던 한 마리를 다시 포함시키고 아까와는 다른 말을 한 마리 다시 빼낸다. 그렇게 하면 다시 n마리가 되고 이들의 색은 다시 모두 같게 된다. 그러면 처음에 빼냈던 말의 색이나 나중에 빼낸 말의 색은 같으므로 $n+1$마리의 말은 모두 같은 색이 된다. 따라서 이 세상의 모든 말의 색은 같다.

이 경우에는 귀납법을 사용하는 증명 과정에서 잘못된 방법을 택했기 때문에 일어나는 오류다. 즉, 증명의 마지막 단계에서 $n+1$은 이미 같은 색으로 정해진 n마리와 정해지지 않은 1마리를 더 생각하는 것이다. 따라서 마지막 1마리가 같은 색이라고 할 수 없다.

case 2 모든 사람은 대머리다.

| **수학적 귀납법을 사용한 증명** | 어떤 사람의 머리에 머리카락이 단 한 가닥이 있다면 그 사람은 분명히 대머리다.

이제 수학적 귀납법의 원리에 의하여 머리카락이 n개 있을 때도 대머리라고 가정하고 머리카락이 $n+1$가닥 있을 경우를 생각하자. 그런데 머리카락이 $n+1$개인 경우는 n개 있는 경우보다 겨우 1개가 많을 뿐이다. 가정에 의하면 n개의 머리카락이 있는 경우는 대머리이므로 대머리에 머리카락 1개를 더해도 대머리일 수밖에는 없다. 따라서 모든 사람은 대머리다.

이 경우에는 대머리라는 정의가 명확하지 않아서 생기는 오류다. 즉, 대머리는 머리카락이 하나도 없는 사람이라든지 또는 1000개 이하인 사람이라고 정확하게 정하지 않아서 생기는 오류다.

귀납법은 수학능력시험에 종종 출제되는 내용이다. 따라서 귀납법의 개념을 잘 이해하고 있다면 수학능력시험뿐만 아니라, 수학적 논증을 이해하는 데 큰 도움이 될 것이다.

X+Y=

함수의 극한

= 함숫값이 일정한 값에 한없이 가까워질 때

지구 표면의 70% 이상은 물로 덮여 있으며, 물의 98%는 바다에, 나머지 2%는 빙하, 강, 호수, 땅속에 지하수로 있다. 2%의 물 중에서 빙하와 빙산이 많은 부분을 차지한다. 빙하는 천천히 움직이는 얼음의 강이고, 빙산은 해안가에 형성된 빙벽의 끝부분에서 얼음이 바다로 떨어져 나간 것이다. 특히 남극 대륙의 98%는 얼음으로 덮여 있고, 지구상에 존재하는 얼음의 약 90%가 이곳에 있다고 한다.

그런데 빙산이 바다에만 있는 것은 아니다. 지구촌 내륙에도 빙산과 만년설이 존재한다. 빙하가 녹는 것은 기온이 상승하기 때문이다. 빙하가 계속 녹기만 하는 것이 아니라 얼고 녹기를 반복하는데, 다시 어는 속도보다 녹는 속도가 빨라서 녹아내리는 것이다. 최근 지구 온난화로 빙하가 녹거나 만년설이 붕괴하는 현상이 가속화되고 있다.

남극 빙하는 대륙 위의 얼음이라서 녹으면 물이 되어 바다로 흘러가 해수면 상승에 영향을 미친다.

남극과 북극을 포함하여 지구상 모든 얼음이 녹으면 전체적으로 해수면은 얼마나 상승할까? 이미 바다에 있는 빙산은 해수면을 높이지 않는다. 물컵에 물을 넣은 뒤 얼음을 넣고 잰 물의 높이와 얼음이 녹은 뒤 잰 물의 높이는 같다. 왜냐하면 물컵에 있던 얼음이 녹아 물이 되면 부피가 줄어들어 얼음이 물에 잠겨 있던 부분만 채우기 때문이다. 따라서 바다에 있는 빙산이 다 녹아도 해수면은 높아지지 않는다. 그래서 북극 빙하는 바다에 있는 얼음이므로 해수면 높이에 영향을 주지 않는다.

하지만 남극 빙하는 대륙 위의 얼음이라서 녹으면 물이 되어 바다로 흘러가 해수면 상승에 영향을 미친다. 과학자들의 연구에 따르면 지구의 빙하가 다 녹으면 해수면이 62m 정도 상승할 것으로 예측되며, 그 이상으로는 상승하지 않는다고 한다. 이렇게 되면 지금까지 우리가 상상하지 못한 대재앙이 발생한다고 하니 지구 온난화를 막기 위한 국제사회의 노력이 필요하다.

Σ 결과가 점점 정해진 값에 접근하는 경우

해수면 높이와 같이 어떤 상황이 계속될 때, 그 결과가 점점 정해진 값에 접근하는 경우가 많다. 이를 함수로 나타내어 수학적으로 엄격하게 정의 내리는 것이 **함수의 극한**이다.

함수 $f(x)$에서 x의 값이 어떤 수에 한없이 가까워질 때, $f(x)$의 값이 일정한 수에 한없이 가까워지는 경우에 대하여 알아보자.

〈그림1〉의 함수 $f(x) = x + 1$의 그래프에서 x의 값이 1에 한없이 가까워질 때, $f(x)$의 값은 2에 한없이 가까워짐을 알 수 있다.

| 그림1 |

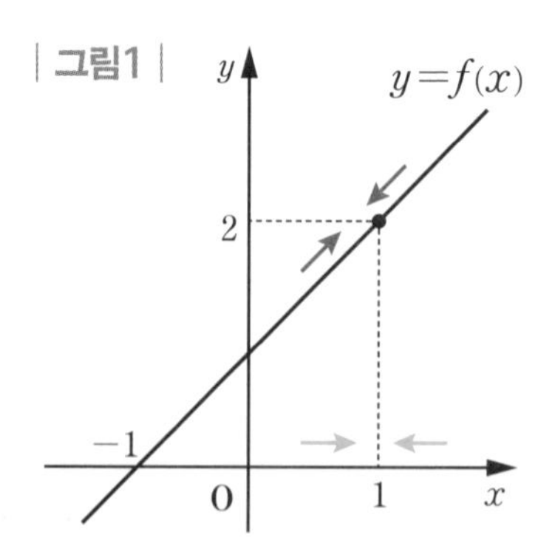

한편, 함수 $g(x) = \frac{x^2 - 1}{x - 1}$은 $x = 1$에서 정의되지 않지만, $x \neq 1$인 모든 실수 x에 대하여

$$g(x) = \frac{x^2 - 1}{x - 1} = x + 1$$

이다. 따라서 〈그림2〉의 함수 $g(x)$의 그래프에서 x의 값이 1이 아니면서 1에 한없이 가까워질 때, $g(x)$의 값은 2에 한없이 가까워짐을 알 수 있다. 함수 $g(x) = \frac{x^2 - 1}{x - 1}$의 분모는 $x = 1$에서 0이므로 $x = 1$에서는 함수가 정의되지 않는다. 그래서 그림에서 보듯이 $x = 1$에서 함수 $g(x)$의 그래프는 값을 갖지 않는다는 표시 '∘'로 나타냈다. 하지만 그래프에서 x가 1에 한없이 가까워지면 함숫값은 2에 한없이 가까워짐을 볼 수 있다.

| 그림2 |

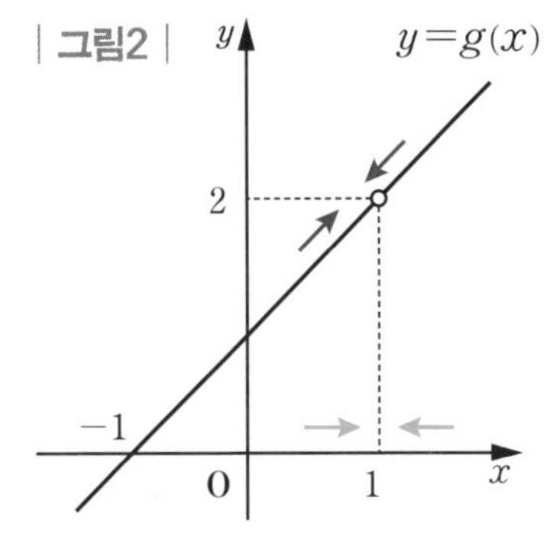

일반적으로 함수 $f(x)$에서 x의 값이 a가 아니면서 a에 한없이 가까워질 때 $f(x)$의 값이 일정한 수 L에 한없이 가까워지면, 함수 $f(x)$는 L에 **수렴**한다고 한다. 한편, $f(x)$가 수렴하지 않으면 함수 $f(x)$는 **발산**한다고 한다. 또, 함수 $f(x)$가 L에 수렴할 때, L을 함수 $f(x)$의 $x = a$에서의 **극한값** 또는 **극한**이라 하며, 이것을 기호로 다음과 같이 나타낸다.

$$\lim_{x \to a} f(x) = L \text{ 또는 } x \to a \text{ 일 때 } f(x) \to L$$

특히, 상수함수 $f(x) = c$(c는 상수)는 모든 x의 값에 대하여 함숫값이 항상 c이므로 a의 값에 관계없이

$$\lim_{x \to a} c = c$$

이다.

함수의 극한에서 기호 lim는 극한을 뜻하는

| 그림3 |

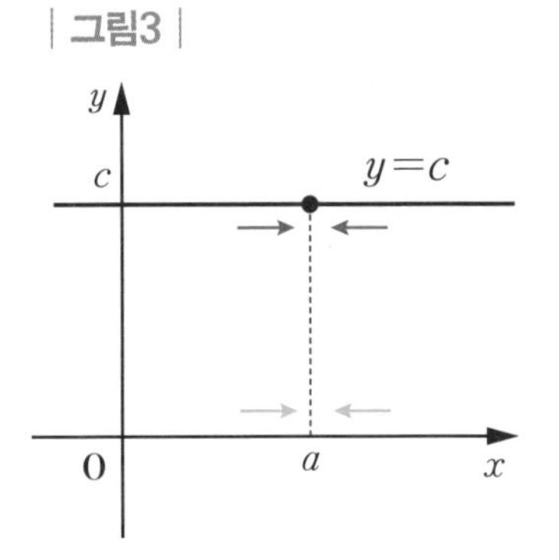

'limit'의 약자이며, '리미트'라고 읽는다.

| 그림4 |

$x \to a$는 $x \neq a$이면서 x의 값이 a에 한없이 가까워짐을 뜻한다. 따라서 $\lim_{x \to a} f(x)$은 x가 a와 같아지지는 않으면서 a에 한없이 가까워질 때 $f(x)$는 어떤 값에 점점 가까워지는지를 생각하는 것이다.

예를 들어 함수 $f(x) = x + 1$에 대하여 x가 1에 한없이 가까워질 때, $x + 1$의 값은 점점 2에 가까워지므로 다음과 같다.

$$\lim_{x \to 1}(x + 1) = 2$$

또 $g(x) = \frac{x^2 - 1}{x - 1}$에 대하여 x가 1에 한없이 가까워질 때, x는 1에 가까워질 뿐 1은 아니므로 $x - 1$은 0이 되지 않는다. 따라서

$$\lim_{x \to 1}\frac{x^2 - 1}{x - 1} = \lim_{x \to 1}\frac{(x + 1)(x - 1)}{x - 1} = \lim_{x \to 1}(x + 1) = 2$$

이다. 즉, 함수 $g(x) = \frac{x^2 - 1}{x - 1}$의 분모는 x가 1이 아니며 1에 한없이 가까워지므로 $x - 1 \neq 0$이며 0에 한없이 가까워지기만 한다. 그래서 함수 자체는 정의된다. 이것을 다시 설명하는 이유는 그만큼 중요하기 때문이다.

Σ 심화, 함수의 극한 구하기

이제 위와 같은 극한의 정의를 생각하며 $\lim_{x \to 1}(x^2 - 2)$와 $\lim_{x \to -1}\frac{x^2 + 4x + 3}{x + 1}$의 값을 구해 보자.

먼저 함수 $f(x) = x^2 - 2$의 그래프는 〈그림5〉와 같다. x의 값이 1에 한없이 가까워질 때, $f(x)$의 값은 -1에 한없이 가까워지므로 다음과 같다.

$$\lim_{x \to 1}(x^2 - 2) = -1$$

이번에는 $\lim_{x \to -1}\frac{x^2 + 4x + 3}{x + 1}$에서 함수 $g(x) = \frac{x^2 + 4x + 3}{x + 1}$은 $x = -1$

에서 정의되지 않는다. 하지만 $x \neq -1$이면

$$
\begin{aligned}
g(x) &= \frac{x^2+4x+3}{x+1} \\
&= \frac{(x+3)(x+1)}{x+1} \\
&= x+3
\end{aligned}
$$

| 그림5 |

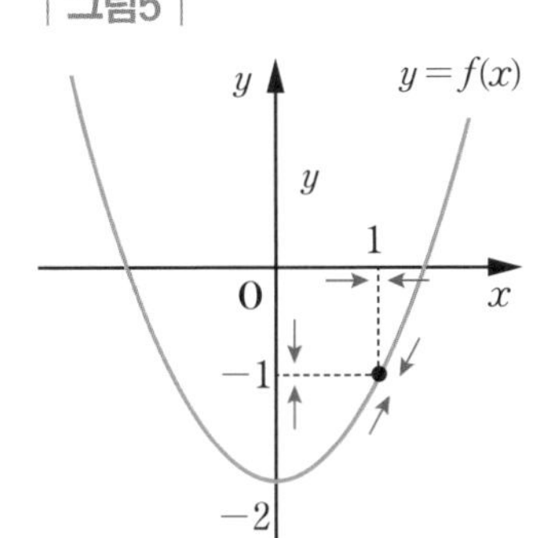

이므로 함수 $g(x)$의 그래프는 〈그림6〉과 같다.

x의 값이 -1에 한없이 가까워질 때, $g(x)$의 값은 2에 한없이 가까워지므로 다음과 같다.

$$
\begin{aligned}
\lim_{x \to -1} &= \frac{x^2+4x+3}{x+1} \\
&= \lim_{x \to -1}(x+3) \\
&= 2
\end{aligned}
$$

| 그림6 |

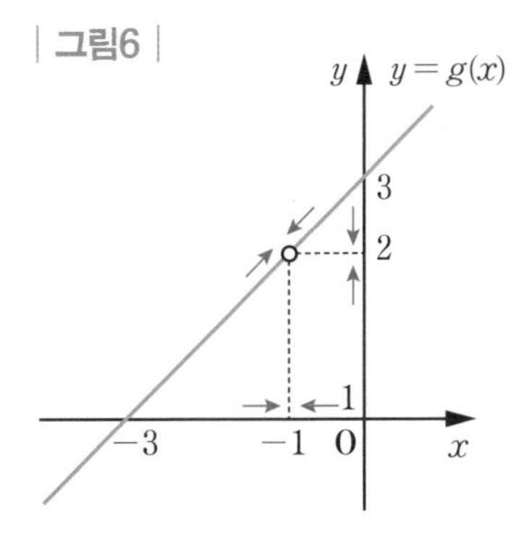

결국 주어진 함수에 대하여 어떤 a값에 대한 극한값을 구하는 것은 주어진 함수가 a의 한없이 가까운 근방에서 정의되었을 때, 함수의 미지수 x에 a를 대입하여 구하는 것과 같음을 알 수 있다. 하지만 늘 그런 것은 아니다. 다음 단원에서 이에 대하여 알아보자.

무한대

= 무한히 커지는 상태

우주에는 우리가 아직도 풀지 못한 미스터리가 많다. 블랙홀도 그중 하나다. 일반상대성이론에서 블랙홀은 한 마디로 어떤 경계 안에 질량이 집중되는 시공간의 영역이다. 그 경계를 '사건의 지평선'이라고 한다. 사건의 지평선은 가상의 구면으로 그 크기를 결정하는 반지름을 슈바르츠실트 반지름(Schwarzschild radius)이라 한다. 이를테면 사건의 지평선의 반지름은 태양과 같은 질량이라면 3km 정도이고, 지구와 같은 질량이라면 1cm 정도라고 한다.

| 그림1 |

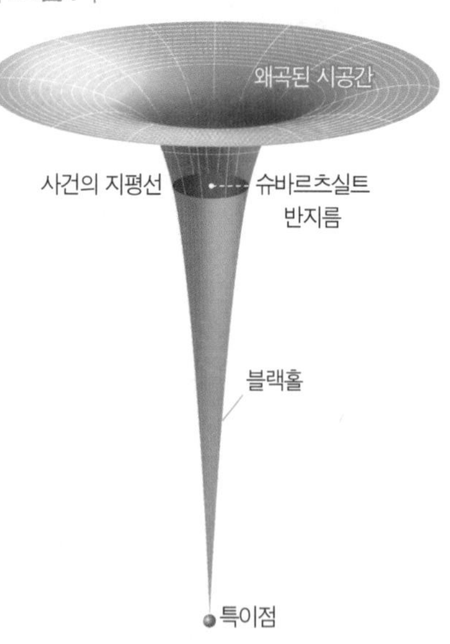

일반상대성이론에 따르면 중력이 강력한 곳에서는 1초의 간격이 커져 시간이 느리게 흐른다. 중력이 어마어마한 블랙홀이라면 1초의 간격이 무한히 커지는 경계가 생기는데 그 경계가 바로 사건의 지평선이다. 1초의 간격이 무한히 커진다는 것은 결국 시간이 멈춘다는 뜻이다. 이런 일이 벌어지는 곳이 바로 블랙홀의

사건의 지평선이다. 물론 사건의 지평선을 경계로 그 안쪽은 무슨 일이 벌어지는지 상상할 수 없다. 왜냐하면 블랙홀은 중력이 너무 강하여 빛이든 전자기파든 그 무엇도 빠져나올 수 없기 때문이다.
그래서 블랙홀은 직접 관측할 수도 없다. 블랙홀의 존재를 확인하는 방법은 그 주변에서 블랙홀로 빠져드는 물질에서 나오는 정보를 이용하는 것이다.

Σ 블랙홀을 닮은 함수의 그래프

블랙홀과 비슷한 모양은 수학에서 흔히 찾아볼 수 있다. 이제 이런 경우를 이용하여 함수 $f(x)$에서 x의 값이 어떤 수에 한없이 가까워질 때, $f(x)$가 발산하는 경우를 알아보자.
〈그림2〉와 같이 함수 $f(x)=\frac{1}{x^2}$의 그래프에서 x의 값이 0에 한없이 가까워질 때, $f(x)$의 값은 한없이 커짐을 알 수 있다. 또 〈그림3〉과 같이 함수 $g(x)=-\frac{1}{x^2}$의 그래프에서 x의 값이 0에 한없이 가까워질 때, $g(x)$의 값은 음수이면서 그 절댓값이 한없이 커짐을 알 수 있다.

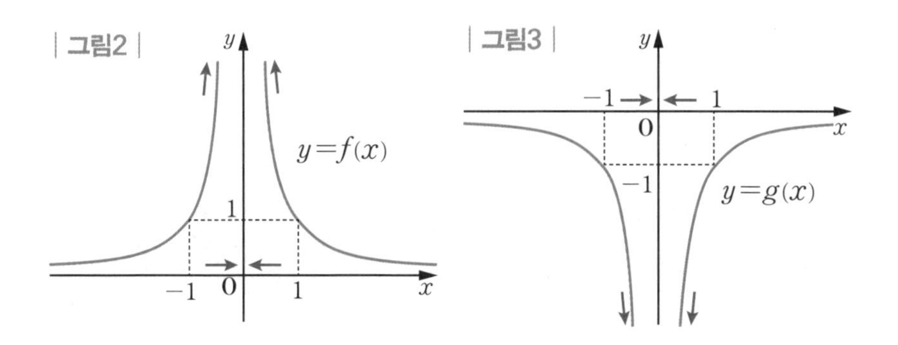

여기서 한없이 커지는 상태를 기호 ∞로 나타내고 **무한대**라고 읽는다. 즉 ∞는 아주 큰 수가 아니라 '무한히 커지는 상태'를 나타낸다.

일반적으로 함수 $f(x)$에서 x의 값이 a가 아니면서 a에 한없이 가까워질 때 $f(x)$의 값이 한없이 커지면 함수 $f(x)$는 '양의 무한대로 발산한다'고 하며, 이것을 기호로 다음과 같이 나타낸다.

$$\lim_{x \to a} f(x) = \infty \text{ 또는 } x \to a \text{ 일때 } f(x) \to \infty$$

또, 함수 $f(x)$에서 x의 값이 a가 아니면서 a에 한없이 가까워질 때 $f(x)$의 값이 음수이면서 그 절댓값이 한없이 커지면 함수 $f(x)$는 '음의 무한대로 발산한다'고 하며, 이것을 기호로 다음과 같이 나타낸다.

$$\lim_{x \to a} f(x) = -\infty \text{ 또는 } x \to a \text{ 일때 } f(x) \to -\infty$$

∞와 비슷하게 $-\infty$는 아주 작은 값이 아니라 음수이면서 그 절댓값이 한없이 커지는 상태를 나타낸다. 예를 들어 두 함수 $f(x) = \frac{1}{x^2}$과 $g(x) = -\frac{1}{x^2}$에서 $\lim_{x \to 0} \frac{1}{x^2} = \infty$, $\lim_{x \to 0}\left(-\frac{1}{x^2}\right) = -\infty$이다.

함수 $f(x)$의 극한

| 그림4 |

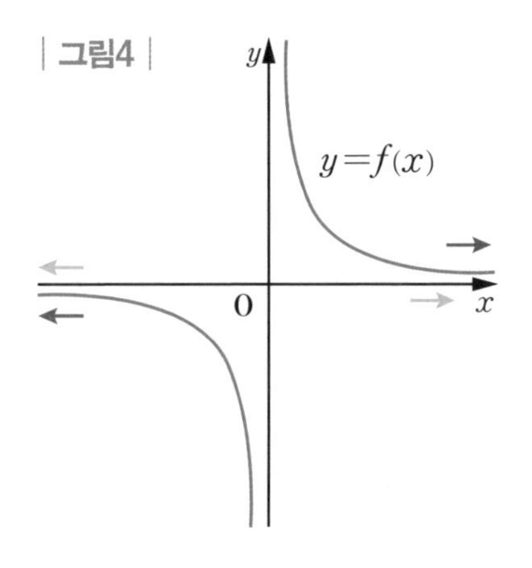

마지막으로 함수 $f(x)$에서 x의 값이 한없이 커지거나 음수이면서 그 절댓값이 한없이 커질 때의 함수 $f(x)$의 극한에 대하여 알아보자.

〈그림4〉의 함수 $f(x) = \frac{1}{x}$의 그래프에서 x의 값이 한없이 커질 때, $f(x)$의 값은

0에 한없이 가까워지고, x의 값이 음수이면서 그 절댓값이 한없이 커질 때도 $f(x)$의 값은 0에 한없이 가까워짐을 알 수 있다.

일반적으로 함수 $f(x)$에서 x의 값이 한없이 커질 때 $f(x)$의 값이 일정한 수 L에 한없이 가까워지면 '함수 $f(x)$는 L에 수렴한다'고 하며, 이것을 기호로 다음과 같이 나타낸다.

$$\lim_{x \to \infty} f(x) = L \quad \text{또는 } x \to \infty \text{ 일때 } f(x) \to L$$

또, 함수 $f(x)$에서 x의 값이 음수이면서 그 절댓값이 한없이 커질 때 $f(x)$의 값이 일정한 수 L에 한없이 가까워지면 '함수 $f(x)$는 L에 수렴한다'고 하며, 이것을 기호로 다음과 같이 나타낸다.

$$\lim_{x \to -\infty} f(x) = L \text{ 또는 } x \to -\infty \text{ 일때 } f(x) \to L$$

예를 들어 함수 $f(x) = \frac{1}{x}$에서 $\lim_{x \to \infty} \frac{1}{x} = 0$, $\lim_{x \to -\infty} \frac{1}{x} = 0$이다.

한편, $x \to \infty$ 또는 $x \to -\infty$ 일 때 함수 $f(x)$가 양의 무한대 또는 음의 무한대로 발산하면, 이것을 각각 기호로

$$\lim_{x \to \infty} f(x) = \infty, \quad \lim_{x \to \infty} f(x) = -\infty,$$
$$\lim_{x \to -\infty} f(x) = \infty, \quad \lim_{x \to -\infty} f(x) = -\infty$$

와 같이 나타낸다. 예를 들어 〈그림5〉의 함수 $f(x) = x^3$의 그래프에서

$$\lim_{x \to \infty} x^3 = \infty, \quad \lim_{x \to -\infty} x^3 = -\infty$$

이다. 지금까지의 내용을 정리하면 $x \to \infty$일 때, 함수 $f(x)$의 극한은 수열의 극한과 마찬가지로 다음과 같다.

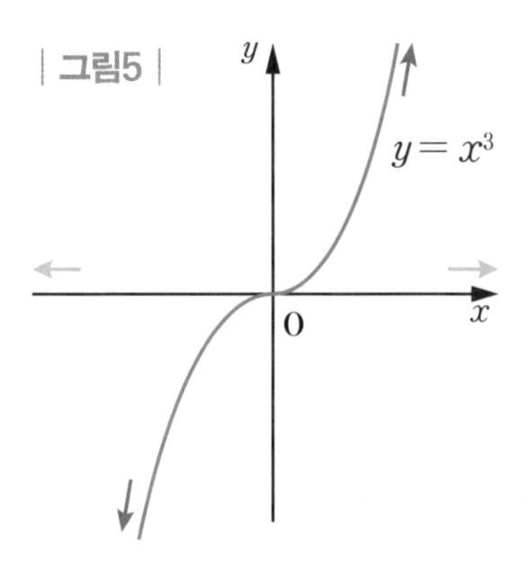

① $\lim_{x \to \infty} f(x) = L$: x가 양의 값으로 한없이 커질 때, $f(x)$는 일정한 값 L에 한없이 가까워진다.

② $\lim_{x \to \infty} f(x) = \infty$: x가 양의 값으로 한없이 커질 때, $f(x)$는 양의 값으로 한없이 커진다.

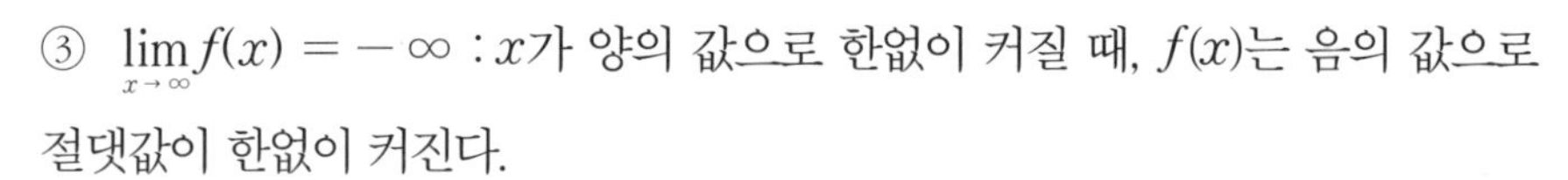

③ $\lim_{x \to \infty} f(x) = -\infty$: x가 양의 값으로 한없이 커질 때, $f(x)$는 음의 값으로 절댓값이 한없이 커진다.

한편, $x \to -\infty$일 때, 즉 x가 음의 값으로 절댓값이 한없이 커질 때도 함수 $f(x)$의 극한은 위와 마찬가지로 다음과 같이 생각한다.

① $\lim_{x \to -\infty} f(x) = L$ ② $\lim_{x \to -\infty} f(x) = \infty$ ③ $\lim_{x \to -\infty} f(x) = -\infty$

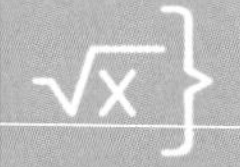

개념 Talk

무한대 기호는 누가 처음 사용했을까?

∞기호는 1655년에 영국의 수학자 윌리스(John Wallis, 1616~1703)의 책에 처음 소개되었으나 널리 사용되지 않았다. 윌리스가 1000을 옛 로마 숫자 ∞로 사용했다고 추측되는데, 1000을 뜻하는 옛 로마 숫자는 CIↃ 또는 CD로 추측되기 때문이다. 또 기호 ∞가 그리스 알파벳의 마지막 글자인 오메가의 소문자 ω에서 유래했을 가능성도 있다고 한다. 보통 오메가는 '끝'을 상징할 때 사용되기도 했으며 얼핏 보기에 ∞와 ω가 닮았다고 할 수도 있기 때문이다. 그래서 ω가 ∞로 변형되었다는 것이다.

기호 ∞는 일반적으로 사용되지 않다가 1713년 스위스의 야코프 베르누이(Jakob Bernoulli, 1654~1705)가 자신의 책에서 사용하며 다시 등장했다. 이 책은 야코프가 죽은 이후에 조카인 니콜라스 베르누이(Nicolaus Bernoulli, 1687~1759)가 출판했다. 이후에 지금과 같은 무한대를 나타내는 기호가 널리 사용되었다.

영국의 수학자 윌리스는 극한의 개념을 수학적으로 다루었으며, 미적분법의 길을 연《무한소산술》을 펴냈다.

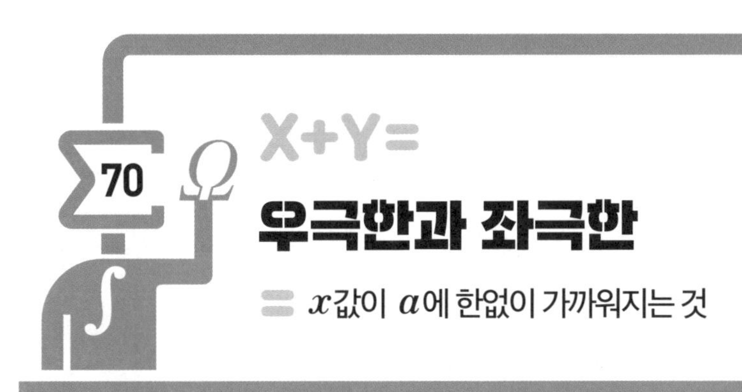

우극한과 좌극한

= x값이 a에 한없이 가까워지는 것

우리 몸은 피부와 외부의 온도 차를 통해 온도를 감지하기에 실제 온도와 우리가 느끼는 체감온도는 다르다. 온천탕에 처음 들어갈 때는 물이 아주 뜨겁게 느껴지나 시간이 지나면서 더는 뜨겁게 느껴지지 않는 이유도 이 때문이다. 즉, 우리 몸은 서서히 변하는 온도에는 크게 스트레스를 받지 않는다. 서서히 바뀌는 온도에 금세 적응할 수 있기 때문이다.

하지만 따뜻한 실내에 있다가 갑자기 추운 바깥으로 나가거나, 매우 추운 곳에서 갑자기 따뜻한 실내로 들어오는 일이 반복되면, 혈관은 그때마다 압축과 팽창을 반복하기에 혈액 순환에 문제가 생길 수 있다. 그래서 겨울철에는 춥다고 난방 온도를 확 높이기보다 실내 온도를 함께 낮춰 실내외 온도 차이를 줄이는 것이 건강에 좋다. 그래서 실내 온도는 겨울철에 18도에서 20도 사이가 좋고, 여름철에는 26도에서 28도가 좋다고 한다.

Σ 보일러가 자동으로 켜지고 꺼지는 데 필요한 함수

예를 들어, 겨울철 실내 온도가 20도 미만이면 보일러가 자동으로 켜지고, 20도 이상이면 보일러가 자동으로 꺼지도록 설정했다고 하자. 이와 같은 상황을 함수로 나타낼 수 있다. 즉, 실내 온도가 x도일 때, 함수 $f(x)$를 다음과 같이 정의하고, 그 그래프를 나타내었다.

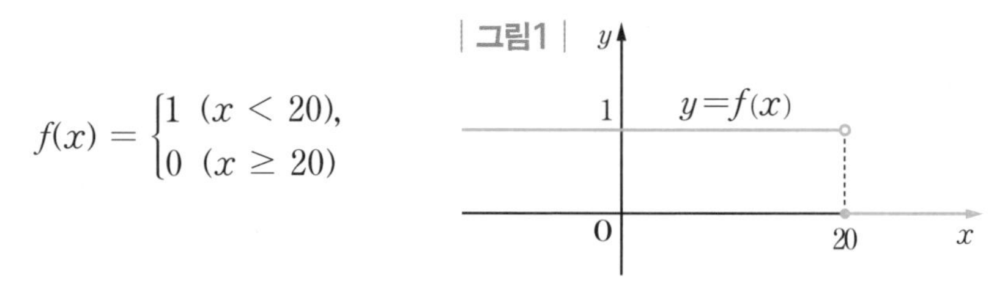

$$f(x) = \begin{cases} 1 & (x < 20), \\ 0 & (x \geq 20) \end{cases}$$

이때 실내 온도 x의 값이 19.9, 19.99, 19.999, ⋯와 같이 20보다 작으면서 20에 한없이 가까워질 때, $f(x)$의 값은 1을 계속해서 유지한다. 또 x의 값이 20.1, 20.01, 20.001, ⋯과 같이 20보다 크면서 20에 한없이 가까워질 때, $f(x)$의 값은 0을 계속 유지한다. 바꾸어 말하면, 20을 기준으로 x의 값이 20의 왼쪽에서 20에 한없이 가까워지면 1, 오른쪽에서 20에 한없이 가까워지면 0에 한없이 가까워진다고 할 수 있다. 이런 경우, 왼쪽에서 가까워지는지 오른쪽에서 가까워지는지에 따라 결과가 1 또는 0으로 다름을 알 수 있다. 그래서 x의 값이 왼쪽에서 오는지 오른쪽에서 오는지 표시할 필요가 있다.

x의 값이 어떤 값 a보다 크면서 a에 한없이 가까워지는 것을 기호로 $x \to a+$와 같이 나타내고, a보다 작으면서 a에 한없이 가까워지는 것을 기호로 $x \to a-$와 같이 나타낸다. 즉, 〈그림2〉와 같이 a의 오른쪽에서 a에 한없이 가까워지면 $x \to a+$, 왼쪽에서 a에 한없이 가까워지면 $x \to a-$와 같이 나타낸다. 일반적으로 함수 $f(x)$에서 $x \to a+$일 때 $f(x)$의 값이 일정한 수 L에

| 그림2 |

x

$x \to a-$ a $x \to a+$

한없이 가까워지면 L을 $f(x)$의 $x = a$에서의 **우극한**이라 하며, 이것을 기호로 다음과 같이 나타낸다.

| 우극한 |

$$\lim_{x \to a+} f(x) = L \text{ 또는 } x \to a+ \text{ 일 때 } f(x) \to L$$

또, 함수 $f(x)$에서 $x \to a-$일 때 $f(x)$의 값이 일정한 수 M에 한없이 가까워지면 M을 $f(x)$의 $x = a$에서의 **좌극한**이라 하며, 이것을 기호로 다음과 같이 나타낸다.

| 좌극한 |

$$\lim_{x \to a-} f(x) = M \text{ 또는 } x \to a- \text{ 일 때 } f(x) \to M$$

예를 들어 앞의 보일러 온도의 경우에서 함수 $f(x)$의

$x = 20$에서의 우극한은 $\lim_{x \to 20+} f(x) = 0$,

$x = 20$에서의 좌극한은 $\lim_{x \to 20-} f(x) = 1$

이다.

Σ 함수의 극한에 관한 성질

앞에서 우리는 이미 극한에 대하여 살펴보았다. 이를 우극한과 좌극한으로 생각하면 다음과 같다. 함수 $f(x)$에 대하여 $\lim_{x \to a} f(x) = L$이면 $x = a$에서의 함수 $f(x)$의 우극한과 좌극한이 존재하고 그 값은 L로 일치한다. 또 $x = a$에서 좌극한과 우극한이 모두 존재하고 그 값이 같으면 극한값 $f(x)$가 존재한다. 즉, 다음이 성립한다.

$$\lim_{x \to a} f(x) = L \Leftrightarrow \lim_{x \to a+} f(x) = \lim_{x \to a-} f(x) = L$$

예를 들어 〈그림3〉의 함수 $f(x) = -x + 2$ 에서

$$\lim_{x \to 1+} f(x) = \lim_{x \to 1-} f(x) = 1$$

이므로 다음이 성립한다.

$$\lim_{x \to 1} f(x) = 1$$

| 그림3 |

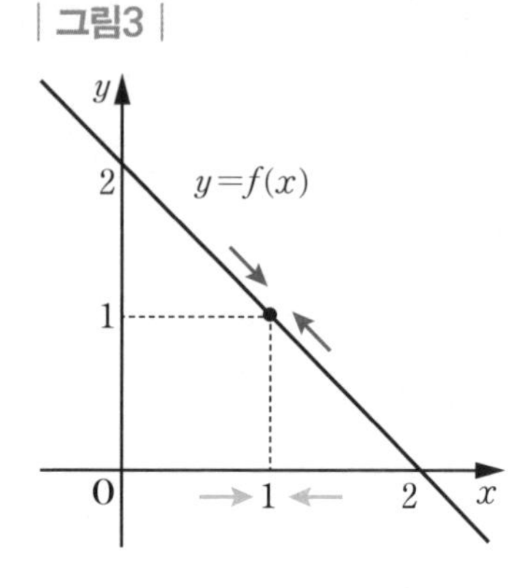

그런데 함수 $f(x)$의 $x = a$에서의 우극한 또는 좌극한이 존재하지 않거나 모두 존재하더라도 그 값이 서로 같지 않으면, $\lim_{x \to a} f(x)$는 존재하지 않는다. 예를 들어 〈그림4〉는 함수 $f(x) = \frac{|x-1|}{x-1}$의 그래프다. 이 그래프에서 x의 값이 1의 오른쪽에서 1에 한없이 가까이 접근하면 $f(x)$의 값은 1에 가까워지므로

| 그림4 |

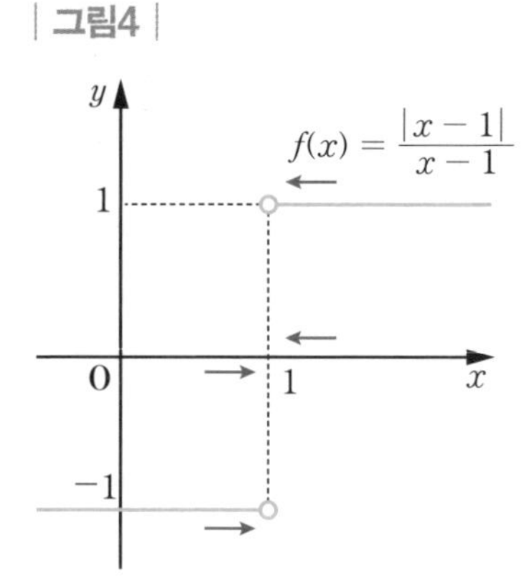

$$\lim_{x \to 1+} f(x) = 1$$

이고, x의 값이 1의 왼쪽에서 1에 한없이 가까이 접근하면 $f(x)$의 값은 -1에 가까워지므로

$$\lim_{x \to 1-} f(x) = -1$$

이다. 이때 $\lim_{x \to 1+} f(x) \neq \lim_{x \to 1-} f(x)$이므로 $\lim_{x \to 1} f(x)$의 값은 존재하지 않는다. 즉, x의 값이 1에 한없이 가까워질 때 $f(x)$의 값을 1로 할지 -1로 할지 정할 수 없다. 이런 경우에 극한값은 존재하지 않는다고 한다.

함수의 극한은 뒤에 다룰 미분과 적분을 이해하는 기초다. 따라서 함수의 극한에 대한 개념을 잘 이해한다면 미분과 적분도 쉽게 이해할 수 있다. 또 함수의 극한의 개념을 이해하기 위해서 우극한과 좌극한에 대하여도 정확히 알고 있어야 한다. 고등학교 수준에서 함수의 우극한과 좌극한을 구하려면 함수에 대한 대강의 그래프를 그리고 연필을 오른쪽에서 접근시켰을 때 끝점이 우극한

이고 왼쪽에서 접근시켰을 때 끝점이 좌극한이라고 생각하면 된다.

끝으로 함수의 극한에는 다음과 같은 성질이 있음을 기억하자.

| 함수의 극한에 관한 성질 |

두 함수 $f(x)$와 $g(x)$에서

$\lim_{x \to a} f(x) = \alpha$이고 $\lim_{x \to a} g(x) = \beta$($\alpha, \beta$는 실수)일 때,

① $\lim_{x \to a}\{f(x) + g(x)\} = \lim_{x \to a} f(x) + \lim_{x \to a} g(x) = \alpha + \beta$

② $\lim_{x \to a}\{f(x) - g(x)\} = \lim_{x \to a} f(x) - \lim_{x \to a} g(x) = \alpha - \beta$

③ $\lim_{x \to a} cf(x) = c\lim_{x \to a} f(x) = c\alpha$ (단, c는 상수)

④ $\lim_{x \to a} f(x)g(x) = \lim_{x \to a} f(x) \times \lim_{x \to a} g(x) = \alpha\beta$

⑤ $\lim_{x \to a} \dfrac{f(x)}{g(x)} = \dfrac{\lim_{x \to a} f(x)}{\lim_{x \to a} g(x)} = \dfrac{\alpha}{\beta}$(단, $\beta \neq 0$)

위와 같은 함수의 극한에 대한 성질은

$$x \to a+,\ x \to a-,\ x \to \infty,\ x \to -\infty$$

인 경우에도 성립한다.

한편, 위의 성질은 수열의 극한에 대하여도 똑같이 성립한다. 즉, 수열 $\{a_n\}$과 $\{b_n\}$이 수렴하고 $\lim_{n \to \infty} a_n = \alpha$이고 $\lim_{n \to \infty} b_n = \beta$일 때 다음이 성립한다.

❶ $\lim_{n \to \infty} ca_n = c\alpha$ (단, c는 상수)

❷ $\lim_{n \to \infty}(a_n + b_n) = \alpha + \beta$

❸ $\lim_{n \to \infty}(a_n - b_n) = \alpha - \beta$

❹ $\lim_{n \to \infty} a_n b_n = \alpha\beta$

❺ $\lim_{n \to \infty} \dfrac{a_n}{b_n} = \dfrac{\alpha}{\beta}$

(단, $b_n \neq 0, \beta \neq 0$)

사실 수열은 함수의 일종이기에 이와 같은 성질이 성립한다.

71 함수의 연속

변화를 예측할 수 있는 함수

소득세는 개인이 회사에서 월급을 받거나, 장사를 해서 이익이 났을 때 그 개인의 소득에 대하여 납부하는 세금이다. 특히 회사에서 받는 월급이 개인의 주 소득일 경우에 그 개인을 근로소득자라고 하며, 근로소득에 대한 세금을 근로소득세라고 한다.

| 소득세 기본세율(2024년 기준) |

과세표준	기본세율
1,400만 원 이하	과세표준의 6%
1,400만 원 초과~5,000만 원 이하	84만 원+(1,400만 원 초과금액의 15%)
5,000만 원 초과~8,800만 원 이하	624만 원+(5,000만 원 초과금액의 24%)
8,800만 원 초과~1억 5천만 원 이하	1,536만 원+(8,800만 원 초과금액의 35%)
1억 5천만 원 초과~3억 원 이하	3,706만 원+(1억 5천만 원 초과금액의 38%)
3억 원 초과~5억 원 이하	9,406만 원+(3억 원 초과금액의 40%)
5억 원 초과~10억 원 이하	1억 7,406만 원+(5억 원 초과금액의 42%)
10억 원 초과	3억 8,406만 원+(10억 원 초과금액의 45%)

소득이 많은 사람과 적은 사람이 모두 똑같이 세금을 내는 것은 아니다. 국세청에서는 소득이 높아 과세표준금액이 많은 사람에게는 더 높은 세율을 통해

누진세를 부과하고 있다. 2024년 개인의 과세표준금액에 대한 기본세율은 앞의 표와 같다. 표에서 보듯이 과세표준금액의 경계에 있는 사람은 소득 차이가 얼마 나지 않더라도 세율이 크게 달라지는 불합리한 면이 있다.

과세표준 기본세율에 대하여 구간별 세율을 적용한 함수는 다음과 같다.

$$f(x) = \begin{cases} 0.06x & (0 < x \leq 1.4) \\ 0.15x & (1.4 < x \leq 5) \\ 0.24x & (5 < x \leq 8.8) \\ 0.35x & (8.8 < x \leq 15) \end{cases}$$

| 그림1. 기본세율 |

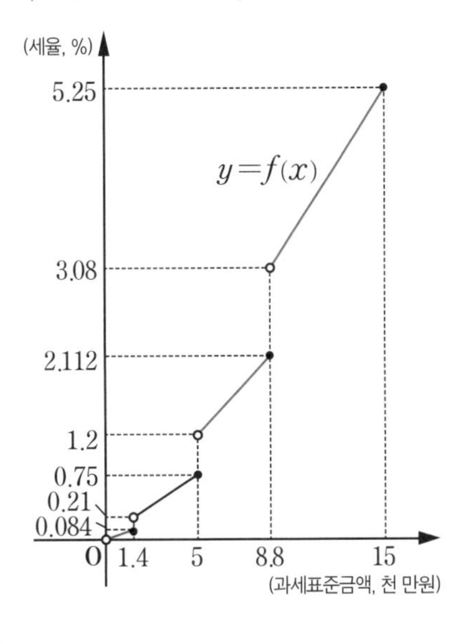

$f(x)$의 그래프 일부를 그리면 〈그림1〉과 같다. 이 그래프에서 1,400만 원, 5천만 원, 8,800만 원, 1억 5천만 원인 곳에서 그래프가 연결되어 있지 않음을 볼 수 있다.

함수가 연속일 때의 조건

기본세율처럼 어떤 함수를 그래프로 나타냈을 때, 모두 연결되어 있거나 그렇지 않은 경우를 볼 수 있다. 예를 들어, 함수의 그래프에서 x값의 어떤 한 점에 대하여 〈그림2〉와 같은 세 가지 경우를 생각할 수 있다.

다음의 세 함수 $y=f(x)$, $y=g(x)$, $y=h(x)$의 그래프에서 $x=1$일 때, ①은 함수가 정의되지 않지만 우극한과 좌극한의 값이 $\frac{1}{2}$로 일치한다. 즉, $\lim_{x \to 1+} f(x) = \lim_{x \to 1-} f(x) = \frac{1}{2}$이다. ②는 함수가 정의되어 $g(1)=1$이지만 우

| 그림2 |

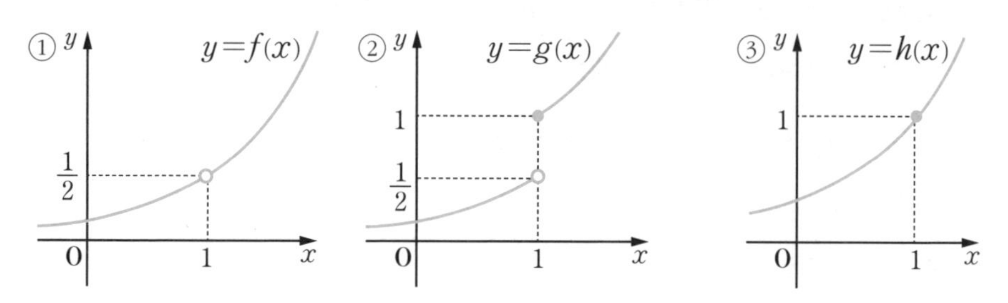

극한과 좌극한의 값이 다르다. 즉 $g(1) = 1$, $\lim_{x \to 1+} g(x) = 1$, $\lim_{x \to 1-} g(x) = \frac{1}{2}$ 이다. ③은 함수가 정의되어 $h(1) = 1$이고 우극한과 좌극한의 값도 일치한다. 즉, $\lim_{x \to 1+} h(x) = \lim_{x \to 1-} h(x) = 1$이다.

위의 세 가지 경우에서 ③의 함수 $y = h(x)$만이 $x = 1$에서 함수도 정의되고, 그때의 함숫값이 우극한 값과 좌극한 값이 같다. 이런 경우 함수 $y = h(x)$는 $x = 1$에서 끊어지지 않고 이어져 있음을 알 수 있다.

일반적으로 함수 $f(x)$가 실수 a에 대하여 다음 조건을 모두 만족시킬 때, $f(x)$는 $x = a$에서 **연속**이라고 한다.

| $f(x)$는 $x = a$에서 연속일 때의 조건 |

(i) 함수 $f(x)$가 $x = a$에서 정의되어 있다.

(ii) 극한값 $\lim_{x \to a} f(x)$가 존재한다.

(iii) $\lim_{x \to a} f(x) = f(a)$

함수의 연속은 원래 곡선이 끊어져 있지 않고 이어져 있다는 직관적인 개념에서 발생한 것이다.

함수 $f(x)$가 $x = a$에서 연속이 아닐 때, $f(x)$는 $x = a$에서 **불연속**이라고 한다. 즉, 위의 세 가지 조건 (i), (ii), (iii) 중에서 어느 한 가지라도 만족시키지 않으면 함수 $f(x)$는 $x = a$에서 불연속이다. 예를 들어, 앞의 ①은 (i)을 만족하지 못하므로 $x=1$에서 불연속, ②는 (ii)를 만족하지 못하므로 $x=1$에서 불연속이다. ③은 (i)~(iii)의 세 가지를 모두 만족하므로 연속이다.

함수가 불연속인 경우는 다음과 같이 세 가지로 나눌 수 있으며, 각 경우에 대한 그래프는 〈그림3〉과 같다.

(1) 함수 $f(x)$가 $x=a$에서 정의되지 않는다.

(2) $\lim_{x\to a} f(x)$의 값이 존재하지 않는다.

(3) $\lim_{x\to a} f(x)$와 $f(a)$의 값이 서로 다르다.

| 그림3 |

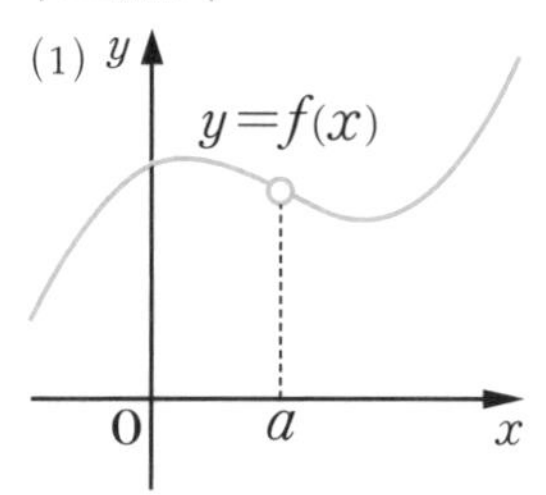

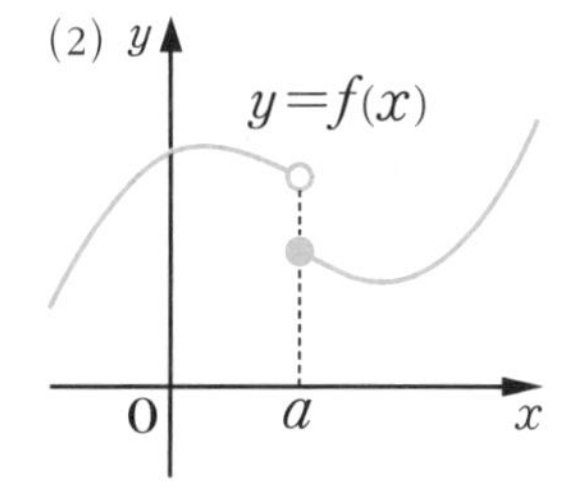

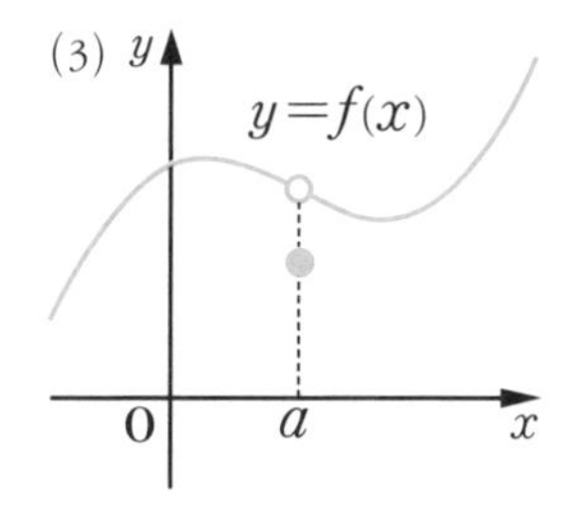

한편, 두 실수 a, b ($a<b$)에 대하여 집합

$$\{x \mid a \le x \le b\},\ \{x \mid a \le x < b\},$$
$$\{x \mid a < x \le b\},\ \{x \mid a < x < b\}$$

를 각각 **구간**이라 하며, 이것을 기호로 각각 다음과 같이 나타낸다.

$$[a, b],\ [a, b),\ (a, b],\ (a, b)$$

이때 $[a, b]$를 **닫힌구간**, (a, b)를 **열린구간**이라 하며 $[a, b)$와 $(a, b]$를 **반닫힌구간** 또는 **반열린구간**이라고 한다.

또, 실수 a에 대하여 집합

$$\{x \mid x \le a\},\ \{x \mid x < a\},$$
$$\{x \mid x \ge a\},\ \{x \mid x > a\}$$

를 각각 구간이라 하며, 이것을 기호로 각각 다음과 같이 나타낸다.

$$(-\infty, a],\ (-\infty, a),\ [a, \infty),\ (a, \infty)$$

| 그림4 |

$(-\infty, a]$

a

$(-\infty, a)$

a

$[a, \infty)$

a

(a, ∞)

a

특히, 실수 전체의 집합도 하나의 구간이며 기호로 $(-\infty, \infty)$와 같이 나타낸다.

연속함수

함수 $f(x)$가 어떤 구간에 속하는 모든 실수에 대하여 연속일 때, $f(x)$는 그 구간에서 연속 또는 그 구간에서 **연속함수**라고 한다. 특히, 함수 $f(x)$가

(i) 열린구간 (a, b)에서 연속이고

(ii) $\lim_{x \to a+} f(x) = f(a)$, $\lim_{x \to b-} f(x) = f(b)$

일 때, 함수 $f(x)$는 닫힌구간 $[a, b]$에서 연속이라고 한다. 이때 구간의 왼쪽 끝점 a에서는 오른쪽에서 접근해야 하므로 우극한만을 생각해야 하고, 오른쪽 끝점 b에서는 왼쪽에서 접근해야 하므로 좌극한만을 생각해야 한다. 함수 $f(x)$가 어떤 구간에서 연속이면 $f(x)$의 그래프는 그 구간에서 이어져 있음을 뜻한다.

다항함수는 모든 실수에서 연속이다. 분수함수 $h(x) = \frac{f(x)}{g(x)}$에서 분모인 $g(x)$가 다항함수이므로 임의의 실수 a에 대하여 $\lim_{x \to a} g(x) = g(a)$이고, $g(a) \neq 0$이면

$$\lim_{x \to a} h(x) = \lim_{x \to a} \frac{f(x)}{g(x)} = \frac{f(a)}{g(a)} = h(a)$$

이다. 따라서 분수함수 $h(x)$는 $x = a$에서 연속이다. 즉, $g(x) \neq 0$인 모든 실수 x에 대하여 연속이다.

함수가 주어진 구간에서 연속이라는 것은 끊어져 있지 않다는 것이므로 뭔가 변화를 예측할 수 있다. 만일 불연속이라면 끊어져 있어서 그 함수로는 가까운 미래를 예측하기 어렵다. 그래서 수학에서는 변화를 예측할 수 있는 연속함수가 매우 중요하고, 불연속함수는 그다지 중요하지 않다. 다만 함수의 연속을 이해시키기 위해 불연속인 함수를 종종 등장시키는 것이다.

X+Y=

연속함수의 성질

= 미분에서 유용한 최대 · 최소 정리와 사잇값 정리

어떤 날은 이유 없이 기분이 좋고, 어떤 날은 괜히 기분이 나쁘고 짜증이 나기도 하고, 또 어떤 날은 학교에서 선생님 말씀이 귀에 쏙쏙 들어오는 날이 있다. 이럴 때 사람들은 우리 몸의 바이오리듬 때문이라고 한다. 독일의 의사 빌헬름 플리스(Wilhelm Fliess, 1858~1928)가 처음 주장한 바이오리듬(biorhythm)은 인체에 신체, 감성, 지성의 세 가지 주기가 있으며 이 세 가지 주기가 생년월일에 따라 어떤 패턴으로 나타나고 이 패턴의 조합에 따라 능력이나 활동 효율에 차이가 있다는 것이다. 신체(physical cycle)는 23일, 감성(emotional cycle)은 28일 그리고 지성(intellectual cycle)은 33일을 주기로 리듬이 바뀐다.

하지만 바이오리듬은 신체, 감성, 지성 리듬의 주기가 일정하다고 가정하며, 같은 날에 태어난 모든 사람이 같은 리듬을 갖는다고 보기 때문에 획일적이다. 또 숫자에 관련된 신비주의의 영향을 받는 등 과학으로 보기

바이오리듬은 같은 날에 태어난 사람은 신체, 감성, 지성의 주기가 같다고 여긴다.

에 대단히 미흡하다. 그래서 현재 바이오리듬은 과학적 이론이라기보다는 과학의 이름을 빌린 일종의 점이며, 사이비 과학이라고 보고 있다.

바이오리듬은 출생일로부터 시작해 일생 주기성에 변화가 없다. 세 곡선은 출생과 동시에 기준이 되는 0지점에서 출발해 에너지와 능력이 고조되며 최고점에 이른 후 하강하기 시작해 다시 0지점을 지나 저조기에 들어서고 최저점에 도달한다. 그 후 다시 새로운 에너지를 보충함으로써 서서히 회복되어 0지점에 오면서 한 주기를 마치게 된다. 일반적으로 0지점은 최고점과 최저점의 중간에 위치한다.

신체, 감성, 지성에 대한 바이오리듬이 저조기에서 고조기로 바뀌는 날과 고조기에서 저조기로 바뀌는 '전환하는 날'은 리듬의 성질이 급격하게 바뀌므로 심신 상태가 불안정해 '위험일'이라고 부른다. 이날은 뜻하지 않은 사고를 내거나 실수하기 쉬운 날이므로 주의해야 한다. 특히 세 가지 리듬 모두가 위험일이 되는 3중 위험일은 가장 위험한 날이며, 2중 위험일도 단일 위험일보다 위험하다. 바이오리듬에 따르면, 이런 위험일에는 가벼운 일을 하며 휴식을 취하는 것이 바람직하다.

바이오리듬은 비과학임에도 불구하고 전후 유럽과 일본, 미국 등을 주축으로 퍼져나갔으며 특히 계산기 · 컴퓨터의 도입으로 수리적 계산이 훨씬 쉬워지고 간편해졌다. 현재는 산업 · 의학 · 비행 · 운수 · 스포츠 등의 여러 분야에서 재해예방 및 능률 향상에 이용되고 있다.

Σ 닫힌구간에서는 가장 큰 값과 가장 작은 값이 반드시 있다

바이오리듬에서 신체, 감성, 지성 리듬을 나타내는 곡선은 연속적으로 변하며 각각 최고점과 최저점이 있다. 마찬가지로 연속함수도 주어진 구간에서 가장 큰 값과 가장 작은 값을 갖는다.

예를 들어 〈그림1〉에서 볼 수 있듯이, 닫힌구간 $[-2, 1]$에서 연속인 함수 $f(x) = x^2$은 이 구간에서 $x = -2$일 때 최댓값 4를 가지고, $x = 0$일 때 최솟값 0을 가진다. 그런데 열린구간 $(-2, 1)$에서 함수 $f(x) = x^2$은 이 구간에서 최댓값은 갖지 않고 최솟값만을 가진다. -2에서 최댓값을 갖지 않는 이유는 우선 -2가 열린구간의 경계에 있으며 구간 안에 포함되지 않는다. 따라서 x가 -2의 왼쪽에서 아주 아주 가깝게 접근한다고 해도 그에 대한 함숫값이 얼마인지 정할 수 없다.

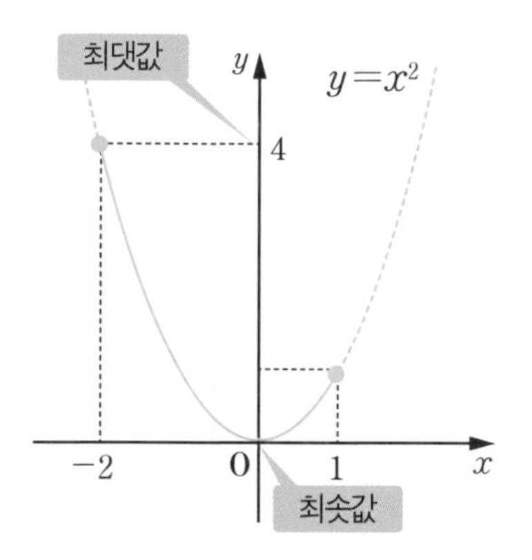

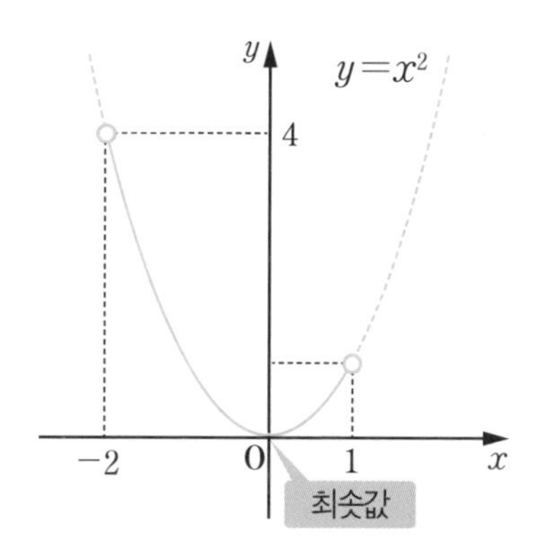

이를테면 $x = -1.99$이면 함숫값은 $f(-1.99) = (-1.99)^2 = 3.9601$인데, -1.99가 -2에 충분히 가까운 값인지 아닌지 정할 수 없다. 또 $x = -1.999$라면 $f(-1.999) = 3.996001$, $x = -1.9999$라면 $f(-1.9999) = 3.99960001$이다. x가 한없이 -2에 가까워져도 그 함숫값이 최댓값이라고 확정할 수 없는 상황이다. 그래서 최댓값을 정할 수 없으므로 이런 경우는 최댓값이 없다고 한다. x가 1에 한없이 가까워지는 경우도 마찬가지다.

일반적으로 닫힌구간에서 연속인 함수에 대하여 다음과 같은 **최대 · 최소 정리**가 성립한다.

| 최대 · 최소 정리 |

함수 $f(x)$가 닫힌구간 $[a, b]$에서 연속이면, $f(x)$는 이 구간에서 반드시 최댓값과 최솟값을 갖는다.

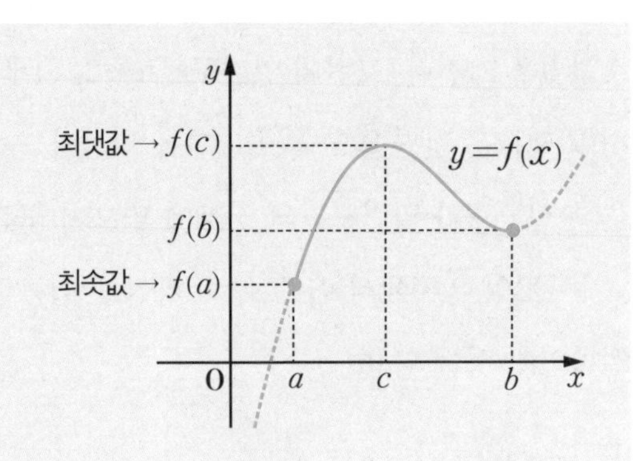

최댓값과 최솟값 사이에 값이 하나 있다

연속함수에 대하여 간단하지만 매우 중요한 또 다른 정리가 있다.

함수 $f(x) = x^2$은 닫힌구간 $[1, 2]$에서 연속이므로 그래프는 두 점 $(1, 1)$과 $(2, 4)$ 사이에서 이어져 있다. 따라서 $1 < k < 4$인 임의의 값 k에 대하여 x축에 평행한 직선 $y = k$는 반드시 이 그래프와 적어도 한 점에서 만난다. 즉, $f(1)$과 $f(2)$사이의 임의의 값 k에 대하여 $f(c) = k$인 c가 열린구간 $(1, 2)$에 적어도 하나 존재함을 알 수 있다. 일반적으로 닫힌구간에서 연속인 함수에 대하여 다음과 같은 **사잇값 정리**가 성립한다.

| 그림2 |

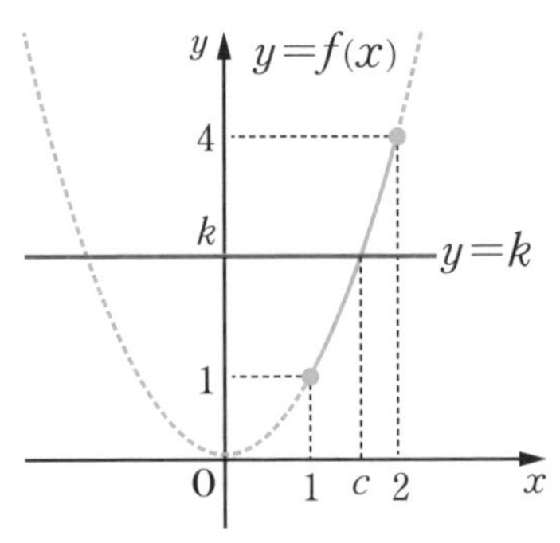

| 사잇값 정리 |

함수 $f(x)$가 닫힌구간 $[a, b]$에서 연속이고 $f(a) \neq f(b)$이면, $f(a)$와 $f(b)$사이의 임의의 값 k에 대하여

$$f(c) = k$$

인 c가 열린구간 (a, b)에 적어도 하나 존재한다.

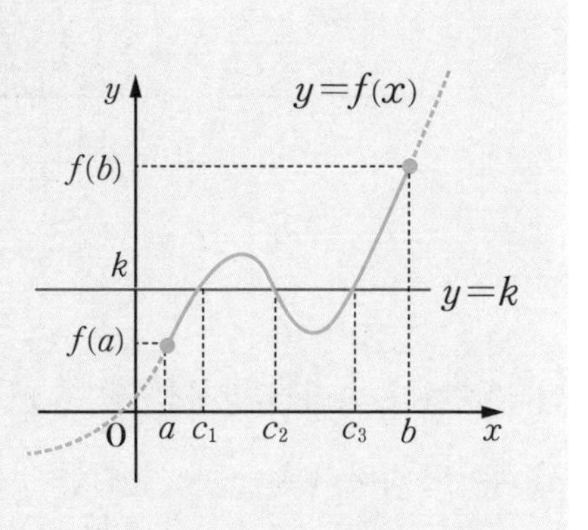

사잇값 정리를 활용하면 어떤 구간 안에 실근이 존재하는지 어떤지를 확인할 수 있다. 함수 $f(x)$가 닫힌구간 $[a, b]$에서 연속이고 $f(a)$와 $f(b)$의 부호가 서로 다르면, 사잇값 정리에 의하여

$$f(c) = 0$$

인 c가 열린구간 (a, b)에 적어도 하나 존재한다. 즉, 방정식 $f(x) = 0$은 열린구간 (a, b)에서 적어도 하나의 실근을 갖는다.

| 그림3 |

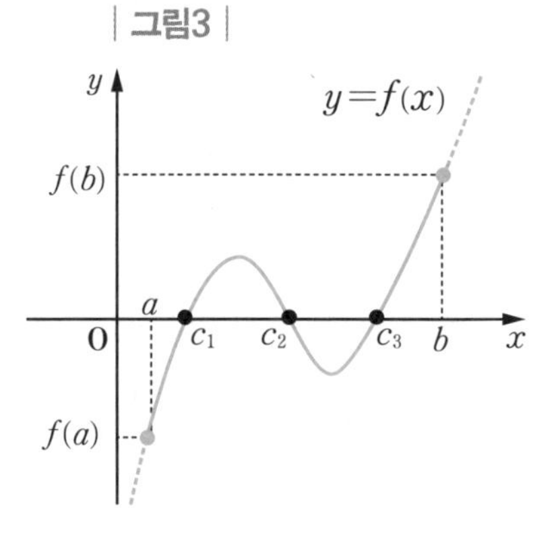

예를 들어, 사잇값 정리를 이용하면 방정식 $x^3 - x^2 + 2x + 1 = 0$이 열린구간 $(-1, 1)$에서 적어도 하나의 실근을 가짐을 보일 수 있다.

$f(x) = x^3 - x^2 + 2x + 1$이라 하면 함수 $f(x)$는 닫힌구간 $[-1, 1]$에서 연속이고

$$f(-1) = -3 < 0,\ \ f(1) = 3 > 0$$

이므로, 사잇값 정리에 의하여 $f(x) = 0$인 c가 열린구간 $(-1, 1)$에 적어도 하

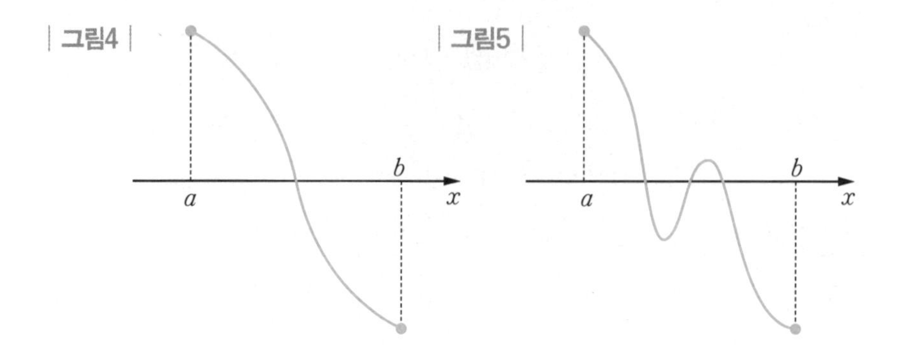

나 존재한다. 따라서 방정식 $x^3 - x^2 + 2x + 1 = 0$이 열린구간 $(-1, 1)$에서 적어도 하나의 실근을 갖는다는 것을 알 수 있다.

그런데 사이값 정리는 방정식에서 근의 존재성을 확인할 수 있을 뿐, 방정식의 근의 개수를 알려주지는 않는다. 〈그림4〉와 〈그림5〉를 보면 모두 사이값 정리를 만족하는데, 〈그림4〉에서는 1개의 근, 〈그림5〉에서는 3개의 근을 갖는다. 이처럼 사이값 정리만으로는 주어진 구간에서 적어도 하나의 근이 존재한다는 사실을 확인할 수 있을 뿐이다.

연속함수에서 최대 · 최소 정리와 사잇값 정리는 문장과 수식으로 보면 어려워 보인다. 하지만 끊어진 것 없는 연속함수의 그래프를 생각하면 아주 단순한 내용이다. 연속함수에 대하여 닫힌구간에서는 가장 큰 값과 가장 작은 값이 반드시 있다는 것이 최대 · 최소 정리이고, 최댓값과 최솟값 사이에 어떤 함숫값을 잡으면 그에 해당하는 값이 하나 있다는 것이 사잇값 정리다. 너무나 명백해 보이는 사실이지만, 미분을 공부할 때 중요하게 이용되는 내용이므로 충분히 이해하고 지나가야 한다. 단순한 내용이므로 가능하면 그림을 그려가며 이해하면 좋다. 자꾸 그림을 그려보는 연습을 해보자. 수학적 개념을 이해하는 데 그림이 큰 도움이 된다.

73

평균변화율과 미분계수

작게 잘라서 그 변화를 살펴본다

봅슬레이는 특수 제작된 썰매를 타고 2인 또는 4인이 정해진 코스를 주행하여 완주 기록을 겨루는 동계 스포츠다. 루지, 스켈레톤, 봅슬레이의 썰매 3종목 중에서 가장 빠른 속도를 자랑하는데, 특히 2009년 라트비아 국가대표팀은 최고 순간속력 152.68km/h로 가장 빠른 기록을 세웠다. 봅슬레이의 평균 속력은 130~140km/h라고 한다. 봅슬레이처럼 빠른 경기에서 평균 속력은 선수의 기량이나 순위를 정할 때 중요하다.

델타는 증가한 분량

물체의 평균 속력은 이동 시간에 대한 이동 거리의 비율이므로 시간 x에 따른

물체의 이동 거리 y를 함수 $y=f(x)$로 나타내면 x값의 변화량에 대한 y값의 변화량 비율을 구할 수 있다. 이제 함수 $y=f(x)$에서 x값의 변화량에 대한 y값의 변화량 비율을 알아보자.

| 그림1 |

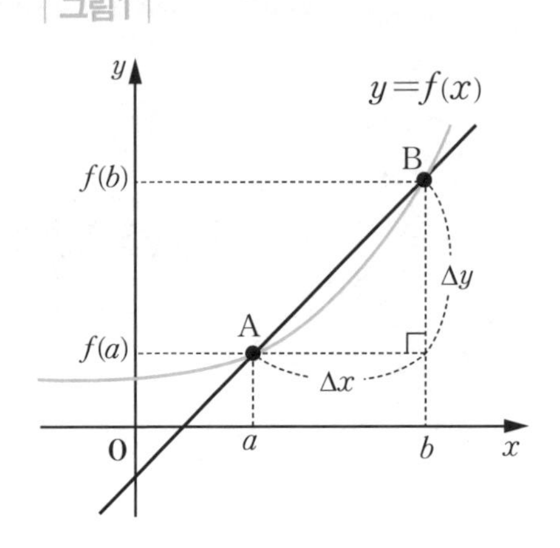

〈그림1〉에서 보듯이, 함수 $y=f(x)$는 x의 값이 a에서 b로 변할 때, 함숫값은 $f(a)$에서 $f(b)$로 변한다. 이때 x값의 변화량 $b-a$를 **x의 증분**, y값의 변화량 $f(b)-f(a)$를 **y의 증분**이라 하고, 이것을 기호로 각각 다음과 같이 나타낸다.

$\Delta x,\ \Delta y$

즉,

$$\Delta x = b-a,\ \Delta y = f(b)-f(a) = f(a+\Delta x)-f(a)$$

이다. 여기서 증분(增分)은 '증가한 분량'이라는 뜻이고, Δ는 차이를 뜻하는 'difference'의 첫 글자 D에 해당하는 그리스 문자로 '델타'라고 읽는다.

Δx와 Δy는 하나의 기호이므로 $\Delta \times x$와 $\Delta \times y$로 생각하지 않도록 하며, x의 증분을 나타내는 Δx는 다음과 같다.

$x_2 > x_1$이면 $\Delta x = x_2 - x_1 > 0$
$x_2 < x_1$이면 $\Delta x = x_2 - x_1 < 0$

즉, Δx와 Δy는 음수일 수도 있다.

x의 증분 Δx에 대한 y의 증분 Δy의 비

$$\frac{\Delta y}{\Delta x} = \frac{f(b)-f(a)}{b-a} = \frac{f(a+\Delta x)-f(a)}{\Delta x}$$

를 x의 값이 a에서 b로 변할 때의 함수 $y=f(x)$의 **평균변화율** 이라고 한다. 말 그대로 평균변화율은 '평균적으로 변한 비율'이다. 이때 함수 $y=f(x)$의 평균변화율은 그래프 위의 두 점 $\mathrm{A}(a, f(a))$와 $\mathrm{B}(b, f(b))$를 지나는 직선의 기울기와 같다. 이것은 두 점에 대한 평균변화율은 그 두 점을 지나는 직선의 기울기와 변하는 정도가 같다는 뜻이다.

다시 말하면, 변하는 두 양 x와 y 사이의 평균변화율이란 한 양 x가 a에서 b로 변할 때 다른 양 y가 평균적으로 얼마나 변하는지를 나타내는 비율이다. 또, 평균변화율은 중학교에서 배운 직선의 기울기 개념을 일반화한 것으로, 다음과 같이 계산될 수도 있다.

함수 $y=f(x)$에서 x의 값이 a에서 b로 변할 때 평균변화율은

$$\frac{\Delta y}{\Delta x}=\frac{f(b)-f(a)}{b-a}=\frac{f(a+\Delta x)-f(a)}{\Delta x}$$

이다. 예를 들어 함수 $f(x)=x^2$에서 x의 값이 -1에서 2로 변할 때 평균변화율은

$$\frac{\Delta y}{\Delta x}=\frac{f(2)-f(-1)}{2-(-1)}$$
$$=\frac{2^2-(-1)^2}{3}=\frac{3}{3}=1$$

이다. 이것은 x의 값이 -1에서 2로 변할 때 y의 값이 변하는 정도는 평균적으로 기울기가 1인 직선과 같다는 뜻이다.

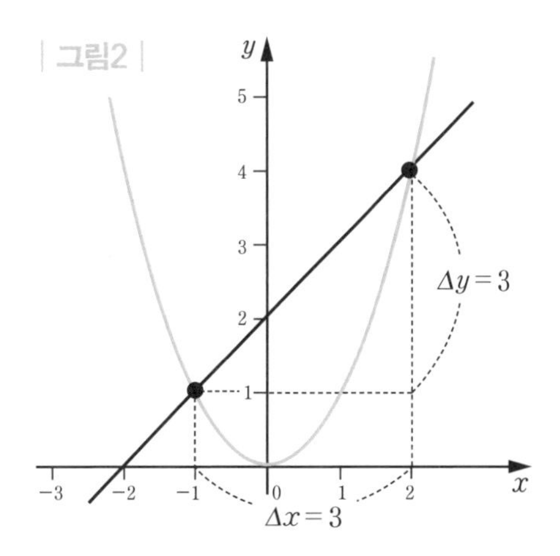

또, 일반적으로 a에서 $a+\Delta x$까지 변할 때의 평균변화율은 다음과 같다.

$$\begin{aligned}\frac{\Delta y}{\Delta x} &= \frac{f(a+\Delta x)-f(a)}{(a+\Delta x)-a}\\ &= \frac{(a+\Delta x)^2-a^2}{\Delta x}\\ &= \frac{2a\Delta x+(\Delta x)^2}{\Delta x}\\ &= 2a+\Delta x\end{aligned}$$

여기에 $a=-1$과 $\Delta x=3$을 대입하면

$$2a+\Delta x = 2(-1)+3 = 1$$

이므로 앞에서와 같은 결과를 얻는다.

$\Delta x \to 0$이면 x는 a에 한없이 가까워진다

어떤 구간에서 평균적으로 변하는 비율을 이용하여 한 점에서 순간적으로 변하는 비율을 구할 수 있다. 즉, $x=a$에서 함수 $y=f(x)$의 순간적인 변화율을 나타내는 방법에 대하여 알아보자.

함수 $y=f(x)$에서 x값이 a에서 $a+\Delta x$까지 변할 때의 평균변화율은

$$\frac{\Delta y}{\Delta x}=\frac{f(a+\Delta x)-f(a)}{\Delta x}$$

이다. 여기서 $\Delta x \to 0$일 때 이 평균변화율의 극한값

$$\lim_{\Delta x\to 0}\frac{\Delta y}{\Delta x}=\lim_{\Delta x\to 0}\frac{f(a+\Delta x)-f(a)}{\Delta x}$$

가 존재하면, 함수 $y=f(x)$는 $x=a$에서 **미분가능** 하다고 한다. 이때 이 극한값을 함수 $y=f(x)$의 $x=a$에서의 **순간변화율** 또는 **미분계수** 라 하며, 이것을 기호로 다음과 같이 나타낸다.

$$f'(a)$$

즉, 함수 $y=f(x)$의 $x=a$에서의 미분계수는 다음과 같다.

$$f'(a)=\lim_{\Delta x \to 0}\frac{f(a+\Delta x)-f(a)}{\Delta x}$$

위 식에서 $a+\Delta x=x$라 하면 $\Delta x=x-a$이므로 $f'(a)$를 다음과 같이 나타낼 수도 있다.

$$f'(a)=\lim_{x \to a}\frac{f(x)-f(a)}{x-a}$$

함수 $y=f(x)$의 $x=a$에서의 미분계수 $f'(a)$는 다음과 같이 여러 가지로 표현할 수 있다.

$$\begin{aligned} f'(a) &= \lim_{\Delta x \to 0}\frac{\Delta y}{\Delta x} \\ &= \lim_{\Delta x \to 0}\frac{f(a+\Delta x)-f(a)}{\Delta x} \\ &= \lim_{h \to 0}\frac{f(a+h)-f(a)}{h} \\ &= \lim_{x \to a}\frac{f(x)-f(a)}{x-a} \\ &= \lim_{b \to a}\frac{f(b)-f(a)}{b-a} \end{aligned}$$

미분계수 $f'(a)$는 'f prime a'라고 읽는다. 또, 함수 $y=f(x)$가 어떤 열린구간에 속하는 모든 x의 값에서 미분가능하면 '함수 $f(x)$는 그 구간에서 미분가능하다'라고 한다.

미분계수의 정의는 평균변화율의 극한값이고, 극한값의 존재 조건을 생각하게 하여 미분가능성을 이해해야 한다. 즉, 함수 $y=f(x)$가 $x=a$에서 미분가능하다는 것은

$$\lim_{\Delta x \to 0}\frac{f(a+\Delta x)-f(a)}{\Delta x}$$

가 존재한다는 뜻이고 이 극한값이 존재한다는 것은 $\Delta x \to 0+$일 때의 우극한 값과 $\Delta x \to 0-$일 때의 좌극한 값이 하나로 같다는 뜻이다.

이제 미분계수를 구할 때, $\Delta x \to 0$이 무슨 뜻인지 살펴보자. x에 대한 증분

이 한없이 0에 가까워진다는 것은 $x = a$에서 x의 변화량이 한없이 0에 가까워진다는 뜻이다. 즉, a에서 $a + \Delta x = x$까지 변하는 값에 대하여 $\Delta x \to 0$이면 x는 a에 한없이 가까워진다는 뜻이므로 $x \to a$이다.

미분계수의 기하적 의미

마지막으로 함수의 그래프에서 미분계수의 기하적 의미를 알아보자. 사실 이것이 미분의 의미이기도 하므로 잘 이해하기 바란다.

함수 $y = f(x)$의 $x = a$에서의 미분계수 $f'(a)$가 존재한다고 하자.

| 그림3 |

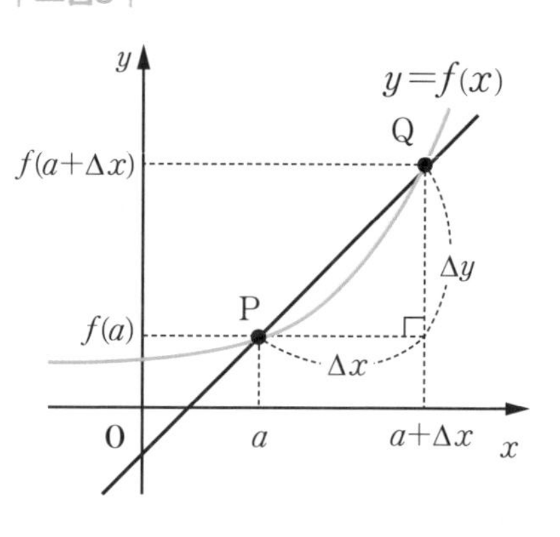

함수 $y = f(x)$에서 x의 값이 a에서 $a + \Delta x$까지 변할 때의 평균변화율

$$\frac{\Delta y}{\Delta x} = \frac{f(a + \Delta x) - f(a)}{\Delta x}$$

는 <그림3>과 같이 함수 $y = f(x)$의 그래프 위의 두 점

$$\mathrm{P}(a, f(a)),\ \mathrm{Q}(a + \Delta x, f(a + \Delta x))$$

를 지나는 직선 PQ의 기울기와 같다. 이때 $\Delta x \to 0$이면 점 Q는 곡선 $y = f(x)$를 따라 점 P에 한없이 가까워지고, 직선 PQ는 <그림4>와 같이 점 P를 지나는 일정한 직선 PT에 한없이 가까워진다. 그러므로 $\Delta x \to 0$일 때 직선 PQ의 기울기의 극한값

| 그림4 |

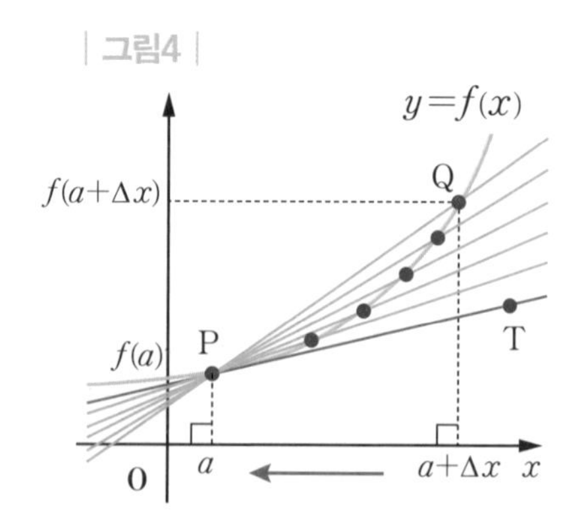

은 직선 PT의 기울기와 같다. 이 직선 PT를 곡선 $y=f(x)$ 위의 점 P에서의 **접선** 이라 하고, 점 P를 이 접선의 **접점** 이라고 한다.

따라서 함수 $y=f(x)$의 $x=a$에서의 미분계수

$$f'(a)=\lim_{\Delta x\to 0}\frac{f(a+\Delta x)-f(a)}{\Delta x}$$

는 곡선 $y=f(x)$ 위의 점 $\mathrm{P}(a, f(a))$에서의 접선의 기울기를 나타낸다. 결론적으로, 함수 $y=f(x)$의 $x=a$에서의 미분계수 $f'(a)$는 곡선 $y=f(x)$ 위의 점 $(a, f(a))$에서의 접선의 기울기와 같다는 뜻이다.

| 그림5 |

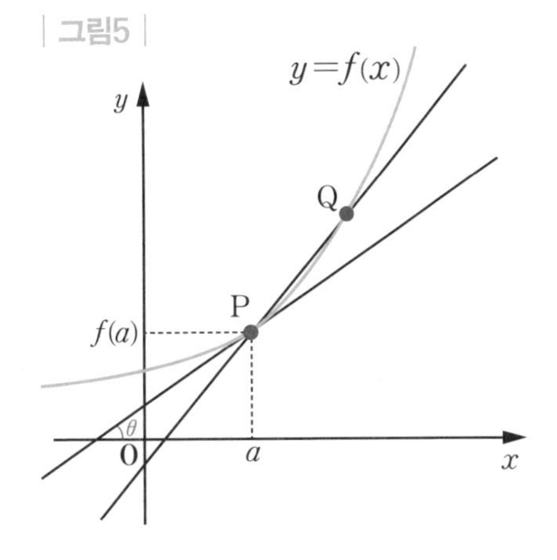

미분계수 $f'(a)$는 곡선 $y=f(x)$ 위의 점 $\mathrm{P}(a, f(a))$에서의 접선의 기울기로, 접선과 x축의 양의 방향이 이루는 각을 θ라 하면 기울기는 $\tan\theta$이므로 다음과 같이 나타낼 수 있다.

$$\tan\theta=f'(a)\ \left(\text{단}, \theta\neq\frac{\pi}{2}\right)$$

곡선 위의 점 Q를 점 P로 한없이 접근시키면 두 점 P와 Q 사이의 직선의 기울기는 곡선 위의 점 P에서 접선의 기울기에 한없이 가까워지므로 $f'(a)$를 점 $(a, f(a))$에서 접선의 기울기라고 한다.

한편, $\Delta x\to 0$은 $x=a$ 근방에서 a에 아주 가까우면서 계속해서 잘게 자른다는 뜻과 같다. 다음 그림에서 보듯이 $\Delta x\to 0$은 Δx의 값이 점차 작아져서 거의 0에 가까워진다는 뜻이므로 $a+\Delta x$는 점차 a와 가까워진다. 즉, $\Delta x\to 0$은 a를 포함하는 구간을 더 '작게 잘라내는 것'과 같다. '작게 잘라내는 것'을 한자로 '미분(微分)'이라 한다. 그래서 미분이라는 용어에 '작게 잘라

서 그 변화를 살펴본다'는 뜻이 담겨있다.

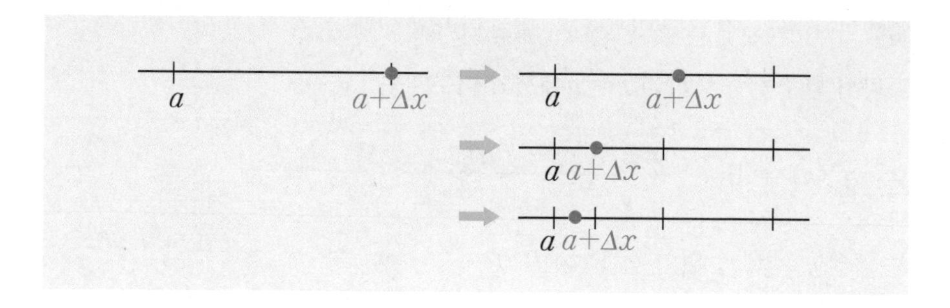

마지막으로, 예를 들어 곡선 $y=x^2-2$ 위의 점 $(1, -1)$에서의 접선의 기울기를 구해 보자.

$f(x)=x^2-2$라 하면 점 $(1, -1)$에서의 접선의 기울기는 함수 $f(x)$의 $x=1$에서의 미분계수 $f'(1)$과 같으므로

$$\begin{aligned} f'(1) &= \lim_{\Delta x \to 0} \frac{f(1+\Delta x)-f(1)}{\Delta x} = \lim_{\Delta x \to 0} \frac{\{(1+\Delta x)^2-2\}-(-1)}{\Delta x} \\ &= \lim_{\Delta x \to 0} \frac{2\Delta x+(\Delta x)^2}{\Delta x} = \lim_{\Delta x \to 0}(2+\Delta x) \\ &= 2 \end{aligned}$$

이다. 즉, 곡선 $y=x^2-2$ 위의 점 $(1, -1)$에서의 접선의 기울기는 2이다. 이것은 곡선 $y=x^2-2$ 위의 점 $(1, -1)$에서 순간적으로 변하는 정도는 기울기가 2인 직선이 변하는 것과 같다는 뜻이다. 순간변화율, 미분계수, 접선의 기울기는 모두 그 점에서 순간적으로 변하는 비율이 접선의 기울기와 같다는 뜻임을 이해해야 한다.

그런데 이런 값을 매번 앞에서와 같이 복잡한 과정으로 구하는 것은 불편하다. 그래서 좀 더 쉽고 간단한 방법이 필요하다. 수학은 복잡한 상황을 가능하면 쉽고 간단하게 표현하려는 속성이 있다. 다음 내용에서 그 방법에 대하여 알아보자.

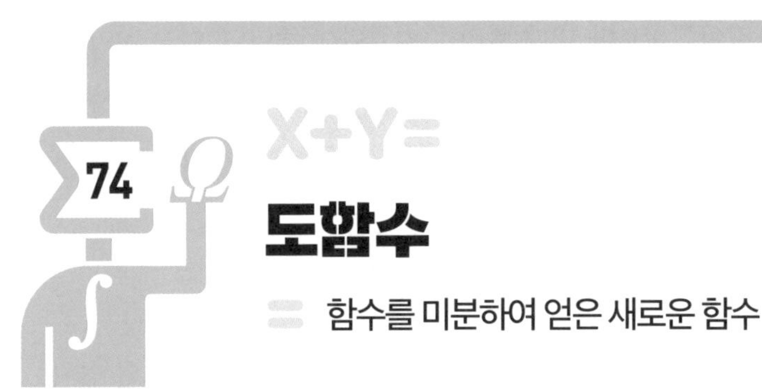

74 도함수

= 함수를 미분하여 얻은 새로운 함수

어느 비단 제조업체에서 폭이 일정한 비단을 생산하는데, 이 비단 x미터의 생산비는 $C = f(x)$원이라고 한다. 이때 생산비 함수의 미분계수 $f'(x)$는 무엇을 뜻하는지 알아보자.

비단 x미터를 생산하는데 드는 비용이 $C = f(x)$원이고 미분계수 $f'(x)$는 x에 대한 생산비의 순간변화율이다. 즉, $f'(x)$는 생산된 비단의 미터에 대한 생산비의 변화율이다. 경제학에서는 이 변화율을 '한계비용'이라고 하며 다음과 같다.

$$f'(x) = \lim_{\Delta x \to 0} \frac{\Delta C}{\Delta x}$$

이 식에서 ΔC의 단위는 원이고 Δx는 미터이므로 $\frac{\Delta C}{\Delta x}$의 단위는 미터당 원이 된다. 즉, 정해진 미터를 생산하는데 드는 생산비용에 대한 비율이다.

예를 들어 $f'(100) = 12$는 비단 100미터를 생산했을 때 이에 대한 생산비의 증가율이 12라는 것이다. 즉, 100미터를 생산했을 때 생산비

C는 생산하는 길이인 x보다 12배 빨리 증가한다는 뜻이다. 이는 많이 생산하면 할수록 생산비가 급증한다는 것을 보여주는 것이다. 하지만 생산하는 길이의 변화율을 $\Delta x = 1$이라 하면, $\Delta x = 1$은 $x = 100$에 비하여 작은 값이므로 근삿값

$$12 = f'(100) \approx \frac{\Delta C}{\Delta x} = \frac{\Delta C}{1} = \Delta C$$

를 사용할 수 있는데, 이것은 100미터를 생산하는 생산비가 약 12원이라는 뜻이기도 하다.

$y = f(x)$의 미분가능한 모든 x에 미분계수 $f'(x)$를 대응

위와 같은 여러 가지 상황을 설명할 때 미분이 이용된다. 그래서 어떤 함수의 미분계수를 구하는 것은 매우 중요하다.

임의의 실수 a에 대하여 함수 $f(x) = x^2$의 $x = a$에서의 미분계수 $f'(a)$는 다음과 같다.

$$f'(a) = \lim_{x \to a} \frac{f(x) - f(a)}{x - a} = 2a$$

즉, $f'(a) = 2a$이다. 따라서 실수 a의 값에 따라 미분계수 $f'(a)$의 값이 하나씩 정해진다. 이때 a를 변수 x로 바꾸면 $f'(x)$는 x에 대한 함수가 되고

$$f'(x) = 2x$$

와 같이 나타낼 수 있다.

일반적으로 함수 $y = f(x)$의 미분가능한 모든 x에 미분계수 $f'(x)$를 대응시키면 새로운 함수

$$f'(x) = \lim_{x \to 0} \frac{f(x + \Delta x) - f(x)}{\Delta x}$$

를 얻는다. 이때 이 함수 $f'(x)$를 함수 $f(x)$의 **도함수**라 하고, 이것을 기호로 다음과 같이 나타낸다.

$$f'(x),\ y',\ \frac{dy}{dx},\ \frac{d}{dx}f(x)$$

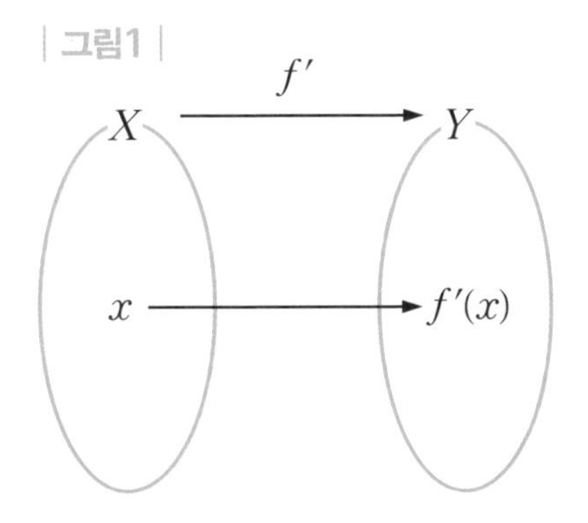

도함수(導函數)는 함수 $f(x)$가 주어지면 특정한 점 $x = a$에서 함수의 변화율 $f'(a)$로부터 '유도되는 함수'라는 뜻이다. 예를 들어 함수 $f(x) = x^2$의 도함수는

$$f'(x) = 2x,\ y' = 2x,\ \frac{dy}{dx} = 2x,\ \frac{d}{dx}f(x) = 2x$$

와 같이 나타낼 수 있다.

도함수를 수학적으로 표현하면 다음과 같다.

미분가능한 함수 $f(x)$의 도함수는

$$f'(x) = \lim_{\Delta x \to 0}\frac{f(x+\ \Delta x) - f(x)}{\Delta x}$$

이다. 이것은 한 점 $x = a$에서의 미분계수

$$f'(a) = \lim_{\Delta x \to 0}\frac{f(a+\ \Delta x) - f(a)}{\Delta x}$$

을 한 점 a대신에 변수 x로 바꿔놓아 함수로 표현한 것과 같다. 여기서 Δx를 h로 바꾸어 쓰면

$$f'(x) = \lim_{h \to 0}\frac{f(x+h) - f(x)}{h}$$

이다. 보통 도함수를 다룰 때 이 식을 많이 이용한다.

도함수의 성질

일반적으로 함수 $f(x)$의 도함수 $f'(x)$는 도함수의 정의로부터 유도한다. 그런데 함수가 주어질 때마다 정의를 이용하여 도함수를 구하는 것은 번거로운 일이다. 그래서 가장 대표적인 함수 $y=x^n$의 도함수를 정의로 구해 보자. 나머지는 도함수의 성질을 이용하면 얻을 수 있다. 함수 $y=x^n$의 도함수를 정의로부터 구하는데, 이 과정을 이해하면 더할 나위 없으나 과정이 복잡하므로 결과만이라도 반드시 암기해야 한다. 본격적으로 함수 $y=x^n$(n은 양의 정수)의 도함수를 구해 보자.

먼저 $n=1$이면 $y=x$이고, $f(x)=x$라 하면

$$\begin{aligned} y' &= \lim_{h\to 0}\frac{f(x+h)-f(x)}{h} = \lim_{h\to 0}\frac{(x+h)-x}{h} \\ &= \lim_{h\to 0}\frac{h}{h} = 1 \end{aligned}$$

이다. 따라서 함수 $y=x$의 도함수는 $y'=1$이다.

$n\geq 2$인 경우, $f(x)=x^n$이라 하면

$$\begin{aligned} y' &= \lim_{h\to 0}\frac{f(x+h)-f(x)}{h} = \lim_{h\to 0}\frac{(x+h)^n-x^n}{h} \\ &= \lim_{h\to 0}\frac{\{(x+h)-x\}\{(x+h)^{n-1}+(x+h)^{n-2}x+\cdots+x^{n-1}\}}{h} \\ &= \lim_{h\to 0}\{(x+h)^{n-1}+(x+h)^{n-2}x+\cdots+x^{n-1}\} \\ &= \underbrace{x^{n-1}+x^{n-1}+\cdots+x^{n-1}}_{n\text{개}} \\ &= nx^{n-1} \end{aligned}$$

이다. 따라서 함수 $y=x^n$의 도함수는 $y'=nx^{n-1}$이다.

한편, 상수함수 $y=c$에서 $f(x)=c$라 하면

$$\begin{aligned} y' &= \lim_{h\to 0}\frac{f(x+h)-f(x)}{h} = \lim_{h\to 0}\frac{c-c}{h} \\ &= 0 \end{aligned}$$

이다. 따라서 상수함수 $y = c$의 도함수는 $y' = 0$이다.

함수의 실수배, 합, 차, 곱의 미분법은 다음과 같이 정리할 수 있다.

| 도함수의 성질 |

두 함수 $f(x)$, $g(x)$가 미분가능할 때,

① $\{cf(x)\}' = cf'(x)$ (단, c는 상수)

② $\{f(x) + g(x)\}' = f'(x) + g'(x)$

③ $\{f(x) - g(x)\}' = f'(x) - g'(x)$

④ $\{f(x)g(x)\}' = f'(x)g(x) + f(x)g'(x)$

위의 성질을 이용하면 $y = 3x^2 - 4x + 2$와 같은 함수의 도함수를 쉽게 구할 수 있다. 즉, $y' = 3 \cdot 2x - 4 = 6x - 4$이다. 위의 성질 중에서 특히 ④는 두 함수의 곱을 미분할 때다. 두 함수의 곱은 앞의 함수를 먼저 미분하고 뒤의 함수를 미분하여 더하는 것임을 기억해야 한다.

어쨌든, 위의 네 가지 성질은 미분을 활용할 때 꼭 이용되므로 반드시 기억해야 한다.

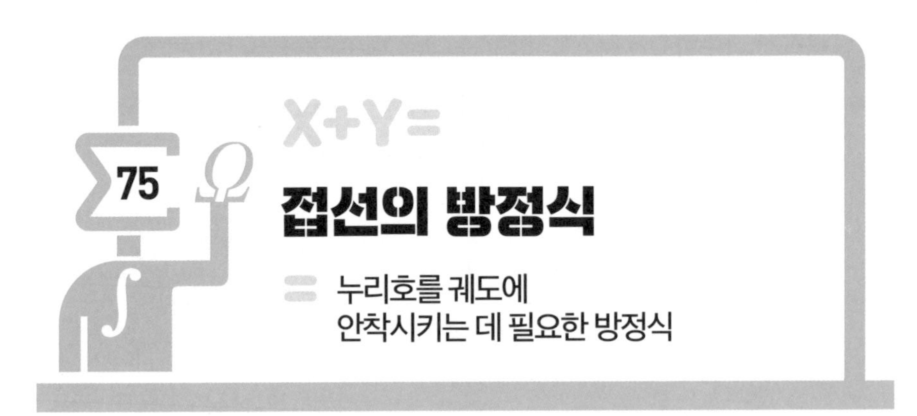

접선의 방정식

= 누리호를 궤도에 안착시키는 데 필요한 방정식

2023년 5월 25일에 우리나라가 독자 기술로 개발한 한국형 발사체 누리호가 3차 발사에 성공했다. 3차 발사에서는 차세대 소형위성 등 실제 위성 다수를 정해진 궤도에 올리는 발사체 본연의 역할을 최초로 수행했다. 이번 발사에서 누리호는 발사 약 13분 뒤에 목표 고도인 550km에 진입하여 소형위성을 순차적으로 분리하면서 정해진 임무를 성공적으로 수행했다. 또 이번 발사 성공은

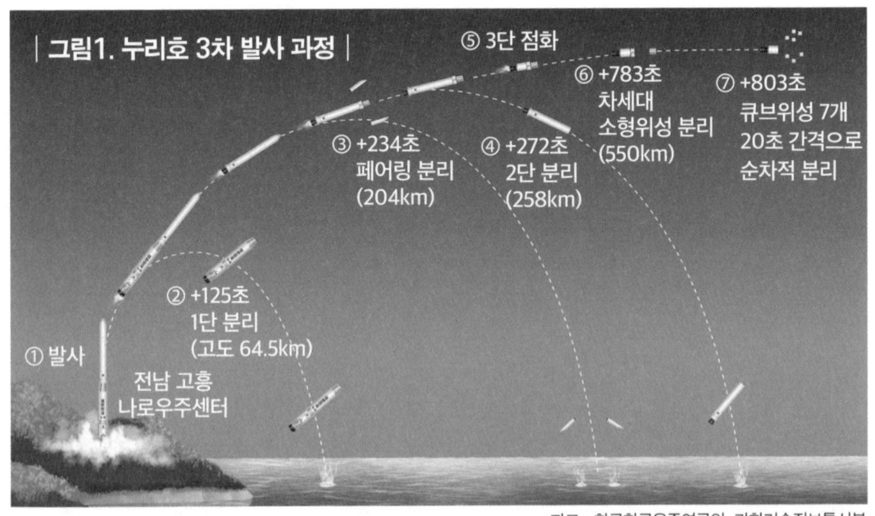

자료 : 한국항공우주연구원, 과학기술정보통신부

민간이 주도하는 우주 생태계 조성의 초석을 쌓은 것이라는 성과를 얻었다.

누리호와 같은 발사체는 〈그림1〉과 같이 정해진 궤도를 따라 날아가는데, 궤도는 대부분 곡선으로 이루어진다. 이때 발사체는 추진력에 의하여 앞으로 직진하려고 하는데, 이것을 매 순간 곡선 궤도를 따라 날아가도록 적당히 조정해야 한다. 즉, 발사체는 지금까지 날아온 궤도의 접선 방향으로 계속 날아가려고 한다. 이 접선 방향은 미분을 이용하여 접선의 기울기를 구해 알 수 있다. 이와 같이 발사체의 궤도를 계획할 때 곡선의 접선 방정식을 구해야 하며, 접선의 방정식은 도함수를 이용하여 구할 수 있다.

Σ 도함수로 접선의 방정식 구하기

함수 $f(x)$가 $x=a$에서 미분가능할 때, 곡선 $y=f(x)$ 위의 점 $\mathrm{P}(a, f(a))$에서 접선의 기울기는 $x=a$에서의 미분계수 $f'(a)$와 같다.

즉, 곡선 $y=f(x)$ 위의 점 $\mathrm{P}(a, f(a))$에서의 접선은 점 P를 지나고 기울기가 $f'(a)$인 직선이다.

| 그림2 |

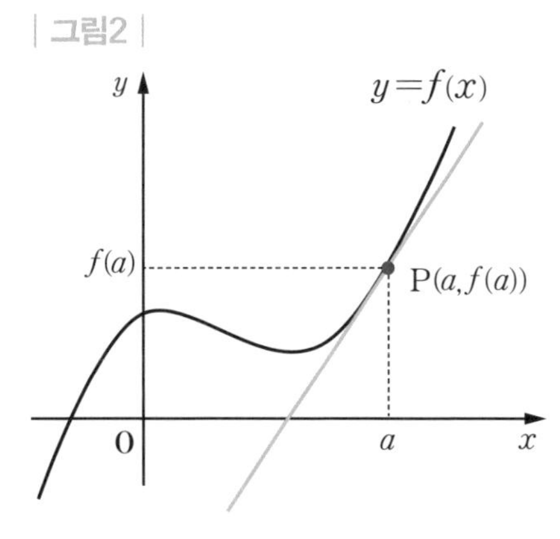

따라서 구하는 접선의 방정식은 다음과 같다.

$$y-f(a)=f'(a)(x-a)$$

곡선의 접선 방정식을 구하는 방법은 크게 다음 세 가지로 정리할 수 있다.

1. 곡선 위의 점에서 접선의 방정식 구하기

2. 기울기가 주어진 접선의 방정식 구하기

3. 곡선 위에 있지 않은 점을 지나는 접선의 방정식 구하기

이 세 가지를 하나씩 예를 들어 알아보자.

1. 곡선 위의 점에서 접선의 방정식 구하기

곡선 위의 점 $\mathrm{P}(a,\ f(a))$에서 접선의 방정식은 다음과 같은 차례로 구하면 편리하다.

| 그림3 |

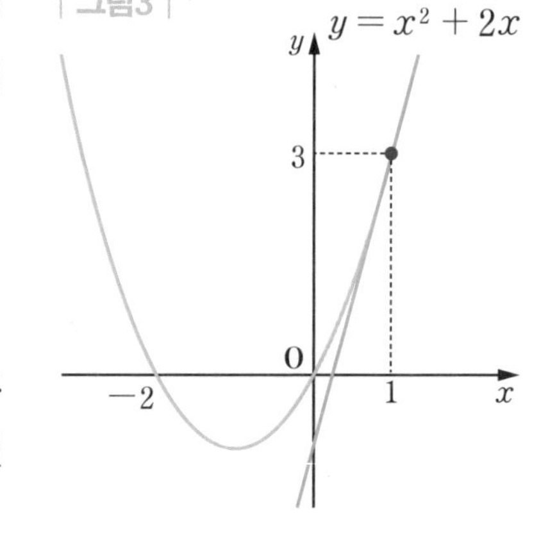

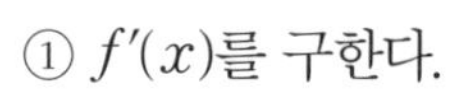

① $f'(x)$를 구한다.

② ①에서 구한 $f'(x)$를 이용하여 $\mathrm{P}(a,\ f(a))$에서 미분계수 $f'(a)$를 구한다.

③ $y - f(a) = f'(a)(x - a)$에서 접선의 방정식을 구한다.

예를 들어 곡선 $y = x^2 + 2x$ 위의 점 $(1, 3)$에서 접선의 방정식을 구해 보자.

$f(x) = x^2 + 2x$라고 하면

① $f'(x) = 2x + 2$

② 점 $(1, 3)$에서의 접선의 기울기는 $f'(1) = 4$다.

③ 구하는 접선의 방정식은 기울기가 4이고, 점 $(1, 3)$을 지나므로 다음과 같다.

$$y - 3 = 4(x - 1)$$
$$y = 4x - 1$$

2. 기울기가 주어진 접선의 방정식 구하기

일반적으로 기울기가 m인 곡선 $y = f(x)$의 접선의 방정식은 다음과 같은 차례로 구하면 편리하다.

① 접점을 $\mathrm{P}(a,\ f(a))$로 놓는다.

② 방정식 $f'(a) = m$에서 a를 구한다.

③ $y - f(a) = f'(a)(x - a)$에서 접선의 방정식을 구한다.

예를 들어, 곡선 $y = -2x^2 + 5x$에 접하고 기울기가 -3인 접선의 방정식을 구해 보자.

① 접점의 좌표를 $(a, -2a^2 + 5a)$라 하자.

② 접선의 기울기가 -3이므로

$f(x) = -2x^2 + 5x$라 하면

$$f'(x) = -4x + 5$$

$$f'(a) = -4a + 5 = -3, \text{ 즉 } a = 2$$

| 그림4 |

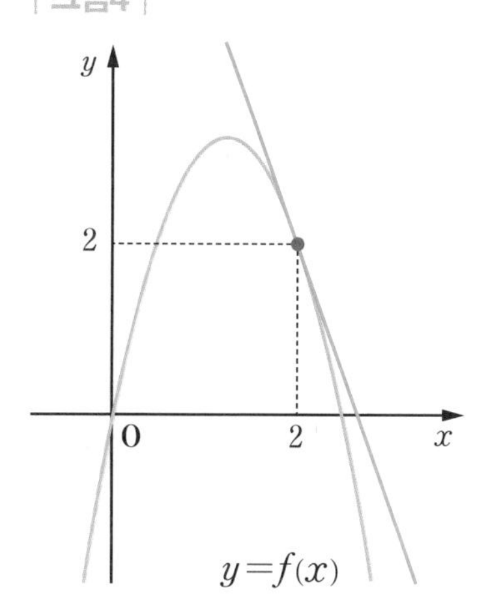

③ 접점의 좌표가 (2, 2)이므로 구하는 접선의 방정식은 다음과 같다.

$$y - 2 = -3(x - 2)$$
$$y = -3x + 8$$

3. 곡선 위에 있지 않은 점을 지나는 접선의 방정식 구하기

일반적으로 곡선 $y = f(x)$ 위에 있지 않은 점 (c, d)에서 이 곡선에 그은 접선의 방정식은 다음과 같은 차례로 구하면 편리하다.

① 접점을 $(a, f(a))$로 놓는다.

② $f'(a)$를 구한다.

③ $y - f(a) = f'(a)(x - a)$에 $x = c$와 $y = d$를 대입하여 a를 구한다.

예를 들어, 점 P(1, -5)에서 곡선 $y = x^2 - 2x$에 그은 접선의 방정식을 구해 보자.

① 접점의 좌표를 $(a, a^2 - 2a)$라고 하자.

| 그림5 |

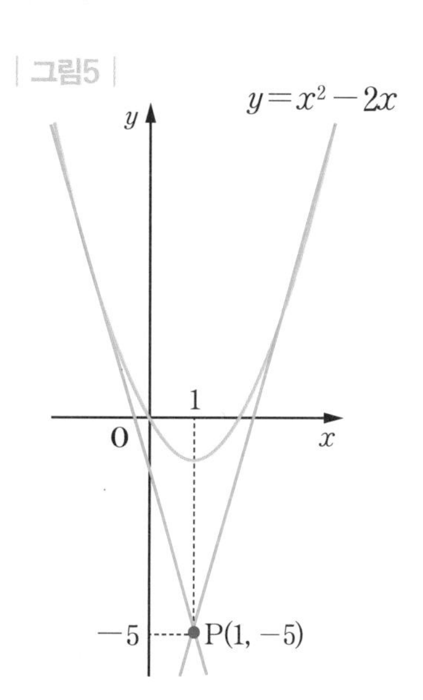

② $f(x) = x^2 - 2x$ 라고 하면

$$f'(x) = 2x - 2$$

이므로 접선의 기울기는 $f(a) = 2a - 2$이다.

③ 접선의 방정식은

$$y - (a^2 - 2a) = (2a - 2)(x - a) \cdots\cdots ①$$

이 접선이 점 $P(1, -5)$를 지나므로

$$-5 - (a^2 - 2a) = (2a - 2)(1 - a)$$
$$a^2 - 2a - 3 = 0$$
$$a = -1 \text{ 또는 } a = 3$$

이다.

따라서 구하는 접선의 방정식은 다음과 같다.

$$y = -4x - 1 \text{ 또는 } y = 4x - 9$$

접선의 방정식을 구하는 것은 단순히 접선의 방정식을 찾는 문제에서 끝나지 않는다. 다양한 상황에서 접선의 방정식을 구하는 것이 전체 문제 해결에 실마리가 된다. 따라서 접선의 방정식을 여러 상황에서 구하는 방법을 잘 이해하고 있어야 미분과 관련된 문제를 쉽게 해결할 수 있다.

이때 가장 중요한 식은 $y - f(a) = f'(a)(x - a)$이다.

X+Y=

평균값 정리

= 자동차 구간단속에 필요한 미분

자동차를 타고 고속도로를 달리다 보면 과속을 단속하는 카메라를 볼 수 있다. 그중에는 일정 구간에서 과속을 방지하기 위해 구간단속을 하는 경우가 있다. 그런데 대부분이 과속을 단속하지만, 저속을 단속하기도 한다. 흔히 속도위반은 과속만 떠올리기 쉽지만, 과속뿐 아니라 고속도로와 같이 최저 제한 속도가 정해져 있는 도로에서 불가피한 정체 상황이 아닐 때, 최저속도 이하로 운행하면 속도위반에 해당한다. 사실 고속도로의 경우 저속주행은 교통 흐름에 악영향을 주며, 과속보다 더 많은 사고를 유발한다.

구간단속은 구간의 시작 지점과 끝 지점에서 차량의 속력을 측정한다. 시작 지점과 끝 지점에서의 과속 여부뿐만 아니라 평균 속도가 기준치 이상인 차량도 단속 대상이 된다. 예를 들어 구간단속 구간이 4km이고 단속 속력은 100km라고 할 때, 시작 지점과 끝 지점에서는 100km 이하로 달렸으나 구간의 평균 속력이 105km

라면 분명하게 정해진 구간에서 105km 이상 달린 경우가 있음을 의미한다. 이와 같은 결론은 미분에서 평균값의 정리를 이용한 것과 같다.

Σ 롤의 정리와 평균값 정리

평균값 정리를 알아보기 위해 특별한 경우를 먼저 생각하자.

함수 $f(x) = -x^2 + 3x$는 닫힌구간 $[0, 3]$에서 연속이고 열린구간 $(0, 3)$에서 미분가능하다. 이때 〈그림1〉과 같이 $f(0) = f(3)$이고 $f'\left(\frac{3}{2}\right) = 0$이므로 $f'(c) = 0$인 $c = \frac{3}{2}$이 열린구간 $(0, 3)$에 존재한다.

| 그림1 |

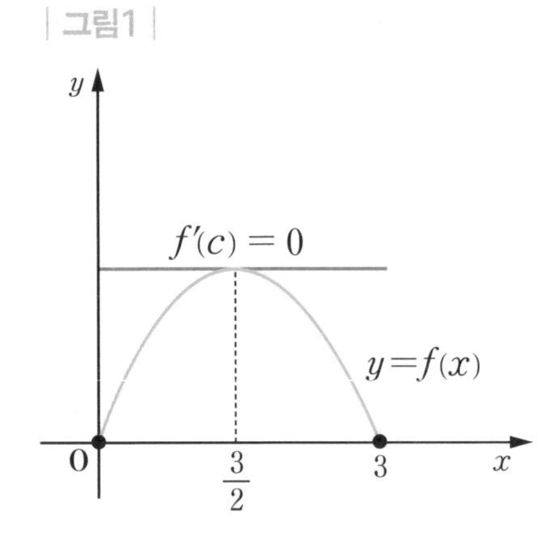

이때 $f\left(\frac{3}{2}\right) = -\left(\frac{3}{2}\right)^2 + 3\left(\frac{3}{2}\right) = \frac{9}{4}$이므로 주어진 함수는 $\left(\frac{3}{2}, \frac{9}{4}\right)$를 지난다. 따라서 $f'\left(\frac{3}{2}\right) = 0$이라는 것은 이 점에서 접선의 기울기가 0이라는 것이다. 접선의 기울기가 0이라는 것은 접선이 x축에 평행하다는 뜻이기도 하다.

일반적으로 함수 $f(x)$가 닫힌구간 $[a, b]$에서 연속이고 열린구간 (a, b)에서 미분가능할 때, $f(a) = f(b)$이면 곡선 $y = f(x)$의 접선이 x축과 평행하게 되는, 즉 $f'(c) = 0$인 c가 a와 b사이에 적어도 하나 존재한다. 이것을 **롤의 정리**라고 한다. 롤의 정리는 프랑스의 수학자 롤(Michel Rolle, 1652~1719)의 이름을 딴 것으로, 다음과 같이 정리할 수 있다.

롤의 정리는 구간의 두 끝점에서 함숫값이 같을 때, 함수의 그래프가 그 구간 안에서 올라가면 반드시 내려와야 하고 반대로 내려가면 반드시 올라와야 하

| 롤의 정리 |

함수 $f(x)$가 닫힌구간 $[a, b]$에서 연속이고 열린구간 (a, b)에서 미분가능할 때, $f(a) = f(b)$이면

$f'(c) = 0$

인 c가 열린구간 (a, b)에 적어도 하나 존재한다.

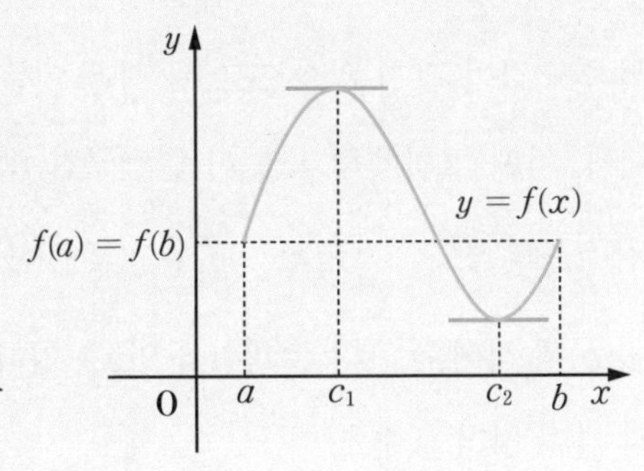

며, 이때 $f(a) = f(b)$이므로 두 점 $(a, f(a))$와 $(b, f(b))$를 잇는 직선과 접선이 평행하게 되는 점이 반드시 있다는 뜻이다. 그런데 함수 $f(x)$에 롤의 정리를 적용하기 위해서는 $f(x)$가 롤의 정리의 가정을 만족시켜야 한다. 즉 닫힌구간 $[a, b]$에서 연속이고 열린구간 (a, b)에서 미분가능하다는 조건 중에서 한 가지라도 만족시키지 않으면 롤의 정리를 적용할 수 없다.

이번에는 롤의 정리에서 두 끝점 $(a, f(a))$와 $(b, f(b))$를 움직이는 경우를 생각해 보자. 이를테면 〈그림2〉 그래프에서 점 $\mathrm{P}(a, f(a))$는 약간 밑으로 내리고 점 $\mathrm{Q}(b, f(b))$는 위로 올렸다면 〈그림3〉 그래프가 될 것이다.

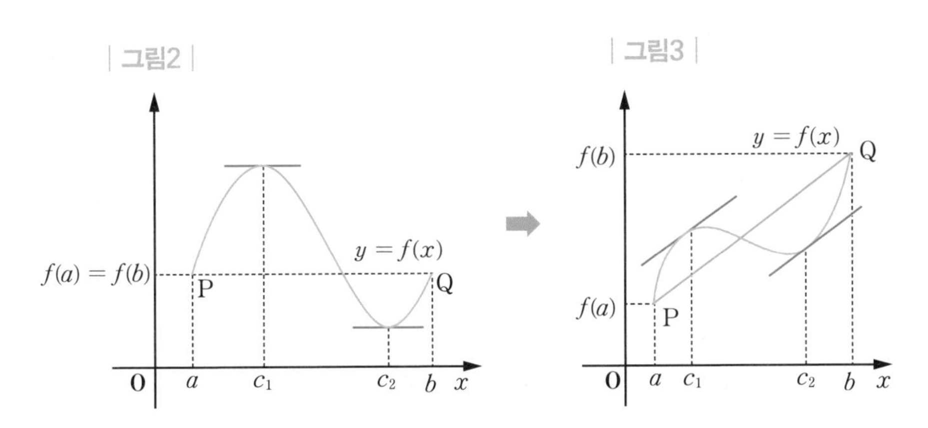

롤의 정리에서는 양 끝점에서 함숫값이 같아 두 점을 잇는 직선의 기울기가 0이었고, 기울기가 0이 되는 접선이 있었다. 〈그림3〉에서는 양 끝점 P와 Q에서 함숫값이 같지 않으므로 두 점을 잇는 직선 PQ의 기울기는 $\frac{f(b)-f(a)}{b-a}$이다. 이때 그림에서 보듯이 열린구간 (a, b)에서 곡선 $y=f(x)$는 기울기가 $\frac{f(b)-f(a)}{b-a}$인 접선을 갖는다. 즉, $\frac{f(b)-f(a)}{b-a}=f'(c)$인 c가 열린구간 (a, b)에 적어도 하나 존재함을 알 수 있다. 이것을 **평균값 정리** 라고 하며, 다음과 같이 정리할 수 있다.

| 평균값 정리 |

함수 $f(x)$가 닫힌구간 $[a, b]$에서 연속이고 열린구간 (a, b)에서 미분가능하면

$$\frac{f(b)-f(a)}{b-a}=f'(c)$$

인 c가 열린구간 (a, b)에 적어도 하나 존재한다.

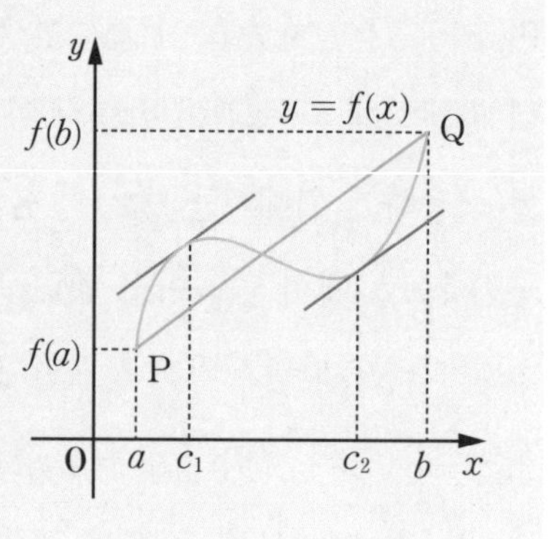

평균값 정리는 롤의 정리를 일반화

위의 사실로부터 평균값 정리는 롤의 정리를 일반화한 것이고, 거꾸로 롤의 정리는 평균값 정리의 특별한 경우임을 알 수 있다. 평균값 정리의 기하학적 의미는 $y=f(x)$의 그래프에서 두 점 P와 Q를 잇는 직선 PQ에 평행한 접선을 열린구간 (a, b) 안에서 적어도 하나 그을 수 있다는 것이다.

예를 들어, 함수 $f(x)=x^2+2x+2$에 대하여 닫힌구간 $[-1, 2]$에서 평균

값 정리를 만족시키는 c의 값을 구해 보자. 함수 $f(x)=x^2+2x+2$는 닫힌구간 $[-1, 2]$에서 연속이고 열린구간 $(-1, 2)$에서 미분가능하므로 평균값 정리에 의하여

$$\frac{f(2)-f(-1)}{2-(-1)}=f'(c) \quad (-1<c<2)$$

인 c가 적어도 하나 존재한다.

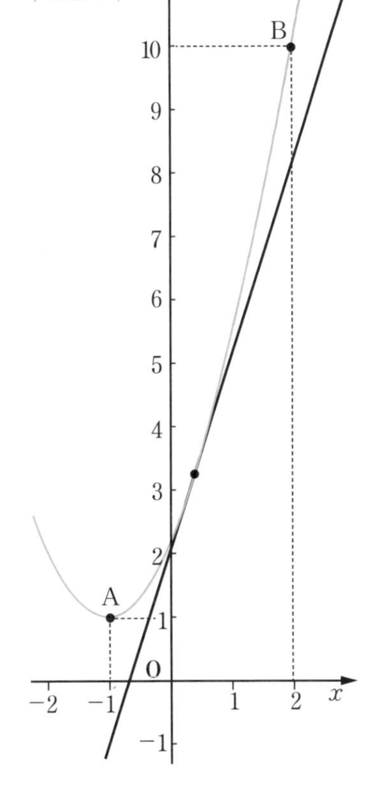

$f'(x)=2x+2$ 이므로 평균값 정리를 만족시키는 c를 구하면

$$\frac{10-1}{2-(-1)}=2c+2, \; c=\frac{1}{2}$$

즉 함수 $f(x)=x^2+2x+2$에 대하여 닫힌구간 $[-1, 2]$의 양 끝점은 $(-1, 1)$과 $(2, 10)$이고, 오른쪽 그림과 같이 두 점 A와 B를 지나는 직선 AB의 기울기는 $\frac{10-1}{2-(-1)}=3$이다.

이때 열린구간 $(-1, 2)$의 c값 중에서 접선의 기울기가 3이 되는 점은 $\left(\frac{1}{2}, \frac{13}{4}\right)$이라는 뜻이다.

평균값 정리는 미적분에 대한 여러 가지 성질을 밝히는 데 매우 중요하게 이용되는 내용이다. 따라서 평균값 정리가 뜻하는 것을 잘 이해하고 있어야 미적분에 대한 다른 성질을 잘 이해할 수 있다.

함수의 증가와 감소

그래프를 그리지 않고 해수면 높낮이 알아내기

일반적으로 해수면(海水面, Sea level)이란 해양의 수면 또는 표면을 의미한다. 해수면은 측지학적으로는 해양의 평균적인 높이인 평균해수면(平均海水面, MSL : Mean sea level)을 나타낸다. 평균해수면으로부터의 높이가 해발고도다. 평균해수면은 '바다가 평온할 때의 수위' 즉 바람이나 물결에 의해서 변화하는 해수면의 평균적 상태를 의미하고, 조석 등으로 변화하는 해수면의 일정 시간의 평균으로 구한다.

| 그림1. 해수면 높이(인천 조위 관측소 측정) |

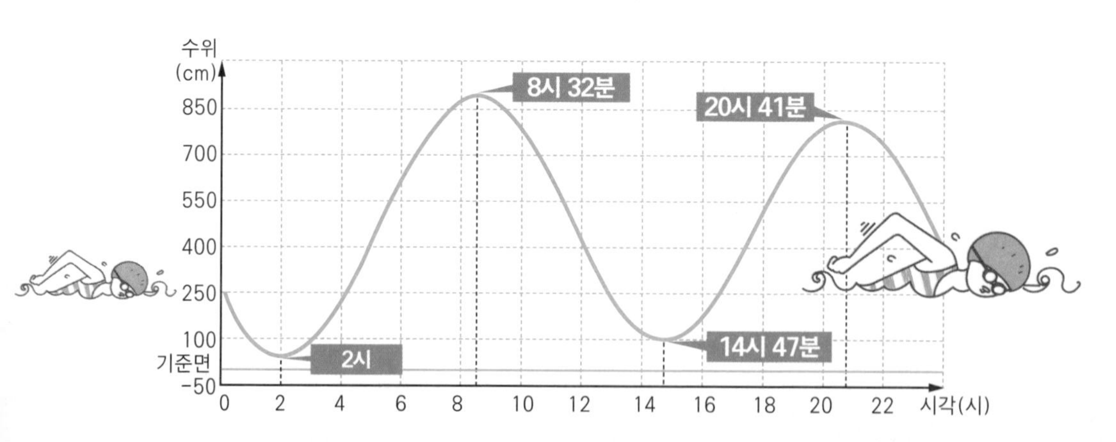

해수면은 실제 해수면의 변화나 관측 지점의 고도 변화에 따라 정해지지만, 현실에서는 장기적인 평균치를 취해도 해류나 기압 변화, 온도, 염분 농도의 변화 등의 영향을 받는다. 평균해수면은 지구 표면 전체가 일정한 것은 아니고 파나마 운하에서 태평양은 대서양보다 20cm 높다. 우리나라에서는 인천 앞바다의 평균해수면을 해발 0m로 정하고 있다.

예를 들어, 〈그림1〉은 어느 날 인천 조위 관측소에서 측정한 해수면 높이를 나타낸 그래프다. 이 그래프에서 곡선이 오른쪽 위로 올라가면 해수면 높이가 증가하고, 오른쪽 아래로 내려가면 해수면 높이가 감소함을 알 수 있다. 함수의 그래프에서도 이와 같이 증가와 감소하는 경우가 있다. 그림을 보면 증가와 감소를 분명하게 알 수 있으나 수학에서 그림은 보조적인 역할을 할 뿐이므로 수식으로 정확하게 정의하는 것이 필요하다.

Σ 그래프를 그리지 않고 증가·감소 알아내기

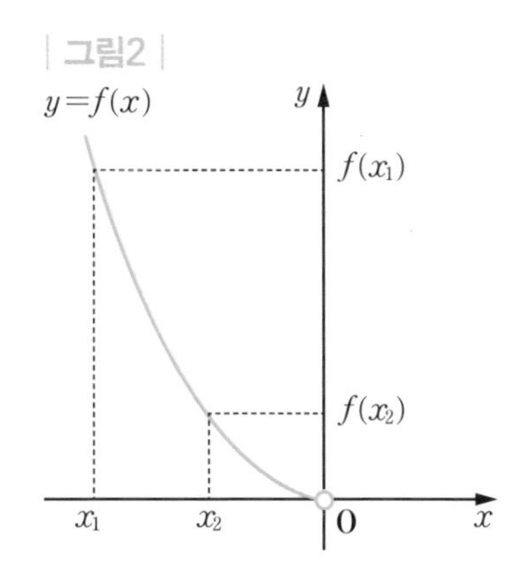

함수 $y = f(x)$에 대하여 x의 값이 증가할 때 y의 값도 증가하면 함수 $f(x)$는 증가한다고 하며, x의 값이 증가할 때 y의 값이 감소하면 함수 $f(x)$는 감소한다고 한다.
예를 들어 함수 $f(x) = x^2$에서
구간 $(-\infty, 0)$의 임의의 두 수 x_1과 x_2가
$x_1 < x_2$이면

$$f(x_1) - f(x_2) = x_1^2 - x_2^2 = (x_1 + x_2)(x_1 - x_2) > 0$$

이므로 $f(x_1) > f(x_2)$이다. 따라서 함수 $f(x) = x^2$은 구간 $(-\infty, 0)$에서

감소한다.

이제 이와 같은 성질을 수학적으로 정의하자.

| 그림3. $f(x)$가 증가 · 감소하는 그래프 |

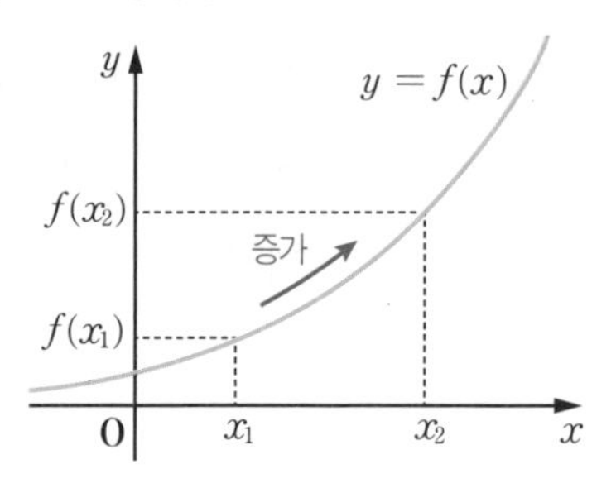

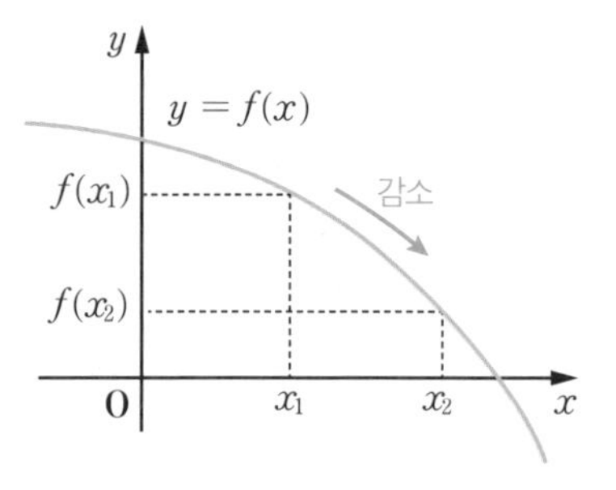

함수 $f(x)$가 어떤 구간에 속하는 임의의 두 수 x_1, x_2에 대하여

$x_1 < x_2$일 때 $f(x_1) < f(x_2)$이면,

$f(x)$는 이 구간에서 **증가** 한다고 한다. 또,

$x_1 < x_2$일 때 $f(x_1) > f(x_2)$이면,

$f(x)$는 이 구간에서 **감소** 한다고 한다.

예를 들어 함수 $f(x) = x^2$은 구간 $[0, \infty)$ 에 속하는 x_1, x_2에 대하여

$x_1 < x_2$일 때 $x_1{}^2 < x_2{}^2$

이므로 $f(x)$는 구간 $[0, \infty)$에서 증가한다.

또, 구간 $(-\infty, 0]$에 속하는 x_1, x_2에 대하여

$x_1 < x_2$일 때 $x_1{}^2 > x_2{}^2$

이므로 $f(x)$는 구간 $(-\infty, 0]$에서 감소한다.

| 그림4 |

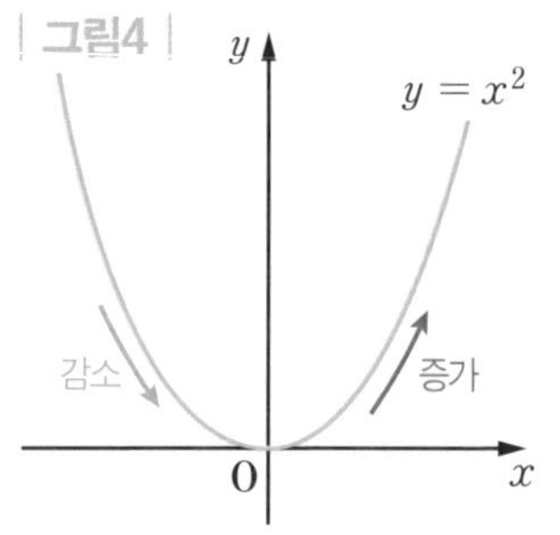

Σ 평균값 정리로 함수의 증가 · 감소 상태 알아내기

어떤 구간에서 함수 $f(x)$가 증가하거나 감소하고 있음을 보이려면 정의를 이용하면 된다. 그러나 일반적인 함수에 대해 정의를 이용하기는 매우 불편하다. 그래서 각 점에서 증가 상태와 감소 상태를 정의하고 이를 이용하여 구간에서 증가, 감소를 구하기도 한다. 이때 도함수를 이용하면 각 점에서 증가 상태와 감소 상태를 알 수 있다. 즉, 함수의 미분을 이용하면 그 함수가 어떤 구

간에서 증가하고 감소하는지 그래프를 그리지 않고도 알 수 있다. 이제 그 방법을 앞에서 배운 평균값 정리를 활용하여 알아보자.

| 그림5 |

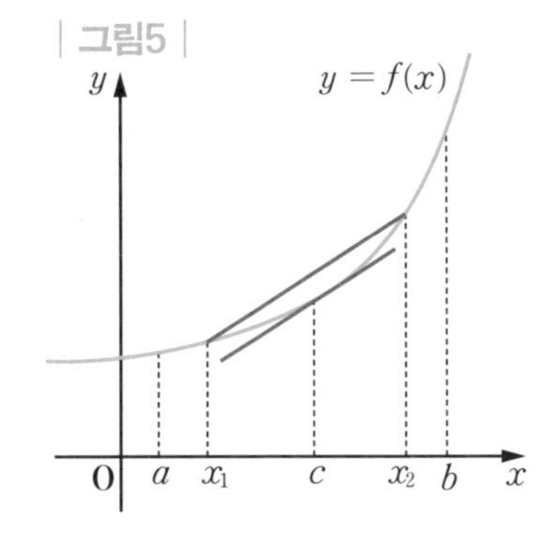

함수 $f(x)$가 열린구간 (a, b)에서 미분가능하면 이 구간에 속하는 두 수 x_1과 $x_2(x_1 < x_2)$에 대하여 평균값 정리가 성립하므로

$$\frac{f(x_2)-f(x_1)}{x_2-x_1}=f'(c)$$

| 그림6 |

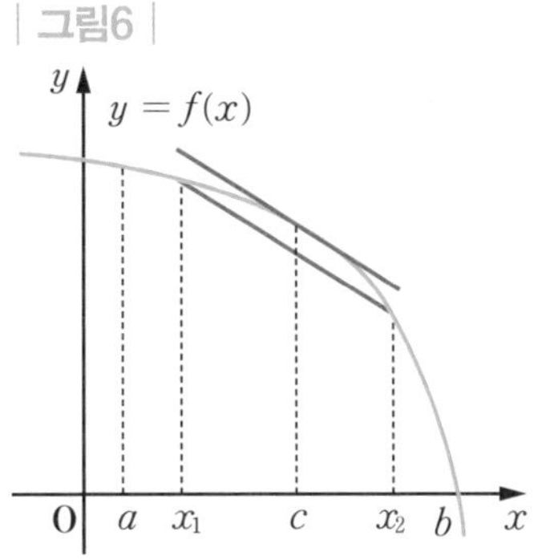

인 c가 열린구간 (x_1, x_2)에 적어도 하나 존재한다. 이때 $f'(x)$의 부호에 따라 다음과 같이 두 가지 경우로 나누어 생각할 수 있다.

① 열린구간 (a, b)에 속하는 모든 x에 대하여 $f'(x)>0$이면

$$\frac{f(x_2)-f(x_1)}{x_2-x_1}=f'(c)>0 \text{ 이고 } x_2-x_1>0$$

이므로

$$f(x_2)-f(x_1)>0 \text{ 즉 } f(x_1)<f(x_2)$$

이다. 따라서 함수 $f(x)$는 이 구간에서 증가한다.

② 열린구간 (a, b)에 속하는 모든 x에 대하여 $f'(x)<0$이면

$$\frac{f(x_2)-f(x_1)}{x_2-x_1}=f'(c)<0 \text{이고 } x_2-x_1>0$$

이므로

$$f(x_2)-f(x_1)<0 \text{ 즉 } f(x_1)>f(x_2)$$

이다. 따라서 함수 $f(x)$는 이 구간에서 감소한다.

①과 ②를 정리하면 다음과 같다.

함수 $f(x)$가 어떤 열린구간에서 미분가능하고,

이 구간에 속하는 모든 x에 대하여

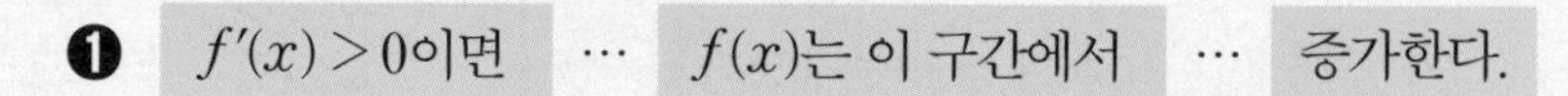

❷ $f'(x)<0$이면 … $f(x)$는 이 구간에서 … 감소한다.

그런데 위의 역은 성립하지 않는다. 예를 들어 함수 $f(x)=x^3$은 구간 $(-\infty, \infty)$에서 $x_1 < x_2$인 임의의 두 수 x_1과 x_2에 대하여

$$\begin{aligned} f(x_1)-f(x_2) &= x_1^3 - x_2^3 \\ &= (x_1-x_2)(x_1^2+x_1x_2+x_2^2) < 0 \end{aligned}$$

이므로 증가하지만 $f'(x)=3x^2$에서 $f'(0)=0$이다. 따라서 증가한다고 항상 미분계수가 0보다 큰 것은 아니다.

함수 $f(x)$의 도함수를 이용하여 $f(x)$의 증가 상태 및 감소 상태를 정리하면 다음과 같다.

① 한 점 $x=a$에 대하여

$f'(a)>0$이면 $f(x)$는 $x=a$에서 증가 상태

$f'(a)<0$이면 $f(x)$는 $x=a$에서 감소 상태

② 어떤 구간의 모든 x에 대하여

$f'(x)>0$이면 $f(x)$는 그 구간에서 증가

$f'(x)<0$이면 $f(x)$는 그 구간에서 감소

③ 정의역의 모든 x에 대하여

$f'(x)>0$이면 $f(x)$는 증가함수

$f'(x)<0$이면 $f(x)$는 감소함수

마지막으로 예를 들어 함수 $f(x)=x^3-3x+1$의 증가와 감소를 조사해 보자.

$$f'(x)=3x^2-3=3(x^2-1)=3(x+1)(x-1)=0$$

에서 $x=-1$ 또는 $x=1$이다. 함수 $f(x)$의 증가와 감소를 나타내는 표를 만들면 다음과 같다. 이때 표에서 ↗는 증가를 나타내고, ↘는 감소를 나타낸다.

| $f(x)=x^3-3x+1$의 증가와 감소 |

x	$\cdots$	-1	$\cdots$	1	$\cdots$
$f'(x)$	$+$	0	$-$	0	$+$
$f(x)$	↗	3	↘	-1	↗

따라서 함수 $f(x)$는 구간 $(-\infty, -1)$, $(1, \infty)$에서 $f'(x)>0$이므로 증가하고, 구간 $(-1, 1)$에서 $f'(x)<0$이므로 감소한다. 실제로 이 함수의 그래프를 그리면 〈그림7〉과 같다.

| 그림7 |

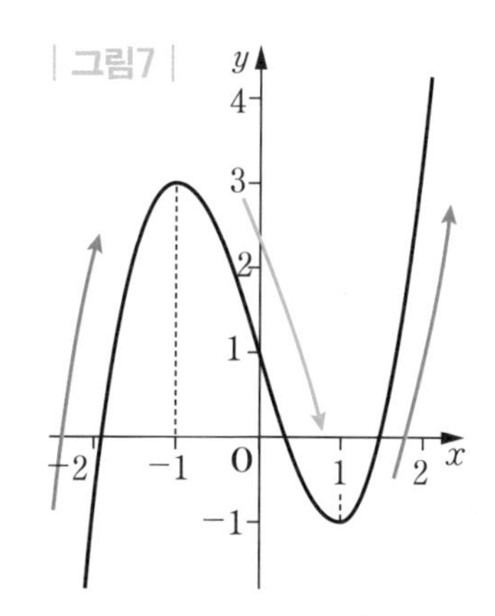

그래프를 그리는 일은 꽤 번거로운 일이다. 그런데 그래프를 그리지 않고도 그 함수의 그래프가 증가하는지 감소하는지 알 수 있다면 편리한 경우가 많다. 따라서 미분을 활용한 함수의 증가와 감소 조건을 잘 이해하고 있어야 한다.

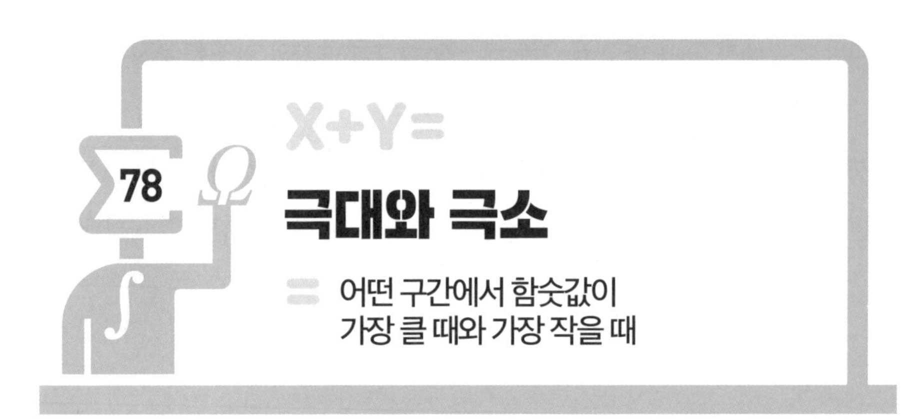

인류는 가까운 미래에 우주로 진출하여 화성에 정착촌을 만들려고 하고 있다. 큐리오시티 로버(Curiosity Rover) 혹은 줄여서 큐리오시티(Curiosity)는 NASA의 화성 과학 실험실(MSL) 계획의 일부로, 게일 분화구와 그 일대를 탐사하는 자동차 크기만 한 화성 탐사차다. 큐리오시티는 2011년 11월 26일에 케이프커내버럴 공군기지에서 화성 과학 실험실 선체에 실려 발사되었고, 2012년

8월 6일에 화성의 게일 분화구 내부의 아이올리스 평원에 착륙하였다.
큐리오시티의 목표는 화성의 기후와 게일 분화구가 지금까지 미생물에 유리한 환경 조건을 제공했는지를 평가하는 것을 포함해, 물에 대한 조사와 미래에 인간의 탐험에 대비한 생명체를 연구하는 것이다. 큐리오시티는 2014년 6월 24일에 화성이 미생물이 살기에 유리한 조건을 가지고 있다는 것을 발견했고, 2018년 6월에는 메테인(메탄)을 발견하였다. 특히 큐리오시티는 1년 동안 메테인의 양이 계절에 따라 변한다는 것도 측정했다. 〈그림1〉은 시간에 따른 화성 대기의 메테인 양을 나타낸 그래프다.
그래프를 보면 봄에서 여름으로 바뀐 직후인 점 A에서 메테인 양이 확연히 줄었고, 여름에서 가을로 바뀐 직후인 점 B에서 메테인 양이 가장 많다는 것을 알 수 있다. 또 가을에서 겨울로 바뀐 직후인 점 C에서도 메테인 양의 줄었음을 알 수 있다. 그런데 이 그래프에서 점 A와 점 C에서는 그 점의 근방에서 메테인 양이 가장 적고, 점 B에서는 그 점 근방에서 메테인 양이 가장 많음을 알 수 있다. 수학에서도 어떤 구간에서 함숫값이 가장 클 때와 가장 작을 때가 있다.

Σ 극댓값 · 극솟값과 최댓값 · 최솟값은 무엇이 다를까?

함수 $f(x)$에서 $x=a$를 포함하는 어떤 열린구간에서 $f(a)$의 값이 가장 큰 경우와 가장 작은 경우에 대하여 알아보자.
함수 $f(x)$에서 $x=a$를 포함하는 어떤 열린구간에 속하는 모든 x에 대하여 $f(x) \le f(a)$일 때, 함수 $f(x)$는 $x=a$에서 **극대**라 하며, $f(a)$를 **극댓값**이라고 한다.
또, $x=a$를 포함하는 어떤 열린구간에 속하는 모든 x에 대하여 $f(x) \ge f(a)$

일 때, 함수 $f(x)$는 $x = a$에서 **극소**라 하며, $f(a)$를 **극솟값**이라고 한다. 극댓값과 극솟값을 통틀어 **극값**이라고 한다.

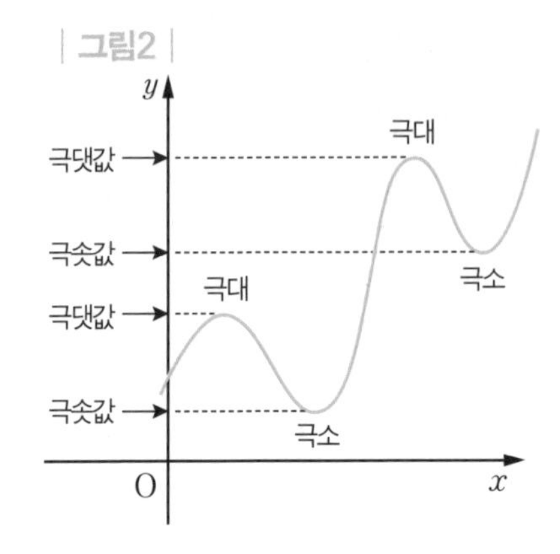

원래 주어진 구간에서 가장 큰 값은 최댓값이라 하고 가장 작은 값은 최솟값이라고 한다. 그런데 극댓값은 전체 구간에서가 아니고 정해진 어떤 작은 구간 안에서 가장 큰 값과 가장 작은 값을 뜻한다. 그래서 영어로 최댓값은 'global maximum'이고 최솟값은 'global minimum'인데 극댓값과 극솟값은 'local maximum'과 'local minimum'이라 한다. 극대와 극소를 한자로 '極大'와 '極小'라 쓰는데, 극대는 '어떤 양이 일정한 법칙에 따라 늘어가다가 더 늘어날 수 없는 점까지 이르렀을 때'이고 극소는 '어떤 양이 일정한 법칙에 따라 줄어가다가 더 줄어들 수 없는 점까지 이르렀을 때'이다. 간단히 말하면 작은 구간에서 가장 큰 값과 가장 작은 값을 각각 극댓값과 극솟값이라 한다.

다시 말하면, 극댓값은 근방에서 최대인 값을 뜻한다. 만일 $f(\alpha)$가 극댓값이면 $x = \alpha$의 충분히 가까운 근방, 즉 α를 포함하는 구간 (c, d)가 존재해서 구간 (c, d)의 모든 x에 대하여 $f(x) \le f(\alpha)$가 성립함을 뜻한다. 그러나 최댓값은 정의역 전체의 구간 $[a, b]$에서 가장 큰 값을 뜻하므로 만일 $f(\beta)$가 최댓값이면 구간 $[a, b]$의 모든 x에 대하여 $f(x) \le f(\beta)$이다.

한편, 최댓값과 최솟값은 존재한다면 단 하나만 존재하지만, 극댓값과 극솟값은 어떤 부근에서 가장 크거나 가장 작으면 되므로 여러 개 존재할 수 있다. 또 연속함수에 대하여 최댓값은 항상 최솟값보다 크지만 극댓값이 극

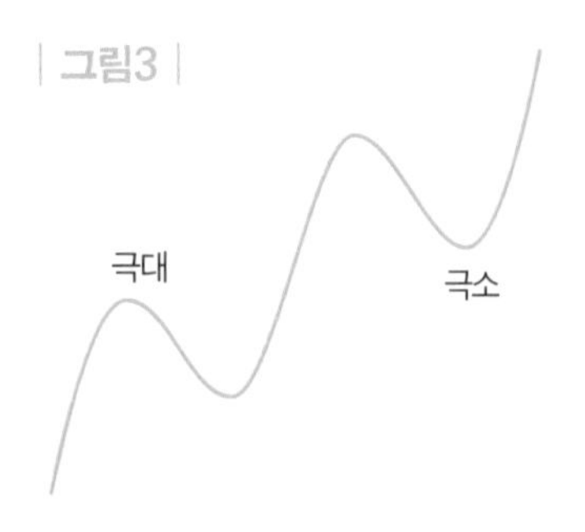

솟값보다 항상 큰 건 아니다. 이를테면, 〈그림3〉처럼 극댓값이 극솟값보다 작은 경우도 있고, 그 반대의 경우도 있다.

특히, 극대와 극소에 대하여 함수 $f(x)$가 $x=a$에서 연속인 경우에는 다음이 성립한다.

① $x=a$의 좌우에서 $f(x)$가 증가하다가 감소하면 $f(x)$는 $x=a$에서 극대다.

② $x=a$의 좌우에서 $f(x)$가 감소하다가 증가하면 $f(x)$는 $x=a$에서 극소다.

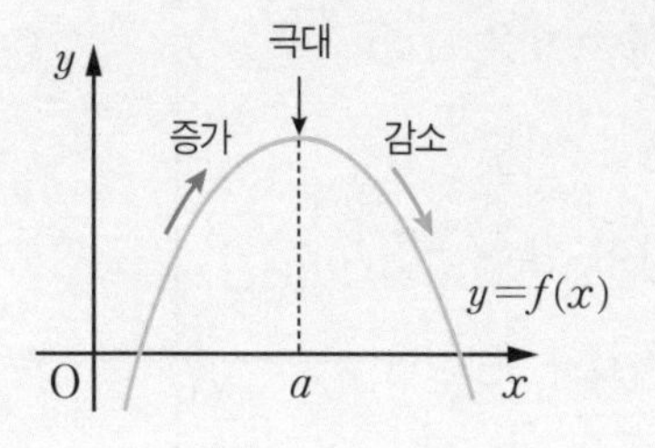

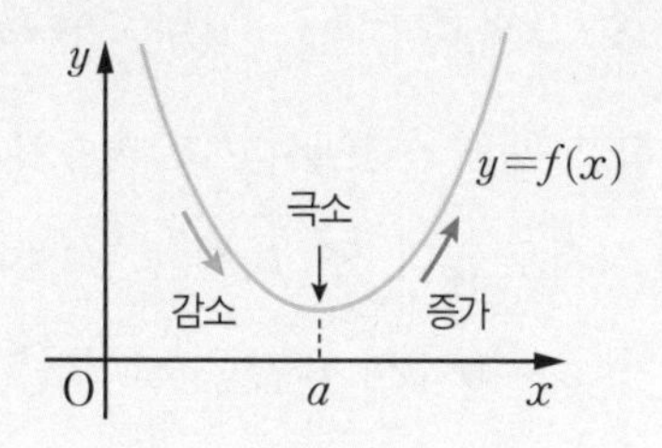

Σ 미분으로 극값 찾기

그렇다면, 미분을 이용하여 극값을 어떻게 찾을 수 있을까? 미분가능한 함수의 극값과 미분계수 사이의 관계에 대하여 알아보자.

함수 $f(x)$가 $x=a$에서 미분가능하고 $x=a$에서 극대라 하자. 이때 절댓값이 충분히 작은 $h(h \neq 0)$에 대하여 $f(a+h) \leq f(a)$이므로

$$\lim_{h \to 0+}\frac{f(a+h)-f(a)}{h} \leq 0, \quad \lim_{h \to 0-}\frac{f(a+h)-f(a)}{h} \geq 0$$

이다. 그런데 $f(x)$는 $x=a$에서 미분가능하므로 우극한과 좌극한이 같다.

따라서

$$f'(a) = \lim_{h \to 0} \frac{f(a+h) - f(a)}{h} = 0$$

이 성립한다. 같은 방법으로 $f(x)$가 $x = a$에서 미분가능하고 $x = a$에서 극소일 때도 $f'(a) = 0$임을 알 수 있다. 결국 함수 $f(x)$가 $x = a$에서 미분가능하고 $x = a$에서 극값을 가지면 $f'(a) = 0$임을 알 수 있다. 하지만 이 역은 성립하지 않는다. 즉, $f'(a) = 0$이지만 $x = a$에서 극값을 갖지 않는 경우도 있다. 예를 들어 $f(x) = x^3$에 대하여 $f'(x) = 3x^2$이므로 $f'(0) = 0$이지만 $x = 0$을 포함하는 열린구간에서 $f(0) = 0$이 가장 크지도 가장 작지도 않다. 또, $f(x) = |x|$와 같이 함수 $f(x)$가 $x = a$에서 극값을 갖더라도 $f'(a)$가 존재하지 않을 수도 있다.

| 그림4 |

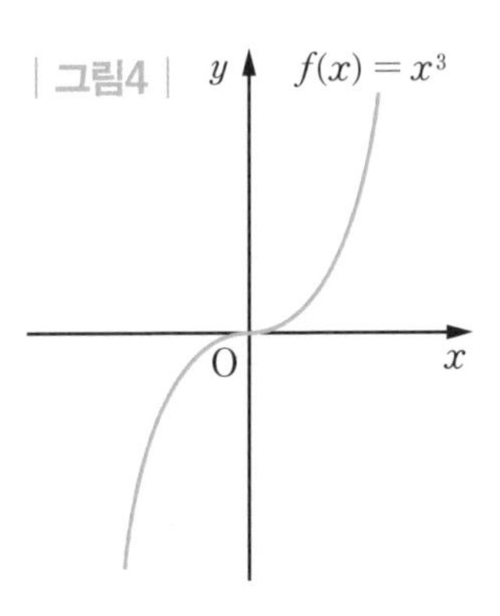

| 그림5 |

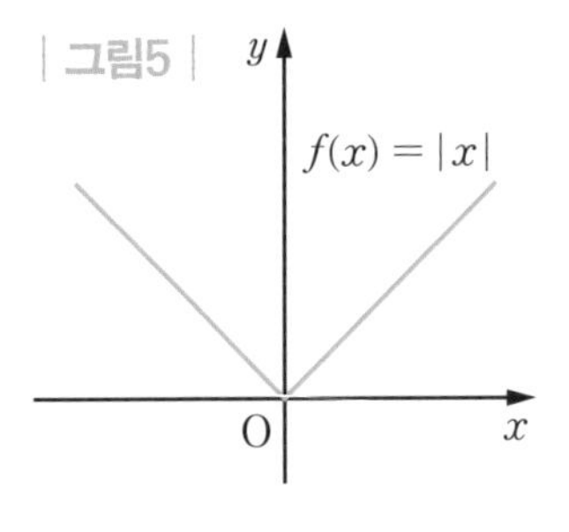

미분계수와 극대, 극소 사이의 관계를 정리하면 다음과 같다.

| 미분계수와 극대 · 극소 사이의 관계 |

① $f'(a)$가 존재하고 $f(a)$가 극값이면 $f'(a) = 0$ **참**

② $f(a)$가 극값이면 $f'(a) = 0$ **거짓**

③ $f'(a) = 0$이면 $f(a)$는 극값 **거짓**

하지만 고등학교 과정에서 극값을 구할 때는 문제 대부분이 $f'(a) = 0$일 때 극값으로 $f(a)$를 갖는 경우다. 그러나 $f(x) = |x|$와 같이 $f(a)$가 극값일지라도 $f'(a)$는 존재하지 않을 수도 있다. 그래서 미분계수와 극값의 개념을 묻는 문제에서는 ②와 ③을 반드시 묻는다.

Σ 극대와 극소가 되는 지점에서 함수의 그래프

극대와 극소가 되는 지점에서 함수의 그래프를 잘 살펴보면, 미분을 이용하여 극대인지 극소인지 알 수 있다. 극대와 극소에 대한 그래프에서, 극대의 경우는 함숫값이 증가하다가 감소했고 극소인 경우는 함숫값이 감소하다가 증가했다. 어떤 구간에서 함숫값이 증가한다는 것은 그 구간에서 도함수의 값이 양수다. 즉, 접선의 기울기가 양수이므로 $f'(x) > 0$일 때다. 반대로 어떤 구간에서 함숫값이 감소한다는 것은 그 구간에서 도함수의 값이 음수다. 즉, 접선의 기울기가 음수이므로 $f'(x) < 0$일 때다.

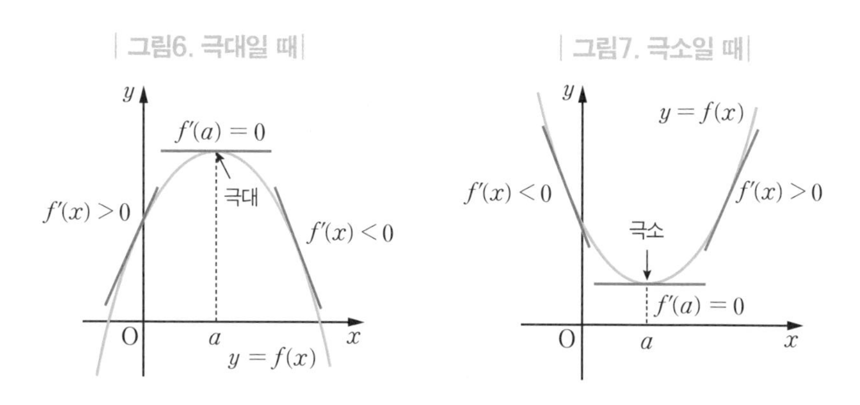

미분가능한 함수 $f(x)$에 대하여 $f'(a) = 0$이고 $x = a$의 좌우에서 $f'(x)$의 부호가 양에서 음으로 바뀌면, $f(x)$는 $x = a$의 좌우에서 증가하다가 감소하므로 $f(x)$는 $x = a$에서 극대다. 또 $f'(a) = 0$이고 $x = a$의 좌우에서 $f'(x)$의 부호가 음에서 양으로 바뀌면, $f(x)$는 $x = a$의 좌우에서 감소하다가 증가하므로 $f(x)$는 $x = a$에서 극소다. 여러 번 말했지만, 이런 경우 이해를 돕기 위해 그림을 그려보면 쉽다. 가장 간단하게 $y = x^2$와 $y = -x^2$의 그래프를 대강 그리고, 그래프의 양쪽에 접선을 긋고 그 성질을 살펴보면 된다.

예를 들어, $f(x) = 2x^3 - 3x^2 + 3$의 극값을 구해 보자. 함수의 극값을 구하기 위해서 가장 먼저 해야 할 것은 $f'(x)=0$인 x의 값을 구하고, 그 값의 좌우에서 $f'(x)$의 부호를 조사하는 것이다.

함수 $f(x)=2x^3-3x^2+3$에 대하여 도함수 $f'(x)$를 구하면

$$f'(x)=6x^2-6x=6x(x-1)$$

이고 $f'(x)=0$인 x의 값을 구하면 $x=0$ 또는 $x=1$이다. 이제 함수 $f(x)$의 증가와 감소를 나타내는 표를 만들면 다음과 같다.

| $f(x)=2x^3-3x^2+3$의 증가와 감소 |

x	$\cdots$	0	$\cdots$	1	$\cdots$
$f'(x)$	$+$	0	$-$	0	$+$
$f(x)$	↗	3 (극대)	↘	2 (극소)	↗

따라서 함수 $f(x)$는 $x=0$에서 극대이고 극댓값은 $f(0)=3$, $x=1$에서 극소이고 극솟값은 $f(1)=2$이다. 이때 극댓값과 극솟값을 구하기 위해 $x=0$ 또는 $x=1$을 원래의 함수 $f(x)=2x^3-3x^2+3$에 대입하여 함숫값을 구해야 함을 명심해야 한다.

| 그림8 |

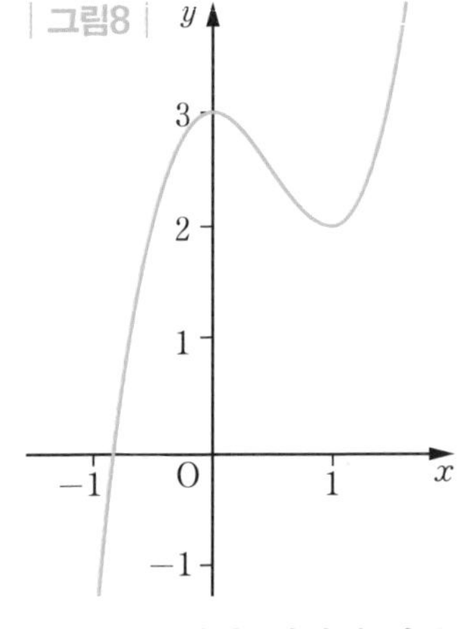

〈그림8〉에서 알 수 있듯이 $x=0$의 왼쪽에서 함숫값이 증가하다가 오른쪽에서는 감소하고, $x=1$의 왼쪽에서 감소하다가 오른쪽에서 증가함을 알 수 있다. 이처럼 미분을 이용하면 그래프를 그리지 않고도 극댓값과 극솟값을 구할 수 있다. 하지만 이해를 돕기 위해서 가능하면 그림을 그리는 것을 권장한다. 이때 그림은 대강만 그릴 줄 알면 되는데, 뒤에서 주어진 함수에 대하여 그래프를 대강 그리는 방법을 알아보자.

함수의 그래프 개형 그리기

함수의 그래프를 대강 그리는 방법

자동차의 속력, 켜 놓은 초의 길이 변화, 우리나라 인구수, 월별 평균기온 등 여러 가지 상황 또는 자료를 분석하여 좌표평면 위에 그래프로 나타내면 그 변화나 상태를 한눈에 알아볼 수 있다. 따라서 어떤 함수의 그래프 모양을 대강이라도 알 수 있다면 그 함수에 대하여 많은 정보를 얻을 수 있다.

함수 그래프의 대략적인 모양을 '개형'이라고 한다. 도함수를 활용하여 함수의 증가와 감소, 극대와 극소, 좌표축과의 교점 등을 구하면 함수 그래프의 개형을 쉽게 그릴 수 있다. 함수 그래프의 개형을 그리는 방법은 정해져 있는 것은 아니다. 다만 다음과 같은 순서에 따라 그리면 편리하다.

Σ 함수의 그래프 개형 그리는 순서

예를 들어 함수 $f(x) = x^3 - 3x^2 + 1$의 그래프 개형을 미분을 이용하는 다음과 같은 과정을 따라 그려보자.

① 도함수 $f'(x)$를 구한다. ➡ $f'(x) = 3x^3 - 6x = 3x(x-2)$

② $f'(x)=0$인 x의 값을 구한다. ➡ $x=0$ 또는 $x=2$

③ 함수 $f(x)$의 증가와 감소를 표로 나타내고, 극값을 구한다.

➡

x	$\cdots$	0	$\cdots$	2	$\cdots$
$f'(x)$	$+$	0	$-$	0	$+$
$f(x)$	↗	1(극대)	↘	-3(극소)	↗

$x=0$에서 극댓값 1, $x=2$에서 극솟값 -3

④ 함수 $f(x)$의 그래프의 개형을 그린다. ➡ 함수 $f(x)$의 그래프의 극댓값 좌표가 $(0,\ 1)$이고 극솟값 좌표가 $(2,\ -3)$이므로, 그래프의 개형을 그리면 〈그림1〉과 같다.

| 그림1 |

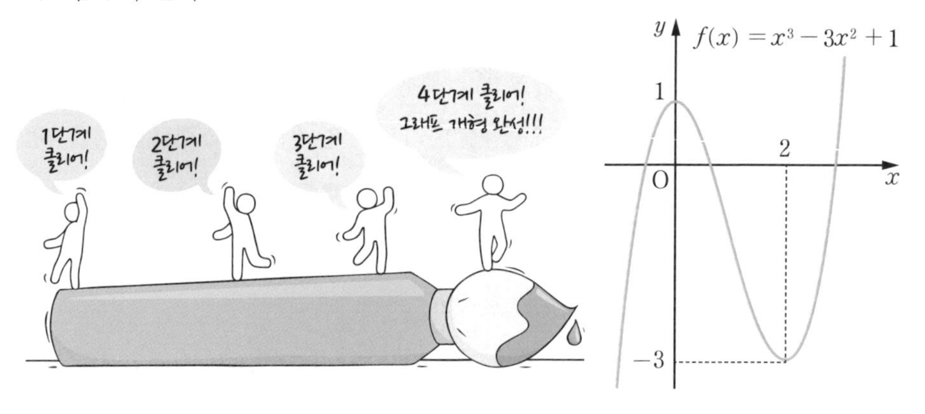

그래프 개형으로 최댓값 · 최솟값 구하기

함수 $y=f(x)$의 그래프 개형을 이용하여 구간 $[a, b]$에서 함수 $f(x)$의 최댓값과 최솟값을 구하여 보자.

연속함수의 최대 · 최소 정리에 따라 함수 $f(x)$가 구간 $[a, b]$에서 연속이면 함수 $f(x)$는 이 구간에서 반드시 최댓값과 최솟값을 가진다. 특히 극값과 구간 $[a, b]$에서 양 끝점의 함숫값 $f(a)$와 $f(b)$를 이용하면 함수 $f(x)$의 최댓값과 최솟값을 구할 수 있다. 즉 극댓값 $f(a)$와 $f(b)$ 중에서 가장 큰 값이 최댓값이고, 극솟값 $f(a)$와 $f(b)$ 중에서 가장 작은 값이 최솟값이다. 이때 〈그림2〉와 같이 극댓값과 극솟값이 반드시 최댓값과 최솟값이 되는 것은 아니다.

| 그림2 |

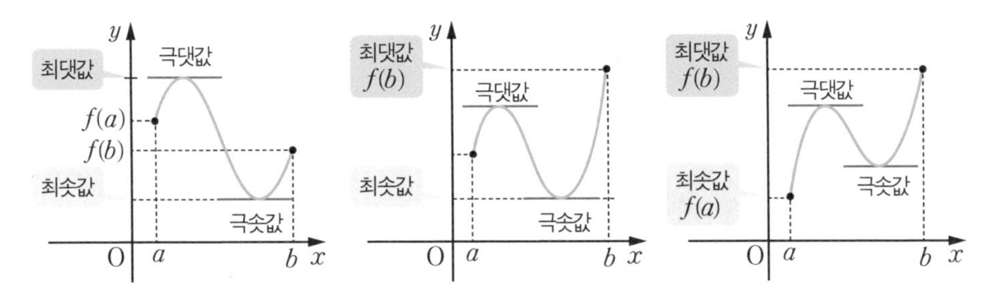

예를 들어 닫힌구간 $[0, 2]$에서 함수 $f(x) = 2x^3 - 9x^2 + 12x - 2$의 최댓값과 최솟값을 구해 보자.

$$f'(x) = 6x^2 - 18x + 12 = 6(x-1)(x-2)$$

이므로 $f'(x) = 0$에서 $x = 1$ 또는 $x = 2$이다. 닫힌구간 $[0, 2]$에서 $f(x)$의 증가와 감소를 표로 나타내면 다음과 같고, 함수의 그래프의 개형은 〈그림3〉과 같다.

| 증가와 감소 |

x	0	$\cdots$	1	$\cdots$	2
$f'(x)$		+	0	−	
$f(x)$	−2	↗	3	↘	2

따라서 $f(x)$의 최댓값은 3, 최솟값은 -2이다. 이때, 이 함수와 주어진 닫힌구간에 대하여 극댓값은 3이고 극솟값은 -2와 2이다. 즉 점 $(1, 3)$에서 극댓값

을 갖는다. 또 점 $(0, -2)$에서 $x = 0$ 근방의 함숫값 중에서 $f(0) = -2$가 가장 작으므로 극솟값이다. 점 $(2, 2)$에 대하여도 $x = 2$ 근방의 함숫값 중에서 $f(2) = 2$가 가장 작으므로 극솟값이다. 즉, 이 경우에는 극댓값이 최댓값도 되고 최솟값이 극솟값이 되기도 한다.

| 그림3 |

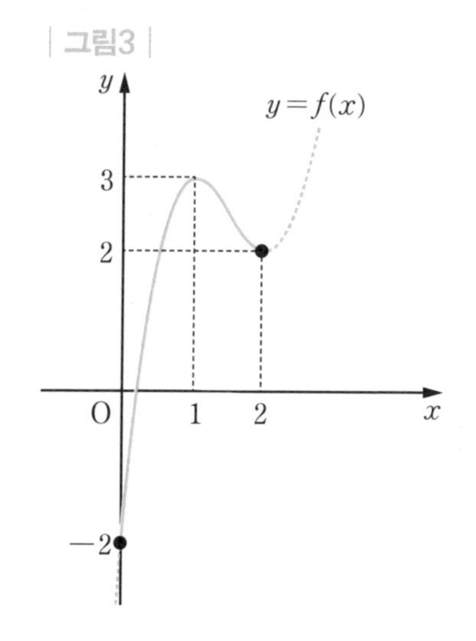

하지만 항상 이렇게 되는 것은 아님을 이해해야 한다. 연속함수의 최댓값과 최솟값은 닫힌구간이 아닌 경우에는 최댓값 또는 최솟값만 존재하거나 최댓값과 최솟값이 모두 존재하지 않을 수도 있다. 특히 연속함수에 대하여 주어진 구간에서 최댓값과 최솟값을 구하는 활용 문제는 항상 출제되므로 연속함수에 대한 정확한 개념의 이해가 필요하다.

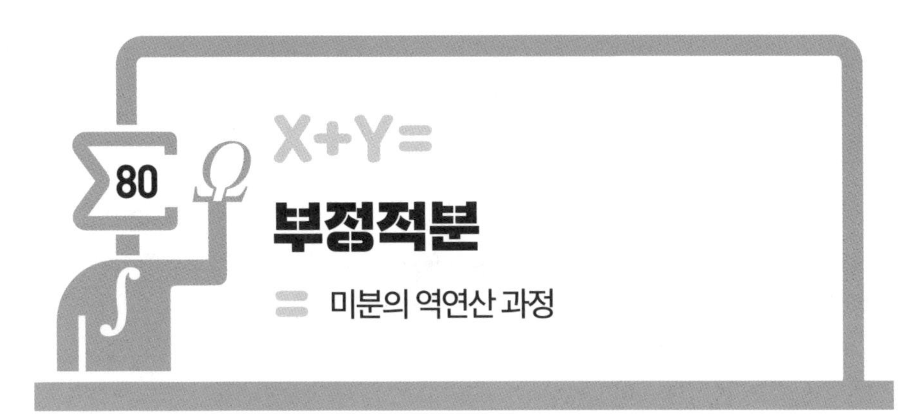

부정적분

= 미분의 역연산 과정

거리를 시간으로 나눈 것을 속력이라고 한다. 즉 $(\text{속력}) = \frac{(\text{거리})}{(\text{시간})}$이다. 일상생활에서 보통 속력은 시간의 단위에 따라 초속, 분속, 시속을 사용한다. 초속은 어떤 물체가 1초 동안, 분속은 1분 동안, 시속은 1시간 동안 각각 움직인 거리다. 거리도 미터인지 킬로미터인지에 따라 다르므로 속력의 단위를 잘 살펴봐야 한다.

속력(speed)은 시간당 갈 수 있는 거리를 나타내는데, 속력에 어느 방향으로 가는지까지 덧붙이면 속력은 속도(velocity)가 된다. 사실 속도 v는 거리의 변화에 대한 시간의 변화 비율이므로 거리를 x라 할 때, 속도 v는 다음과 같이 나타낼 수 있다.

$$v = \frac{dx}{dt} = x'(t)$$

이때 v의 크기가 속력이 된다.

한편 점 P의 속도 v도 시간 t의 함수이므로 이 함수의 순간변화율을 생각할 수 있다. 이때 시각 t에서의 속도 v의 순간변화율을 시각 t에서의 점 P의 가속도라 하고,

가속도 a는 다음과 같이 나타낼 수 있다.

$$a = \frac{dv}{dt} = v'(t)$$

Σ 어떤 시간에 따른 입자의 위치 알아내기

속도와 가속도는 물리학에서 매우 중요하다. 예를 들어, 어떤 입자의 속도를 연구하는 물리학자는 주어진 시간에 그 위치를 알고 싶어한다. 즉, 입자의 속도를 측정하여 함수로 나타냈을 때, 어느 시간에 그 입자가 있는 위치나 움직인 거리를 알고 싶다.

물리학자가 직선으로 움직이는 물체의 초기 위치를 $s(0) = 9\text{cm}$, 초기 속도를 $v(0) = -6\text{cm/s}$, 가속도를 $a(t) = 6t + 4$로 측정하였다. 이때 이 입자의 시간에 따른 위치를 알려면 주어진 조건을 이용하여 입자의 위치 함수 $s(t)$를 구해야 한다.

그런데 가속도는 속도를 미분한 것이므로 $v'(t) = a(t) = 6t + 4$이다. 이때 속도를 시간으로 미분하기 전의 속도 함수 $v(t)$를 구해야 한다. 즉, 한 번 미분하여 $6t + 4$가 되는 함수를 구해야 한다.

미분의 성질을 잘 생각하면 상수 C는 미분하면 0이므로

$$v(t) = 3t^2 + 4t + C$$

임을 짐작할 수 있다. 이때 초기 속도가 $v(0) = -6\text{cm/s}$이므로 $t = 0$을 위의 식에 대입하면 $C = -6$임을 알 수 있다. 즉, 속도 함수는 다음과 같음을 알 수 있다.

$$v(t) = 3t^2 + 4t - 6$$

이제 거리를 시간으로 미분하면 속도가 되므로 $v(t) = s'(t) = 3t^2 + 4t - 6$이다. 즉, 어떤 함수를 한 번 미분하였을 때 $v(t) = s'(t) = 3t^2 + 4t - 6$이 되는

$s(t)$를 구해야 한다.

다시 미분의 성질을 상기하면 상수 D에 대하여

$$s(t) = t^3 + 2t^2 - 6t + D$$

임을 알 수 있다. 이때 $s(0) = 9\text{cm}$이므로 $D = 9$이다. 즉, 거리 함수는 다음과 같음을 알 수 있다.

$$s(t) = t^3 + 2t^2 - 6t + 9$$

이 식으로부터 어떤 시간에 대한 입자의 위치를 알 수 있다.

Σ 'sum'의 s를 위아래로 늘렸더니…

이와 같이 주어진 함수가 어떤 함수를 미분한 것이라고 할 때, 미분되기 전의 함수를 구할 경우는 매우 많다. 함수 $f(x)$가 주어졌을 때 이것을 도함수로 갖는 함수에 대하여 알아보자.

함수 $F(x)$의 도함수가 $f(x)$일 때, 즉

$$F'(x) = f(x)$$

일 때 $F(x)$를 $f(x)$의 **부정적분**이라고 한다. 즉, $F(x)$를 $f(x)$의 부정적분이라고 하는 것은 $F'(x) = f(x)$일 때이므로 어떤 주어진 함수 $f(x)$의 부정적분은 여러 개 있다. 예를 들어 $F'(x) = 2x$가 되는 함수 $F(x)$는 x^2, x^2+1, x^2-1, x^2+2, … 등으로 무수히 많고, 이들은 모두 함수 $2x$의 부정적분으로 상수항만 다름을 알 수 있다. 그래서 부정적분의 '부정(不定)'은, 잘못되었다는 뜻이 아니라, '어느 한 가지로 정할 수 없다'는 뜻이다.

함수 $f(x)$의 한 부정적분을 $F(x)$라 하고, 또 다른 부정적분을 $G(x)$라 하면

$$F'(x) = f(x),\ G'(x) = f(x)$$

이므로

$$\{G(x) - F(x)\}' = G'(x) - F'(x) = f(x) - f(x) = 0$$

이다. 그런데 도함수가 0인 함수는 상수함수이므로 그 상수를 C라 하면 다음이 성립한다.

$$G(x) - F(x) = C, \text{ 즉 } G(x) = F(x) + C$$

따라서 함수 $f(x)$의 한 부정적분을 $F(x)$라 하면 $f(x)$의 모든 부정적분을

$$F(x) + C \quad (C\text{는 상수})$$

로 나타낼 수 있고, 이것을 기호로

$$\int f(x)dx$$

와 같이 나타낸다. 즉,

부정적분

$$\int f(x)dx = F(x) + C$$

미분

$$\int f(x)dx = F(x) + C \quad (C\text{는 상수})$$

이다. 이때 C를 **적분상수**라고 한다. 또, 함수 $f(x)$의 부정적분을 구하는 것을 '$f(x)$를 적분한다'고 하며, 그 계산법을 **적분법**이라고 한다. 그리고 $\int f(x)dx$는 '$f(x)$의 부정적분' 또는 'integral $f(x)dx$'라고 읽는다. 또, $f(x)$를 '적분 당하는 함수'라는 뜻으로 피적분함수라고 한다. 기호 $\int$은 독일의 수학자 라이프니츠(Gottfried Wilhelm Leibniz, 1646~1716)가 처음으로 사용했으며, 합을 나타내는 'sum'의 s를 위아래로 늘린 것이다.

적분과 합이 무슨 관계인지는 다음 단원인 정적분에서 자세히 소개한다.

부정적분 중에서 가장 기본이 되는 것은 함수 $y = x^n$(n은 양의 정수)의 부정적분으로

옥스퍼드대학교 자연사박물관 기둥에 있는 라이프니츠 동상.

$$\int x^n dx = \frac{1}{n+1}x^{n+1} + C \quad (C\text{는 적분상수})$$

이다. 또 $(x)' = 1$이므로 상수함수 $y = 1$의 부정적분은 다음과 같다.

$$\int 1dx = x + C \quad (C\text{는 적분상수})$$

Σ 부정적분의 성질

미분에서와 마찬가지로 부정적분에서는 다음과 같은 성질이 성립한다.

| 부정적분의 성질 |

① $\int kf(x)dx = k\int f(x)dx$ (단, k는 0이 아닌 실수)
② $\int \{f(x)+g(x)\}dx = \int f(x)dx + \int g(x)dx$
③ $\int \{f(x)-g(x)\}dx = \int f(x)dx - \int g(x)dx$

실수배, 합, 차의 부정적분에서 $\int f(x)dx$와 $\int g(x)dx$ 등의 식 자체에 적분상수가 포함되어 있으므로 별도로 적분상수를 붙일 필요가 없다. 적분상수는 부정적분을 구할 때 마지막에 붙여 주면 된다. 예를 들어 $F'(x) = f(x)$이고 $G'(x) = g(x)$ 일 때,

$$\begin{aligned}\int \{f(x)+g(x)\}dx &= \int f(x)dx + \int g(x)dx \\ &= F(x)+C_1+G(x)+C_2 \\ &= F(x)+G(x)+C_1+C_2\end{aligned}$$

여기서 $C_1 + C_2 = C$라고 하면

$$\int \{f(x)+g(x)\}dx = F(x)+G(x)+C$$

위의 ②와 ③은 세 개 이상의 함수에 대해서도 성립한다. 사실 부정적분은 미분의 역연산 과정이다. 따라서 적분을 잘하려면 먼저 미분에 대한 이해가 반드시 필요하다. 그리고 적분은 미분보다 어렵다. 따라서 미분을 충실히 연습하고 미분했을 때 어떻게 되는지 완전히 이해한 후에 적분을 공부하는 것이 좋다.

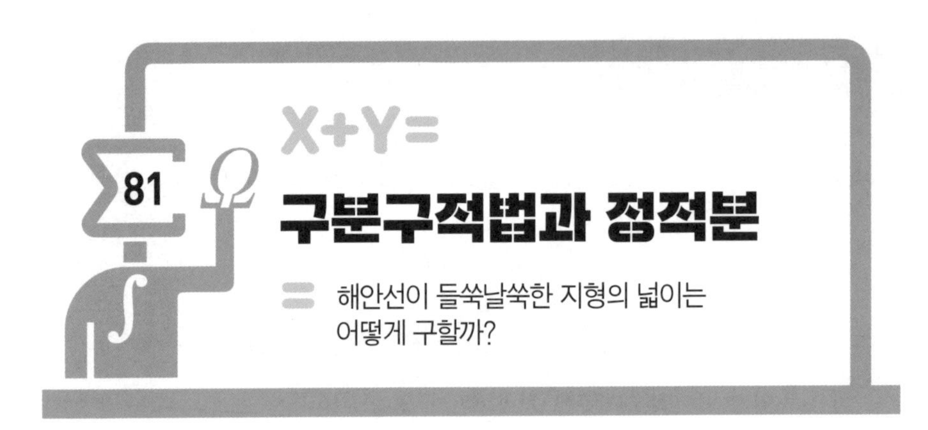

구분구적법과 정적분

해안선이 들쑥날쑥한 지형의 넓이는 어떻게 구할까?

우리나라는 해안선이 복잡하기로 유명하다. 섬도 많아 우리나라의 넓이를 정확히 구하기는 쉬운 일이 아니다. 하지만 비교적 간단한 아이디어를 이용하면 경계가 아무리 복잡한 섬이라도 넓이를 구할 수 있다.

보통 섬 둘레는 불규칙적이고 들쑥날쑥한 형태의 해안선으로 구성되어 있다. 오른쪽 지도와 같이 주변의 작은 섬을 제외한 제주도의 넓이를 구하는 방법을 알아보자. 지도에 그려진 제주도의 넓이를 구하기 위해 먼저 〈그림1〉, 〈그림2〉, 〈그림3〉과 같이 지도 위에 한 변의 길이가 각각 1㎝, 0.5㎝, 0.25㎝인 정사각형 모눈을 그린다.

각 그림에서 섬의 내부에 있는 정사각형의 개수를 a, 이때의 정사각형 넓이의 합을 m, 섬 내부 및 경계선을 포함하는 정사각형의 개수를 b, 이때의 정사각형 넓이의 합을 M이라 하면 다음과 같은 표를 완성할 수 있다.

| 제주도를 정사각형으로 구획 |

구분	그림 1	그림 2	그림 3
a	5	33	160
b	21	67	219
m	5	8.25	10
M	21	16.75	13.6875
$M-m$	16	8.5	3.6875

| 그림1 |

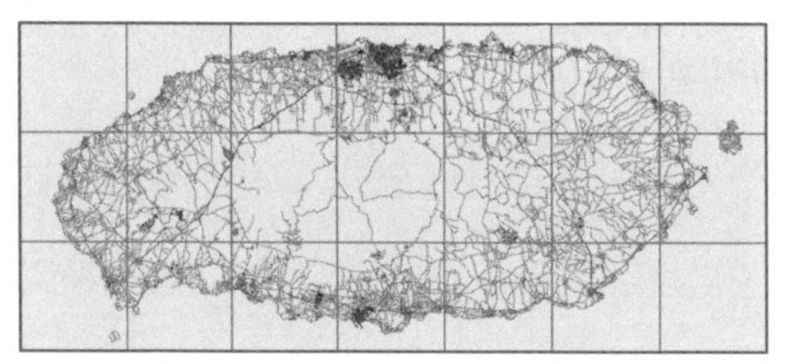

| 그림2 |

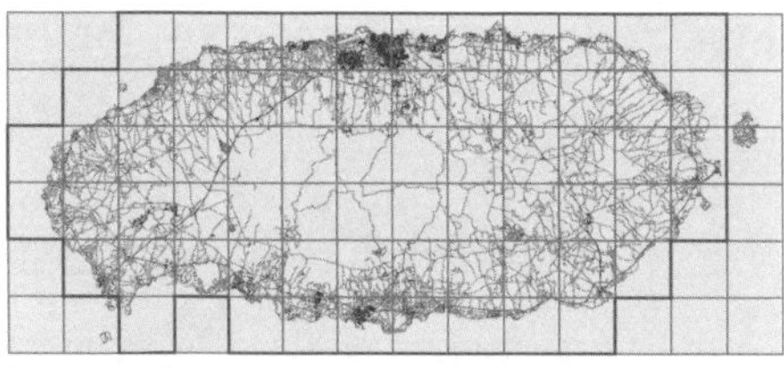

| 그림3 |

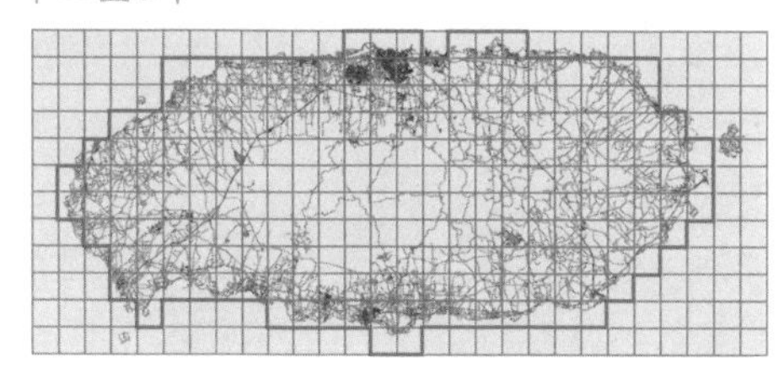

〈그림3〉과 같이 곡선으로 둘러싸인 제주도의 넓이를 S, 곡선 내부에 있는 정사각형들의 넓이의 합을 m, 곡선의 내부와 경계선을 포함하는 정사각형의 넓이의 합을 M이라 하면 $m \leq S \leq M$이다. 이때 앞의 표에서 알 수 있듯이, 정사각형의 크기를 점점 작게 하면 m과 M은 도형의 넓이 S에 점점 가까워진다. 따라서 정사각형의 크기를 한없이 작게 하면 m과 M의 차는 점점 줄어들어 섬의 넓이를 구할 수 있다. 일반적으로 어떤 도형의 넓이 또는 부피를 구할 때, 주어진 도형을 몇 개의 기본 도형으로 나누고, 그 기본 도형의 넓이나 부피의 합으로 어림한 값을 구한 뒤에 이 값의 극한값으로 그 도형의 넓이 또는 부피를 구하는 방법을 **구분구적법(區分求積法)** 이라고 한다.

Σ 근삿값의 극한값으로 넓이 구하기

구분구적법은 정적분의 기초가 되는 개념이므로 그 원리를 정확히 알 필요가 있다. 하지만 계산 과정이 매우 복잡하므로 비교적 간단한 예를 중심으로 원리를 익히는 데 초점을 두도록 한다. 구분구적법으로 도형의 넓이나 부피를 구할 때는 n 또는 $(n-1)$개의 작은 도형으로 나누어 그들의 넓이나 부피를 더하여 각각의 근삿값을 구한다. 이 근삿값에서 $n \to \infty$일 때의 극한값을 생각하여 넓이를 구하는 방법을 구분구적법이라고 한다.

구분구적법은 적분과 매우 밀접하게 관련되어 있지만, 현행 교육과정에서는 내용이 삭제되어 고등학교에서는 더 이상 다루지 않는다. 하지만 정적분의 개념을 정확히 이해하려면 구분구적법에 대한 이해가 선행되어야 한다. 따라서 구분구적법으로 어떤 영역의 넓이를 구하는 문제를 풀지는 않지만, 그 원리와 개념을 잘 이해하고 있는 것이 좋다.

예를 들어 곡선 $y=x^2$과 x축 및 직선 $x=1$로 둘러싸인 부분의 넓이 S를 구분구적법(구간을 잘게 잘라 얻어지는 직사각형 넓이의 합으로 구하는 방법)으로 구하여 보자.

| 그림4 |

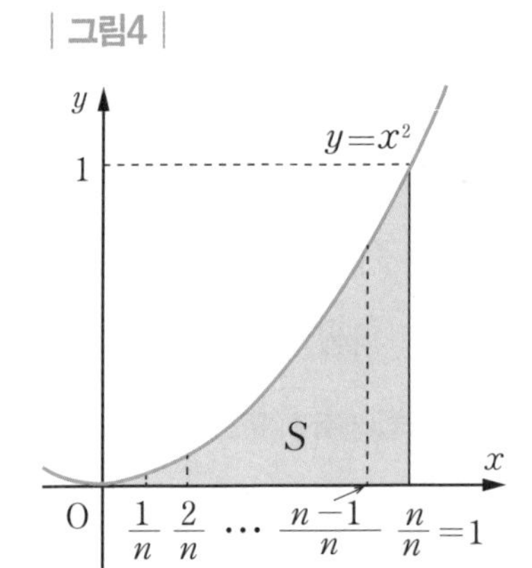

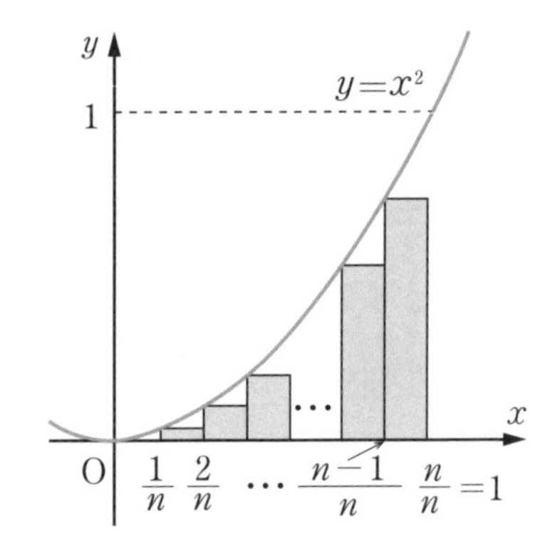

〈그림4〉와 같이 구간 $[0, 1]$을 n등분하면 양 끝점과 각 분점의 좌표는 차례로

$$0, \frac{1}{n}, \frac{2}{n}, \cdots, \frac{n-1}{n}, \frac{n}{n}(=1)$$

이고, $y=x^2$이므로 이에 대응하는 곡선의 좌표는 각각 다음과 같다.

$$0^2=0, \left(\frac{1}{n}\right)^2, \left(\frac{2}{n}\right)^2, \cdots, \left(\frac{n-1}{n}\right)^2, 1^2=1$$

이때 〈그림4〉에서 색칠한 직사각형의 넓이의 합을 S_n이라고 하자. 직사각형의 넓이는 (가로)×(세로)인데, 〈그림4〉에서 알 수 있듯이 직사각형의 가로 길이는 모두 $\frac{1}{n}$이고, 세로 길이는 곡선의 좌표와 같으므로 직사각형 모두의 합 S_n은 다음과 같다.

$$
\begin{aligned}
S_n &= \frac{1}{n} \cdot 0 + \frac{1}{n}\left(\frac{1}{n}\right)^2 + \cdots + \frac{1}{n}\left(\frac{n-1}{n}\right)^2 \\
&= \frac{1}{n^3}\{1^2 + 2^2 + \cdots + (n-1)^2\} \\
&= \frac{1}{n^3} \cdot \frac{(n-1)n(2n-1)}{6} \\
&= \frac{1}{6}\left(1 - \frac{1}{n}\right)\left(2 - \frac{1}{n}\right)
\end{aligned}
$$

| 그림5 |

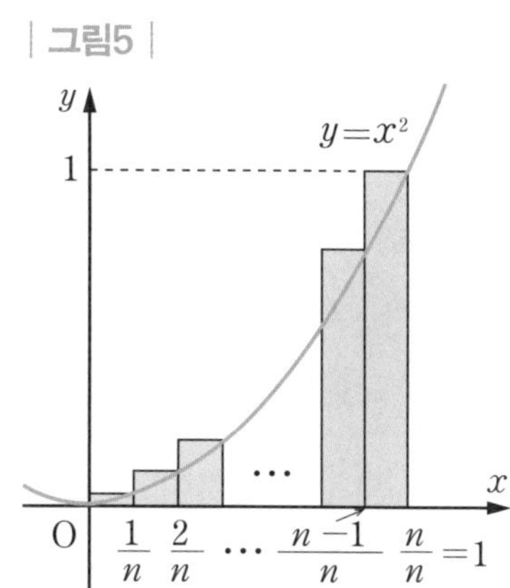

마찬가지 방법으로 〈그림5〉에서 색칠한 직사각형의 넓이의 합을 T_n이라고 하면 T_n은 다음과 같다. 이때 직사각형의 가로 길이는 모두 같지만, 세로 길이는 S_n을 구할 때와는 약간 다르다는 점을 잘 살펴봐야 한다.

$$
\begin{aligned}
T_n &= \frac{1}{n}\left(\frac{1}{n}\right)^2 + \frac{1}{n}\left(\frac{2}{n}\right)^2 + \cdots + \frac{1}{n}\left(\frac{n-1}{n}\right)^2 + \frac{1}{n}\left(\frac{n}{n}\right)^2 \\
&= \frac{1}{n^3}\{1^2 + 2^2 + \cdots + (n-1)^2 + n^2\} \\
&= \frac{1}{n^3} \cdot \frac{n(n+1)(2n+1)}{6} \\
&= \frac{1}{6}\left(1 + \frac{1}{n}\right)\left(2 + \frac{1}{n}\right)
\end{aligned}
$$

따라서 구하는 넓이 S에 대하여 $S_n < S < T_n$ 이 성립하므로

$$\lim_{n\to\infty} S_n < S < \lim_{n\to\infty} T_n$$

이다. 이때

$$
\begin{aligned}
\lim_{n\to\infty} S_n &= \lim_{n\to\infty}\frac{1}{6}\left(1 - \frac{1}{n}\right)\left(2 - \frac{1}{n}\right) = \frac{1}{3} \\
\lim_{n\to\infty} T_n &= \lim_{n\to\infty}\frac{1}{6}\left(1 + \frac{1}{n}\right)\left(2 + \frac{1}{n}\right) = \frac{1}{3}
\end{aligned}
$$

이므로 $S = \frac{1}{3}$ 이다.

정적분은 '정해지는 적분'

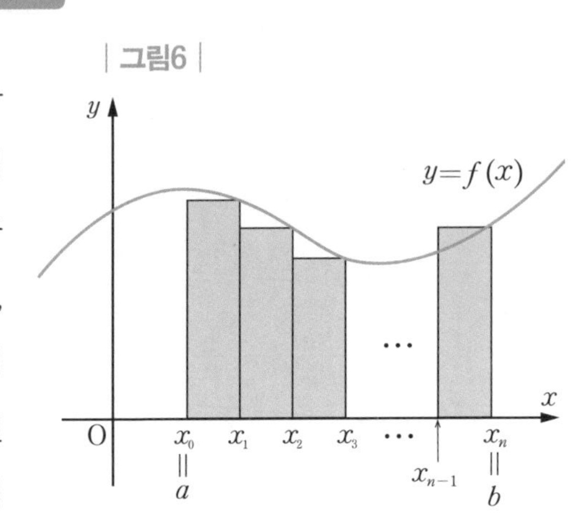

이제 구분구적법을 이용하여 함수 $y = f(x)$가 닫힌구간 $[a, b]$에서 연속이고 $f(x) \geq 0$ 일 때, 곡선 $y = f(x)$와 두 직선 $x = a$, $x = b$ 및 x축으로 둘러싸인 도형의 넓이 S를 구하여 보자. 닫힌구간 $[a, b]$를 n등분하고 양 끝점을 포함하여 각 분점의 좌표를 차례로 $a = x_0, x_1, x_2, \cdots, x_{n-1}, x_n = b$라고 하면 각 구간의 길이 Δx는 $\Delta x = \dfrac{b-a}{n}$ 이다. 〈그림6〉에서 구하려는 영역은 작은 직사각형 n개로 나누어지며, 각각의 직사각형의 가로 길이는 Δx로 같고 세로 길이는 각각 $f(x_1), f(x_2), \cdots, f(x_n)$이다. 즉, k번째 직사각형 하나의 넓이는 (세로)×(가로)인 $f(x_k)\,\Delta x$ 이다.

따라서 n개의 직사각형의 넓이의 합 S_n은

$$S_n = f(x_1)\,\Delta x + f(x_2)\,\Delta x + \cdots + f(x_n)\,\Delta x$$
$$= \sum_{k=1}^{n} f(x_k)\,\Delta x$$

이다. n이 한없이 커지면 S_n의 극한값은 S와 일치하므로 다음이 성립한다. 이때 n이 한없이 커진다는 것은 Δx가 한없이 작아진다는 뜻이다. 결국 직사각형의 가로의 길이는 0에 가까워지고 세로의 길이만 남게 된다는 뜻이다.

$$S = \lim_{n \to \infty} S_n = \lim_{n \to \infty} \sum_{k=1}^{n} f(x_k)\,\Delta x$$

한편 함수 $y = f(x)$가 닫힌구간 $[a, b]$에서 연속이고 $f(x) < 0$일 때, 곡선 $y = f(x)$와 두 직선 $x = a, x = b$ 및 x축으로 둘러싸인 도형의 넓이를 S라고 하자. 〈그림7〉의 각 직사각형의 넓이의 합 S_n은

$$S_n = \{-f(x_1)\}\Delta x + \{-f(x_2)\Delta x\} + \cdots + \{-f(x_n)\}\Delta x$$
$$= -\sum_{k=1}^{n} f(x_k)\Delta x$$

이다. n이 한없이 커지면 S_n의 극한값은 S와 일치하므로 다음이 성립한다.

| 그림7 |

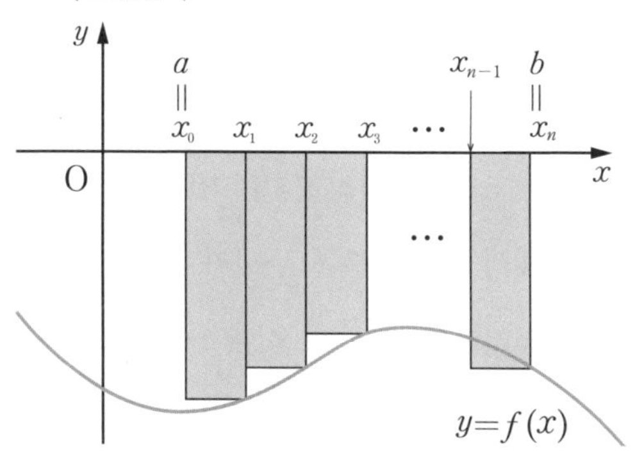

$$S = \lim_{n\to\infty} S_n$$
$$= -\lim_{n\to\infty}\sum_{k=1}^{n} f(x_k)\Delta x$$

일반적으로 함수 $y=f(x)$가 닫힌 구간 $[a, b]$에서 연속이면 극한값 $\lim_{n\to\infty}\sum_{k=1}^{n} f(x_k)\Delta x$가 반드시 존재한다. 이 극한값을 함수 $y=f(x)$의 a에서 b까지의 **정적분** 이라고 하며, 이것을 기호로 $\int_a^b f(x)\,dx$ 와 같이 나타낸다.

위의 식으로부터 $\lim_{n\to\infty}\sum_{k=1}^{n}$가 $\int_a^b$ 로 바뀌었음을 알 수 있다. 여기서 $\int$ 는 영어로 합을 뜻하는 'sum'의 앞글자 's'를 늘린 모양이다.

또, 정적분 $\int_a^b f(x)\,dx$ 를 구하는 것을 '함수 $f(x)$를 a에서 b까지 적분한다'고 한다. 이때 정적분 $\int_a^b f(x)\,dx$에 대하여 구간 $[a, b]$를 적분 구간, $f(x)$를 피적분함수, x를 적분변수, a와 b를 각각 정적분의 아래 끝과 위끝이라고 한다.

한편, 정적분은 부정적분과 마찬가지로 다음의 성질이 성립한다.

두 함수 $f(x)$와 $g(x)$가 닫힌구간 $[a, b]$에서 연속일 때,

① $\int_a^b kf(x)\,dx = k\int_a^b f(x)\,dx$ (단, k는 실수)

② $\int_a^b \{f(x)+g(x)\}dx = \int_a^b f(x)\,dx + \int_a^b g(x)\,dx$

③ $\int_a^b \{f(x)-g(x)\}dx = \int_a^b f(x)\,dx - \int_a^b g(x)\,dx$

앞에서 우리는 부정적분에 대하여 알아봤고, 여기서는 정적분에 대하여 알아봤다. 어떤 함수의 부정적분은 함수가 되지만 정적분은 함수가 아닌 수치로 나타낼 수 있는 하나의 값이 됨을 알 수 있었다. 즉, 정적분은 어느 영역의 넓이이기에 한 가지로 정해지므로 '정해지는 적분'이라는 뜻으로 정적분(定積分)이라고 한다. 결국 부정적분은 정해지지 않는 함수, 정적분은 한 가지로 정해지는 값이므로 '적분'이라고 이름이 붙었으나 완전히 다른 경우다. 따라서 여러분은 문제에서 부정적분을 구하라고 하면 '아! 함수를 구하라는 것이구나', 정적분을 구하라고 하면 '아! 값을 구하라는 것이구나'하고 생각해야 한다. 이를테면 부정적분과 정적분에서는 다음과 같은 성질이 있다.

정적분 $\int_a^b f(x)\,dx$ 는 하나의 수이지만 부정적분 $\int f(x)\,dx$는 하나의 함수로 다음과 같은 차이가 있다.

부정적분에서는

$$\int f(x)\,dx \neq \int f(t)\,dt \neq \int f(y)\,dy$$

이지만

정적분에서는

$$\int_a^b f(x)\,dx = \int_a^b f(t)\,dt = \int_a^b f(y)\,dy$$

이다.

그렇다면 부정적분과 정적분 사이에 어떤 관계가 있을까? 다음 단원에서 둘 사이의 관계를 알아보자.

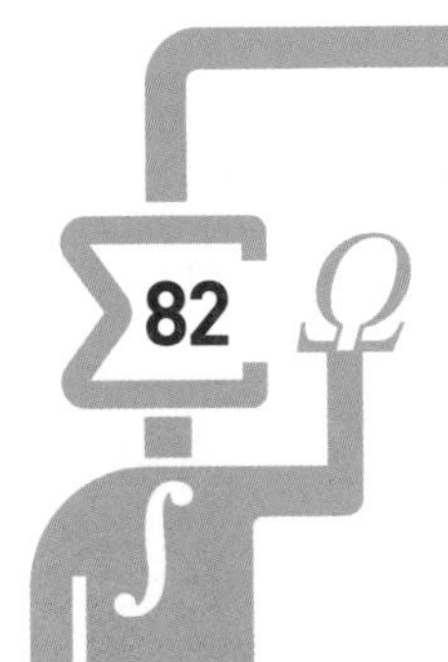

부정적분과 정적분

원유 유출 사고 시 유출 범위 구하기

2007년 12월 7일 오전 7시경 충청남도 태안군 소원면 만리포해수욕장 북서방 8km 해상에서 예인 중이던 해상 크레인 삼성중공업 1호가 지나가던 유조선 허베이 스피릿호와 충돌해 원유 12,547kL가 유출되었다. 이 사건은 우리나라에서 일어난 가장 큰 해양 기름 유출 사건이었다.

태안 원유 유출 사건과 같이 우리는 종종 해양 사고 뉴스에서 원유가 넓은 지역으로 퍼져 있는 사진이나 영상을 보게 된다. 원유는 우리 생활에 유용하게 쓰이는 물질이지만, 바다로 유출되면 생태계에 치명적인 피해를 준다. 유출된 원유가 어류의 아가미에 달라붙으면 호흡을 방해하여 질식사하며, 해양 조류의 깃털에 묻으면 깃털의 방수성과 보온성을 떨어뜨려 저체온으로 죽게 만든다. 해수 표면에 만들어진 기름 막은 대기와 해수 간의 산소 교환을 방해하고, 햇빛 투과량을 줄여 해조류나 식물플랑크톤의 광합성을 방해한다. 또 원유에 포함된 여러 가지 유해 성분이 생물의 세포막을 파괴하

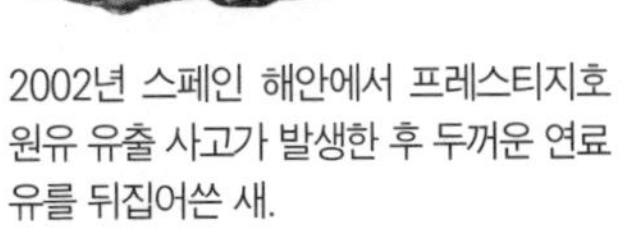
2002년 스페인 해안에서 프레스티지호 원유 유출 사고가 발생한 후 두꺼운 연료유를 뒤집어쓴 새.

고 효소나 단백질 구조에 변형을 일으키기도 한다.

이처럼 원유가 바다에 유출되면 그 피해가 치명적이고 막대하기 때문에 유출된 원유의 범위를 정확하게 파악하고, 이에 따른 대책을 세워야 한다. 이때 위성 사진에서 원유가 유출된 영역을 표시하면 곡선으로 이루어진 도형이 된다. 그런데 이런 도형은 시간이 지남에 따라 그 넓이가 변하게 되므로 시간 t에서 원유가 퍼진 영역의 넓이를 $S(t)$라 하고, 정적분을 이용하여 이 도형의 넓이를 구한다. 이를테면 〈그림1〉과 같이 $t=1$일 때의 영역과 $t=10$일 때의 영역의 넓이가 다르다. 즉 S는 시간 t의 함수다.

| 그림1. 원유가 퍼진 영역 |

적분과 넓이의 관계

이제 이런 상황을 수학적으로 다뤄보자. 함수 $f(t)$가 닫힌구간 $[a, b]$에서 연속이고 $f(t) \geq 0$일 때, $S(x)$를 다음과 같이 정의하자.

$$S(x) = \int_a^x f(t)dt \quad (\text{단}, a < x < b)$$

이때 $S(x)$는 t가 a부터 x로 변할 때의 넓이인데, x가 변하므로 $S(x)$는 x에 대한 함수다. 또 t의 값이 x에서 $x + \Delta x$까지 변할 때 $S(x)$의 증분을 ΔS라 하면

$$\Delta S = S(x + \Delta x) - S(x)$$

이다. 여기서 Δx의 값은 양이 될 수도 있고 음이 될 수도 있다. Δx의 값이 양일 때는 구간이 $[x, x + \Delta x]$이고, 음일 때는 구간이 $[x + \Delta x, x]$이다. 닫힌구간 $[x, x + \Delta x]$ 또는 $[x + \Delta x, x]$에서 함수 $y = f(t)$는 연속이므로 최댓

값 M과 최솟값 m을 가진다.

이제 Δx의 값이 양일 때와 음일 때로 나누어 생각하자.

(i) $\Delta x > 0$일 때, 닫힌구간 $[x, x+\Delta x]$에서 함수 $f(t)$의 최댓값 M과 최솟값 m에 대하여 ΔS는 두 직사각형의 넓이 사이에 있으므로

$$m\Delta x \leq \Delta S \leq M\Delta x \quad \cdots\cdots ①$$

(ii) $\Delta x < 0$일 때, 닫힌구간 $[x+\Delta x, x]$에서 함수 $f(t)$의 최댓값 M과 최솟값 m에 대하여 ΔS는 두 직사각형의 넓이 사이에 있으므로

$$M\Delta x \leq \Delta S \leq m\Delta x \quad \cdots\cdots ②$$

특히 ②의 부등식이 성립하는 이유는 m, M, ΔS는 모두 양수이지만 Δx가 음수이므로 부등호의 방향이 바뀌기 때문이다.

부등식 ①과 ②의 세 변을 Δx로 나누면 Δx의 부등호와 관계없이 다음을 얻는다.

$$m \leq \frac{\Delta S}{\Delta x} \leq M$$

| 그림2 |

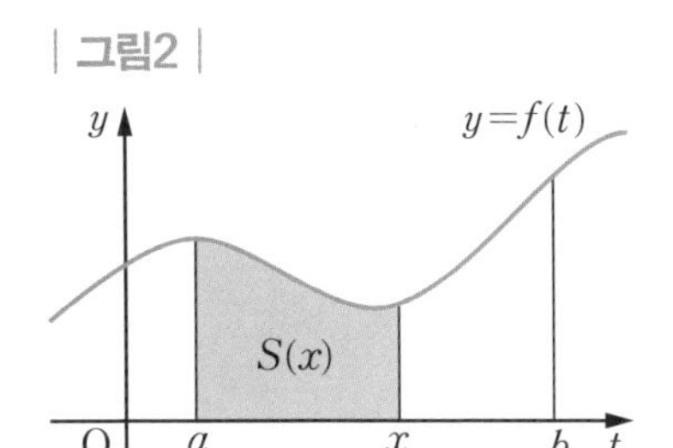

| 그림3 |

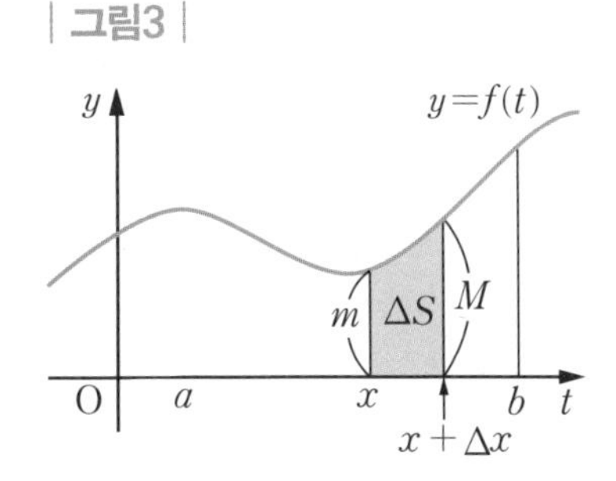

| 그림4 |

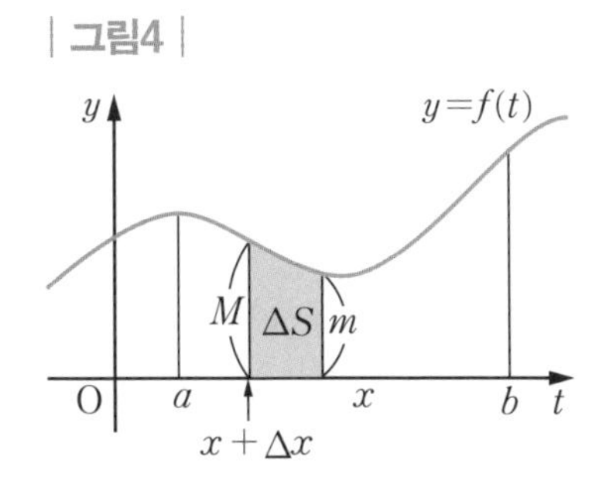

이때 $\Delta x \to 0$이면 함수 $f(t)$의 최댓값 M과 최솟값 m은 점점 $f(x)$에 가까워진다. 즉, $\Delta x \to 0$이면 $m \to f(x)$이고 $M \to f(x)$이므로

$$\lim_{\Delta x \to 0}\frac{\Delta S}{\Delta x} = f(x) \text{ 즉, } \frac{dS}{dx} = S'(x) = f(x)$$

이다.

그런데 $S(x) = \int_a^x f(t)dt$ 이므로 다음이 성립한다.

$$\frac{dS(x)}{dx} = \frac{d}{dx}\int_a^x f(t)dt = f(x) \quad (\text{단}, a < x < b)$$

결국 정적분을 구하여 미분했더니 피적분함수 $f(t)$에서 t를 x로 바꾼 $f(x)$가 된다. 정적분의 아래 끝 a는 어떤 수가 되어도 위의 관계식은 항상 성립한다. 이를테면

$$\frac{d}{dx}\int_2^x f(t)dt = f(x),\ \frac{d}{dx}\int_{-3}^x f(t)dt = f(x),\ \frac{d}{dx}\int_{10000}^x f(t)dt = f(x)$$

또 위끝 x를 다른 변수로 바꿔도 성립한다. 이를테면 $a < y < b$인 y에 대하여

$$\frac{d}{dy}\int_a^y f(t)dt = f(y)$$

이고, t가 다른 변수 u로 표현되어도 결과는 마찬가지다. 즉, 다음과 같다.

$\frac{d}{dx}\int_a^x f(u)du = f(x)$이다.

적분한 후 미분하면 원래의 함수를 얻는다

이제 이런 사실을 이용하여 부정적분과 정적분의 관계를 알아보자.

함수 $y = f(t)$가 구간 $[a, b]$에서 연속일 때,

$$S(x) = \int_a^x f(t)dt \quad (\text{단}, a \le x \le b)$$

라고 하면 $S'(x) = f(x)$이므로 $S(x)$는 함수 $f(x)$의 한 부정적분이다. 어떤 함수에 대한 부정적분은 여러 개 있으므로 함수 $f(x)$의 또 다른 부정적분을 $F(x)$라고 하면 적분상수 C에 대하여

$$S(x) = \int_a^x f(t)dt = F(x) + C \cdots\cdots ③$$

이다. $S(x)$의 정의에 의하여 $x = a$이면 정적분의 위끝과 아래 끝이 같으므로

$$S(a) = \int_a^a f(t)dt = 0$$

이다. 즉,

$$S(a) = \int_a^a f(t)dt = F(a) + C = 0$$

에서 $S(a) = F(a) + C = 0$이므로 $C = -F(a)$이다. 이것을 ③에 대입하면

$$S(x) = \int_a^x f(t)dt = F(x) - F(a)$$

를 얻고, 이 등식에 $x = b$를 대입하고 변수 t를 x로 바꾸면

$$\int_a^b f(x)dx = F(b) - F(a)$$

이다. 여기서 $F(b) - F(a)$를 기호로 $\Big[\ F(x)\ \Big]_a^b$와 같이 나타낸다.
따라서 지금까지의 내용을 정리하면 다음과 같다. 이것을 **미적분의 기본 정리**라고 한다.

| 미적분의 기본 정리 |

닫힌구간 $[a, b]$에서 연속인 함수 $f(x)$의 한 부정적분을 $F(x)$라 할 때,

$$\int_a^b f(x)dx = \Big[\ F(x)\ \Big]_a^b = F(b) - F(a)$$

미적분의 기본 정의로부터 정적분 $\int_a^b f(x)dx$는 부정적분 $\int f(x)dx = F(x) + C$를 구한 다음에 구한 부정적분의 미지수 x에 위끝과 아래 끝의 값을 대입하여 얻은 차임을 알 수 있다. 또 미적분의 기본 정리로부터 미분은 적분의 역연산임도 알 수 있다. 따라서 미분을 잘 이해했다면 적분도 쉽게 이해할 수 있다. 그래서 미분과 적분이 모두 중요하지만, 둘 중에서 굳이 더 중요한 것을 고르라면 미분을 더 중요하다고 할 수 있는 것이다. 하지만 경우에 따라 어떤 함수를 미분하는 것은 쉽지만 적분하는 것은 매우 어렵다. 실제로 문제를 풀 때, 미분보다는 적분이 훨씬 어렵다. 그래서 적분은 특히 개념 이해와 더불어 많은 연습이 필요하다.

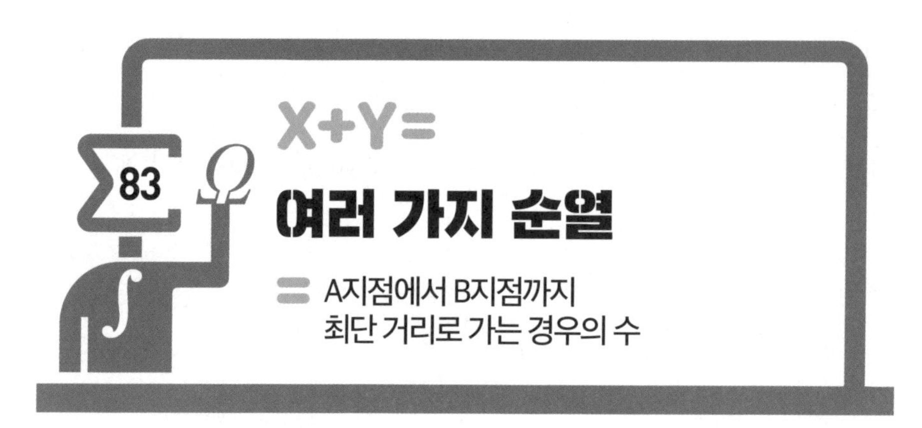

여러 가지 순열

= A지점에서 B지점까지 최단 거리로 가는 경우의 수

전자기기가 발전하며 각종 금융 거래를 할 때나 중요 서류를 발급받을 때 본인임을 확인하는 다양한 방법이 개발되었다. 그중에서 일회용 비밀번호 생성기인 OTP(One Time Password)는 특히 전자 금융 거래에서 보안을 강화하기 위해 사용하는 것으로, 버튼을 누르면 고정된 비밀번호 대신 무작위로 6개의 숫자로 이루어지는 비밀번호가 생성된다.

OTP로 생성한 비밀번호는 일회용이라 노출되어도 재사용이 불가능하고, 비밀번호를 숨겨진 알고리즘을 이용하여 생성하므로 서버와의 접속 없이도 생성할 수 있기 때문에 중간 과정에서 비밀번호가 유출될 위험이 없다. 만에 하나, OTP를 해킹하여 보안 방식의 암호를 풀어도 이미 그 암호는 쓸모없게 된 후다.

Σ OTP로 만들 수 있는 비밀번호는 몇 개일까?

OTP로 만들 수 있는 예로 123456, 23069, 345512, 777777 등을 들 수 있다. 이때 비밀번호의 각 자리에 올 수 있는 숫자는 서로 중복될 수 있다. 따라서 중복을 허용하여 얻을 수 있는 비밀번호는 곱의 법칙에 의하여 다음과 같이 일백만 개다.

$$10 \times 10 \times 10 \times 10 \times 10 \times 10 = 10^6$$

일반적으로 서로 다른 n개에서 중복을 허용하여 r개를 택하는 순열을 **중복순열**이라 하며, 이 중복순열의 수를 기호로 ${}_n\Pi_r$ 와 같이 나타낸다. 여기서 Π는 곱을 뜻하는 'Product'의 첫 글자 'P'에 해당하는 그리스 문자다.

중복순열의 수 기호 ${}_n\Pi_r$

이제 중복순열의 수 ${}_n\Pi_r$를 구하는 방법을 알아보자.

서로 다른 n개에서 중복을 허용하여 r개를 택하여 일렬로 나열할 때, 첫 번째, 두 번째, 세 번째, …, r 번째에 올 수 있는 경우는 각각 n가지씩이다.

첫 번째	두 번째	세 번째	···	r 번째
↑	↑	↑		↑
n가지	n가지	n가지		n가지

따라서 곱의 법칙에 따라 다음이 성립한다.

$${}_n\Pi_r = \underbrace{n \times n \times n \times \cdots \times n}_{r\text{개}} = n^r$$

이때 n과 r을 혼동하여 엉뚱한 결과를 얻지 않도록 주의해야 한다. 또 순열의 수 ${}_nP_r$은 n개에서 r개를 선택하여 일렬로 나열할 때이므로 $n \geq r$이었지만, 중복순열의 수 ${}_n\Pi_r$에서는 중복하여 택할 수 있으므로 $n < r$일 수도 있다. 즉, 중복순열에서는 n과 r의 크기에 신경 쓰지 않아도 된다.

Σ 같은 것이 있는 순열의 수 구하기

중복을 허락하여 나열하는 경우에 같은 것이 있을 때가 있다. 두 문자 a, b에 대하여 3개의 a와 2개의 b를 일렬로 나열하는 순열의 수를 구해 보자. 3개의 a를 a_1, a_2, a_3으로, 2개의 b를 b_1, b_2로 나타내어 이 5개를 일렬로 나열하는 경우의 수는 ${}_5\mathrm{P}_5 = 5!$이다. 그런데 $5!$가지 중에서 다음과 같은 $3! \times 2!$가지의 순열은 번호의 구분이 없다면 모두 $aaabb$와 같음을 알 수 있다.

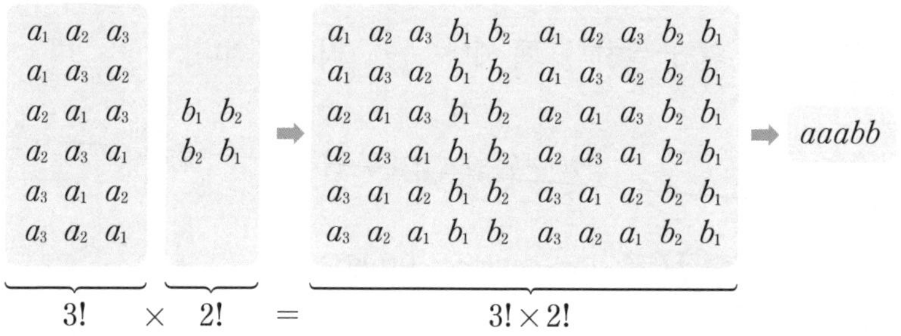

$a_1\ a_2\ a_3$			$a_1\ a_2\ a_3\ b_1\ b_2$	$a_1\ a_2\ a_3\ b_2\ b_1$		
$a_1\ a_3\ a_2$			$a_1\ a_3\ a_2\ b_1\ b_2$	$a_1\ a_3\ a_2\ b_2\ b_1$		
$a_2\ a_1\ a_3$	$b_1\ b_2$	➡	$a_2\ a_1\ a_3\ b_1\ b_2$	$a_2\ a_1\ a_3\ b_2\ b_1$	➡	$aaabb$
$a_2\ a_3\ a_1$	$b_2\ b_1$		$a_2\ a_3\ a_1\ b_1\ b_2$	$a_2\ a_3\ a_1\ b_2\ b_1$		
$a_3\ a_1\ a_2$			$a_3\ a_1\ a_2\ b_1\ b_2$	$a_3\ a_1\ a_2\ b_2\ b_1$		
$a_3\ a_2\ a_1$			$a_3\ a_2\ a_1\ b_1\ b_2$	$a_3\ a_2\ a_1\ b_2\ b_1$		
$3!$	$\times\ 2!$	$=$	$3! \times 2!$			

이와 같이 생각하면 3개의 a와 2개의 b를 일렬로 나열하는 순열의 수는 다음과 같이 계산할 수 있다.

$$\frac{5!}{3! \times 2!} = 10$$

실제로 3개의 a와 2개의 b를 일렬로 나열하는 모든 경우는 다음의 10가지다.

$aaabb$, $aabab$,
$aabba$, $abaab$,
$ababa$, $abbaa$,
$baaab$, $baaba$,
$babaa$, $bbaaa$

일반적으로 n개 중에서 서로 같은 것이 각각 p개, q개, $\cdots$, r개씩 있을 때, n개를 일렬로 나열하는 순열의 수를 **같은 것이 있는 순열의 수**라 하고, 다음과 같이 구한다.

| 같은 것이 있는 순열의 수 구하기 |

$$\frac{n!}{p! \times q! \times \cdots \times r!} \quad (\text{단, } p + q + \cdots + r = n)$$

앞의 식은 $p = q = \cdots = r = 1$일 때의 순열의 수 ${}_n\mathrm{P}_n = n!$을 일반화한 것이다. 특히 같은 것이 있는 순열의 수에서 $p + q + \cdots + r = n$ 임에 주의한다.

같은 것이 있는 순열의 수를 구할 때 빠지지 않고 등장하는 문제는 도로망이 주어졌을 때 길을 찾는 경우의 수를 구하는 것이다.

예를 들어 〈그림1〉과 같은 도로망이 있을 때, A지점에서 B지점까지 최단 거리로 가는 경우의 수를 구해 보자. 오른쪽으로 한 칸 가는 것을 a, 위쪽으로 한 칸 가는 것을 b로 나타내면 A지점에서 B지점까지 최단 거리로 가는 경우의 수는 4개의 a와 2개의 b를 일렬로 나열하는 순열의 수와 같다. 즉, 최단 거리로 가려면 오른쪽으로 4칸, 위쪽으로 2칸 가야 한다. 따라서 구하는 경우의 수는 다음과 같다.

| 그림1 |

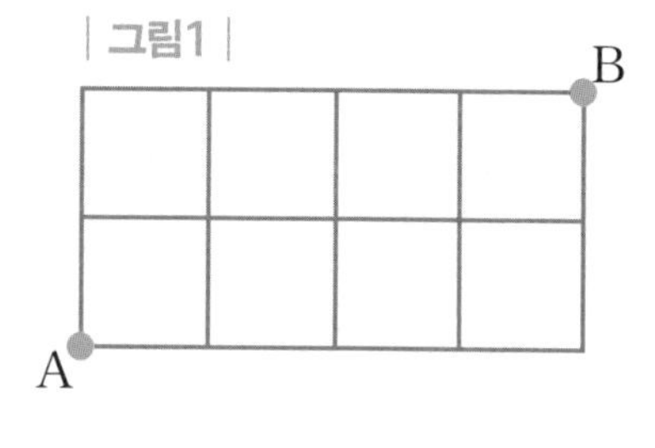

$$\frac{6!}{4! \times 2!} = 15$$

| 그림2 |

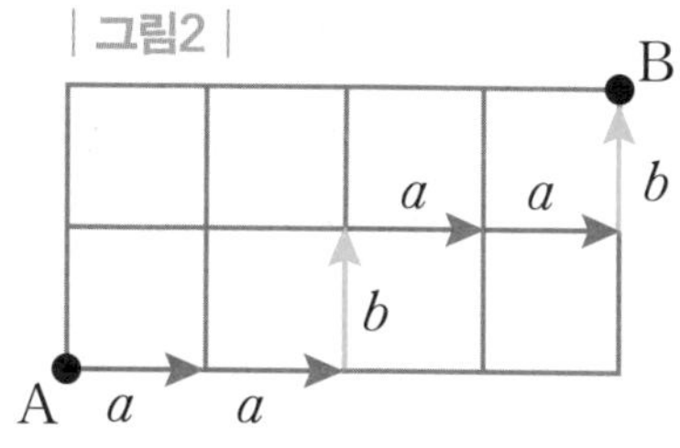

어떤 상황에서 경우의 수를 구하는 문제는 쉽지 않은데, 그 이유는 대부분 문제의 뜻을 정확히 파악하지 못했기 때문이다.

경우의 수를 구하는 문제를 잘 풀려면 먼저 문제가 제시하는 문맥의 뜻을 이해할 수 있는 '문해력'이 있어야 한다. 그리고 문해력을 높이기 위해서는 책을 많이 읽어야 한다. 따라서 수학에서 경우의 수를 잘 해결하려면 먼저 책을 많이 읽어야 한다는 결론을 얻게 된다. 수학 문제를 풀려고 매달리기 전에 먼저 책을 많이 읽는 것이 매우 중요하다. 모두 책을 읽자.

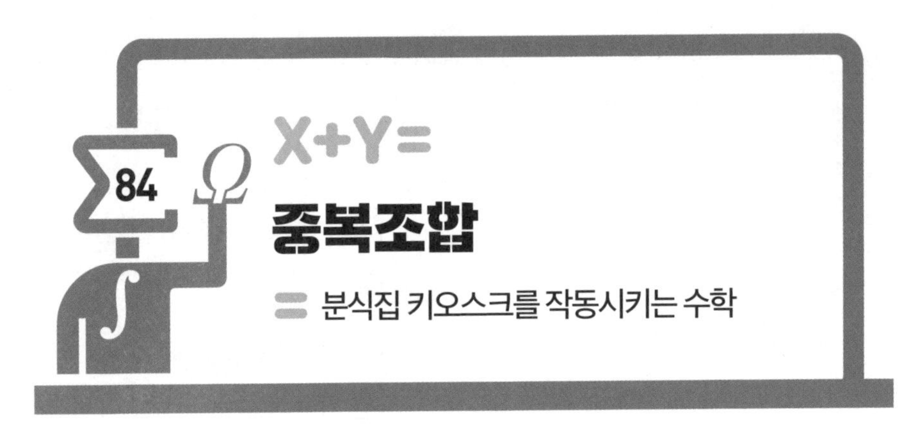

84 X+Y= 중복조합

= 분식집 키오스크를 작동시키는 수학

20세기 초에 사람이 잘 모이는 길목이나 광장에 앞면이 열린 작은 가게들이 문을 열고 신문이나 잡지를 팔았는데, 이러한 간이 건축물에서 '키오스크'라는 용어가 유래한 것으로 짐작된다.

요즘은 음식점이나 커피전문점에 가면 키오스크에서 주문하고 기다렸다가 주문한 상품을 받는 것이 일반화되었다. 키오스크는 '신문이나 음료 등을 파는 매점'을 뜻한다. 정보통신에서는 정보서비스와 업무의 무인 · 자동화를 통해 대중들이 쉽게 이용할 수 있도록 공공장소에 설치한 무인 단말기를 말한다. 대부분 키보드를 사용하지 않고 손을 화면에 접촉하는 터치스크린을 채택하여 단계적으로 쉽게 검색하여 주문할 수 있다.

'키오스크(kiosk, kiosque)'는 궁전을 이르는 페르시아어 '쿠슈크(kushk)'에서 유래되었다고 한다. 그 흔적이 남은 터키어 '쾨슈크(köşk)'는 작은 여름용 별장 또는 정원에 건축된 작은 누각을 가리킨다. 이후 키오스크는 그러한 모양으로 지은 간이 건축물을 이르게 된다. 20세기 초에 사람이 잘 모이는 길목이나 광장에 앞면이 열린 작은 가게들이 문을 열고 신문이나 잡지를 팔았는데, 이러한 간이 건축물을 키오스크와 닮은꼴로 여긴 것으로 짐작된다.

Σ 키오스크로 떡볶이, 어묵, 김밥 중 네 가지를 주문하는 경우

그런데 키오스크로 한꺼번에 여러 가지를 주문하면 주문서에는 손님 개개인의 주문 순서가 나타나지 않는다. 예를 들어 분식집에서 키오스크로 떡볶이, 어묵, 김밥 중에서 네 가지를 주문할 경우를 생각해 보자. 떡볶이를 a, 어묵을 b, 김밥을 c라 할 때, 세 종류의 음식 중에서 4개의 음식을 주문하는 경우의 수는 서로 다른 세 문자 a, b, c에서 중복을 허락하여 네 문자를 택하는 조합의 수로 구할 수 있다. 서로 다른 세 문자 a, b, c 중에서 중복을 허락하여 4개를 택하는 조합은 다음과 같이 15가지다.

$$\begin{aligned}&aaaa,\ aaab,\ aaac,\ aabb,\ aabc,\\&aacc,\ abbb,\ abbc,\ abcc,\ accc,\\&bbbb,\ bbbc,\ bbcc,\ bccc,\ cccc\end{aligned}$$

이때 각 조합에서 선택된 네 문자를 a, b, c 순으로 나열한 후 문자를 ●로 나타내고 서로 다른 세 문자의 경계는 ▮를 사용하여 나타내어 보자. 즉, 왼쪽부터 첫 번째 ▮의 왼쪽의 ●는 a, 첫 번째 ▮와 두 번째 ▮사이의 ●는 b, 두 번째 ▮의 오른쪽의 ●는 c로 나타내면 다음과 같다.

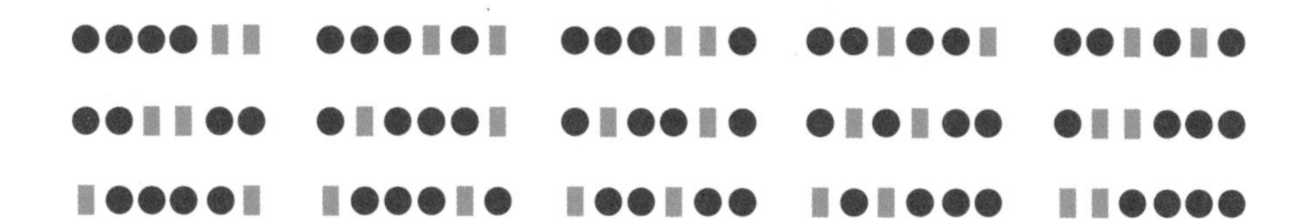

이를테면 a를 3개, c를 1개 택하는 조합인 $aaac$는 ●●●▮▮●로 대응되고, b를 4개 택하는 조합인 $bbbb$는 ▮●●●●▮로 대응된다. 그러면 세 문자 a, b, c에서 중복을 허락하여 네 문자를 택하는 조합은 4개의 ●와 2개의 ▮로 이루어진 순열로 볼 수 있다. 따라서 구하는 조합의 수는 같은 것이 있는 순열의 수를 구하는 식에 의하여 다음과 같음을 알 수 있다.

$$\frac{\{4+(3-1)\}!}{4!(3-1)!} = \frac{6!}{4!2!} = 15$$

그런데 이것은 조합의 수 ${}_{4+(3-1)}C_4 = {}_6C_4$와 같다.

일반적으로 서로 다른 n개에서 중복을 허용하여 r개를 택하는 조합을 **중복조합**이라 하며, 이 중복조합의 수를 기호로 ${}_nH_r$와 같이 나타낸다. 여기서 ${}_nH_r$의 H는 '같음'을 뜻하는 영어 단어 'Homogeneous'의 첫 글자다.

중복조합의 수 기호 ${}_nH_r$

또 앞의 예에서 알 수 있듯이, 일반적으로 중복조합의 수 ${}_nH_r$는 r개의 ●와 $(n-1)$개의 ▮를 일렬로 나열하는 같은 것이 있는 순열의 수와 같으므로

$${}_nH_r = \frac{\{r+(n-1)\}!}{r!(n-1)!} = {}_{r+(n-1)}C_r = {}_{n+r-1}C_r$$

가 성립한다. 이때 조합의 수 ${}_nC_r$에서는 $n \geq r$이어야 하지만, 중복조합의 수 ${}_nH_r$에서는 중복하여 택할 수 있기 때문에 $n < r$일 수도 있다.

Σ 방정식에서 정수인 해의 개수 구하기

중복조합에 대한 대표적인 문제는 방정식에서 정수인 해의 개수를 구하는 문제이다. 예를 들어 방정식 $x+y+z=6$의 음이 아닌 정수인 해의 개수를 구해 보자. 음이 아닌 정수인 해 중에서 $x=6, y=0, z=0$을 $xxxxxx$와 같이 나타내고, $x=1, y=3, z=2$를 $xyyyzz$와 같이 나타내기로 하면, 음이 아닌 정수인 해의 개수는 3개의 문자 x, y, z 중에서 6개를 택하는 중복조합의 수와 같음을 알 수 있다. 따라서 구하는 해의 개수는 다음과 같다.

$${}_3H_6 = {}_{3+6-1}C_6 = {}_8C_6 = {}_8C_2 = 28$$

한편, 이 문제에서 자연수의 해를 구하는 방법을 생각해 보자. 자연수는 0보다 큰 양의 정수이므로 음이 아닌 정수 a, b, c에 대하여 $x = 1 + a,\ y = 1 + b,$ $z = 1 + c$로 놓으면 주어진 방정식 $x + y + z = 6$은 다음과 같은 뜻이 된다.

$$a + b + c = 3$$

따라서 구하는 해의 개수는 $a + b + c = 3$에서 a, b, c가 모두 음이 아닌 정수인 해의 개수와 같으므로 위에서와 같은 방법에 의하여 10개가 된다.

$${}_3H_3 = {}_{3+3-1}C_3 = {}_5C_3 = {}_5C_2 = 10$$

고등학교에서는 순열, 중복순열, 조합, 중복조합을 모두 배운다. 그러나 학생들이 실제로 이들 문제를 접하면 그것이 무엇에 관한 문제인지 구별하기 쉽지 않다. 그래서 이들의 구별을 좀 더 쉽고 편리하게 하려고 다음과 같이 간단히 표로 정리하였다.

| 순열, 중복순열, 조합, 중복조합 구분법 |

서로 다른 n개에서 r개를 뽑는다.			
n \ r		뽑은 r개의 순서를 바꾸어 보면	
		서로 다르다.(순열)	서로 같다.(조합)
뽑은 것을 또 뽑을 수	없다.(보통)	${}_nP_r$	${}_nC_r$
	있다.(중복)	${}_n\Pi_r$	${}_nH_r$

경우의 수에 대한 문제를 해결할 때는 항상 문제에서 요구하는 것이 무엇인지 정확하게 파악하는 것이 매우 중요하다. 구해야 할 것을 정확히 이해한 후에 중복순열, 같은 것이 있는 순열, 중복조합 등과 같이 경우의 수를 구하는 방법 중에서 해당하는 방법을 이용한다. 하지만 가장 중요한 것은 뽑아서 나열할 때는 순열, 나열하지 않고 뽑기만 할 때는 조합을 이용함을 알고 있어야 한다.

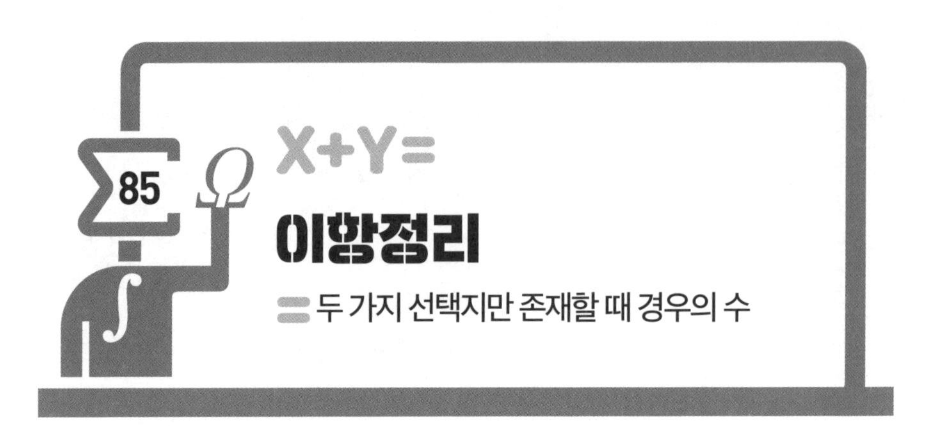

종종 시험에 O 또는 X 둘 중에서 하나를 쓰는 문제가 출제된다. 이때 정답을 모른다면 O나 X 중에서 하나를 선택해야 한다. 축구 경기에서 동전을 던져 선공과 후공을 정한다. 이 경우도 동전의 앞면 또는 뒷면을 선택한 후에 던져서 나오는 결과에 따라 누가 먼저 공격할지 결정한다. 등산할 때, 갈림길이 나타나면 둘 중에서 어느 길로 갈 것인지 정해야 한다. 또 어떤 중요한 의견에 찬성과 반대를 정할 때도 둘 중 하나를 선택하거나 결정짓는 경우가 있다. 이와 같이 두 가지 결과만이 존재하는 상황이 여러 번 반복된다면 한 가지 결과가 특정한 횟수만큼 일어나는 경우의 수는 어떻게 구할 수 있을까? 이를 수학적으로 설명할 수 있는 것이 바로 이항정리다.

Σ 선택지가 둘 뿐인 상황에 필요한 것

이항정리에서 이항은 말 그대로 항이 a와 b 두 개인 경우다. 그래서 두 항 a와 b에 대하여 몇 번 시행했을 때, a와 b가 일어나는 여러 가지 경우를 쉽게 정리한 것이 바로 이항정리다. 이것은 다항식 $(a+b)^n$의 전개식을 조합의 수를 이용하여 나타내는 방법에 대하여 알아보는 것과 같다.

다항식 $(a+b)^3$을 전개하면

$$\begin{aligned}(a+b)^3 &= (a+b)(a+b)(a+b)\\ &= (aa+ab+ba+bb)(a+b)\\ &= aaa+aab+aba+abb+baa+bab+bba+bbb\\ &= a^3+3a^2b+3ab^2+b^3\end{aligned}$$

이다.

이 전개식에서 $3a^2b$는 세 개의 인수 $(a+b)$ 중 1개의 인수에서 b를 택하고, 나머지 2개의 인수에서 각각 a를 택하여 곱한 aab, aba, baa를 합한 것이다. 즉, a^2b의 계수는 3개의 인수 $(a+b)$ 중 b를 택할 1개의 인수를 뽑는 조합의 수인 ${}_3C_1=3$과 같다.

| 그림1 |

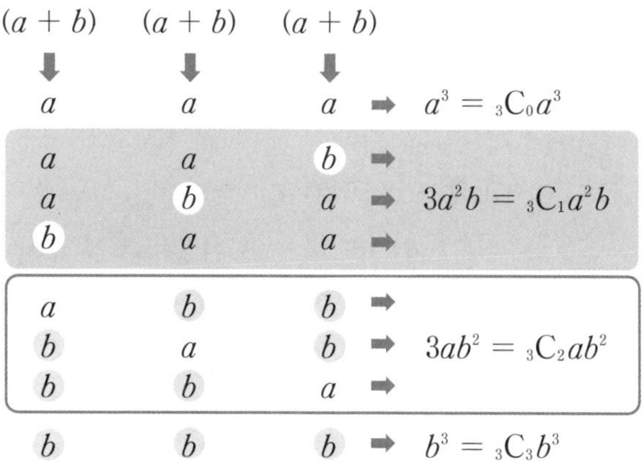

$(a+b)$	$(a+b)$	$(a+b)$		
a	a	a	➡	$a^3={}_3C_0a^3$
a	a	b	➡	
a	b	a	➡	$3a^2b={}_3C_1a^2b$
b	a	a	➡	
a	b	b	➡	
b	a	b	➡	$3ab^2={}_3C_2ab^2$
b	b	a	➡	
b	b	b	➡	$b^3={}_3C_3b^3$

마찬가지 방법으로 a^3, ab^2, b^3의 계수는 각각 ${}_3C_0$, ${}_3C_2$, ${}_3C_3$이다. 따라서 $(a+b)^3$의 전개식을 조합의 수를 이용하여 나타내면

$$(a+b)^3={}_3C_0a^3+{}_3C_1a^2b+{}_3C_2ab^2+{}_3C_3b^3$$

이다.

일반적으로 자연수 n에 대하여 $(a+b)^n$의 전개식은 n개의 인수 $(a+b)$의 각각에서 a 또는 b를 하나씩 택하여 곱한 것을 모두 더한 것이다. 이때 n개의 인수 $(a+b)$ 중 r개의 인수에서 b를 택하고 나머지 $(n-r)$개의 인수에서는 a를 택하여 곱하면 $a^{n-r}b^r$이 되므로, $a^{n-r}b^r$의 계수는 n개의 인수 중 r개에서 b를 택하는 조합의 수인 ${}_nC_r$와 같다. 따라서 n이 자연수일 때, 다음과 같은 전개식을 얻을 수 있는데, 이것을 **이항정리**라고 한다.

$$(a+b)^n = {}_nC_0a^n + {}_nC_1a^{n-1}b + \cdots + {}_nC_ra^{n-r}b^r + \cdots + {}_nC_nb^n$$

이때 전개식의 각 항의 계수

$${}_nC_0,\ {}_nC_1, \cdots,\ {}_nC_r, \cdots,\ {}_nC_n$$

를 **이항계수**라 하고, ${}_nC_ra^{n-r}b^r$을 $(a+b)^n$의 전개식의 일반항이라고 한다.

Σ 파스칼의 삼각형과 7-rule

이항정리로부터 여러 가지 성질을 얻을 수 있는데, 그중에 몇 가지만 알아보자.

$a=1, b=-1$이면 $a+b=0$이고,

$$\begin{aligned}(a+b)^n = 0 &= {}_nC_01^n + {}_nC_11^{n-1}(-1) + \cdots \\ &\quad + {}_nC_r1^{n-r}(-1)^r + \cdots + {}_nC_n(-1)^n \\ &= {}_nC_0 - {}_nC_1 + {}_nC_2 - {}_nC_3 + \cdots + (-1)^n{}_nC_n\end{aligned}$$

$a=1, b=1$이면 $a+b=2$이고,

$$(a+b)^n = 2^n = {}_nC_0 + {}_nC_1 + {}_nC_2 + {}_nC_3 + \cdots + {}_nC_n$$

$a=1, b=x$이면 $a=b=1+x$이고,

$$(1+x)^n = {}_nC_0 + {}_nC_1x + {}_nC_2x^2 + \cdots + {}_nC_nx^n$$

한편, n이 자연수일 때 $(a+b)^n$의 이항계수를 차례대로 다음과 같이 배열할 수 있다.

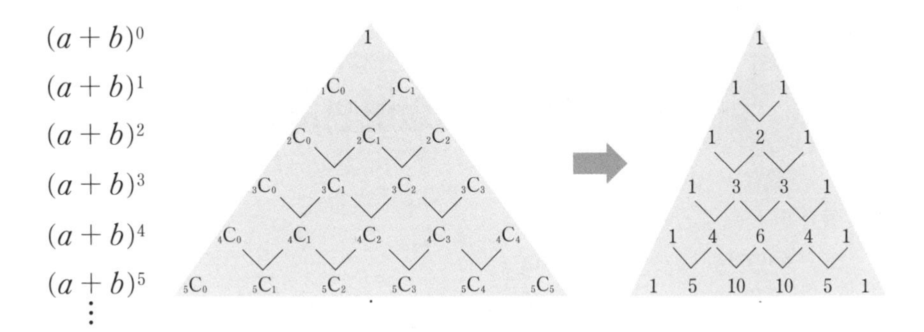

이와 같은 이항계수의 배열을 **파스칼 삼각형**이라고 한다. 이것을 파스칼 삼각형이라고 하는 이유는 프랑스의 수학자 파스칼(Blaise Pascal, 1623~1662)이 이항계수를 이처럼 배열한 삼각형을 만들었고, 이를 통하여 확률론의 기초를 다졌기 때문이다.

파스칼 삼각형에서 다음이 성립한다.

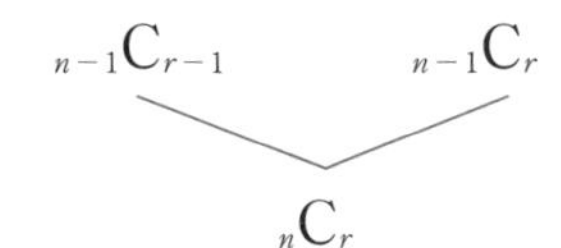

이것을 다시 쓰면

$${}_{n-1}C_{r-1} + {}_{n-1}C_r = {}_nC_r \quad (1 \le r < n)$$

${}_{n-1}C_{r-1}$ ${}_{n-1}C_r$ ${}_nC_r$

이므로 파스칼의 삼각형의 각 단계에서 이웃하는 두 수의 합은 그 두 수의 아래쪽 중앙에 있는 수와 같음을 알 수 있다. 이것을 마치 숫자 7과 같아서 '7−rule'이라고도 한다. 또 한글의 'ㄱ'을 닮았다고 'ㄱ-법칙'이라고도 한다. 이것 이외에도 이항계수는 성질이 매우 많기에 개념과 원리를 잘 이해하고 있어야 한다.

개념 Talk

'파스칼의 삼각형'을 동양이 먼저 사용했다?

이항계수를 삼각형의 피라미드 모양으로 배열한 것을 파스칼의 삼각형이라고 부른다. 하지만 파스칼이 이런 삼각형을 만들기 오래전에 이미 동양에서는 이와 같은 배열을 이용하고 있었다. 다만 오늘날 수학을 서양이 주도하고 있기에 서양식 이름이 붙은 것이다. 오른쪽 그림은 중국 송나라 시대 양휘(楊輝, 1238~1298년 경)가 쓴《양휘산법》에 등장하는 파스칼 삼각형이다. 작은 원 안에 있는 막대 모양은 동양의 전통적인 계산 도구였던 산가지를 이용하여 수를 나타낸 것이다.

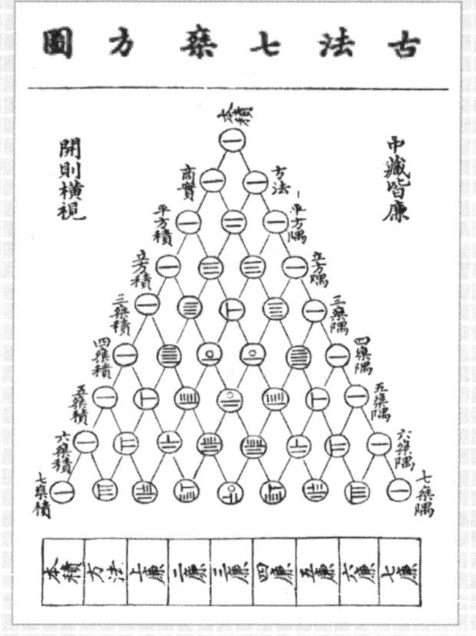

《양휘산법》에 등장하는 파스칼의 삼각형.

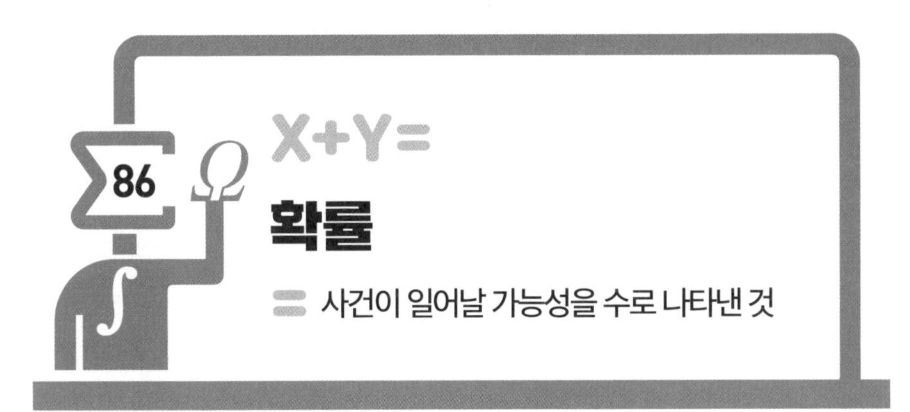

기원전 49년에 카이사르(Caesar, BC 100~44년)가 “주사위는 던져졌다”라 선언하고 루비콘강을 건너 폼페이우스를 격파한 유명한 이야기에도 등장하는 주사위는 아주 오래전부터 일상에서 사용 되어왔다. 기원전 3400년 이집트에서는 지금과 똑같은 모양의 주사위를 사용하였고, 통일 신라 시대에는 ‘주령구’라고 부르는 나무로 만든 14면체의 주사위를 사용하였다. 보통 주사위는 정육면체로 만들어진 것을 말하는데, 최근에는 각 면이 나올 확률이 같은 다면체를 모두 주사위라고 부른다. 특히 신라 귀족들은 술자리에서 주령구를 던져서 나온 글에 따라 벌칙을 주는 놀이를 즐겼다. 주령구는 14개의 면 중에서 6개 면은 정사각형이고 8개 면은 육각형이다. 주령구의 정사각형과 육각형의 넓이는 거의 비슷하므로 각 면이 나올 가능성은 거의 같다.

〈주령구 모형 장식품(안압지 출토 주사위)〉, 조선시대, 나무, 높이 4.5cm · 너비 5.5cm, 국립민속박물관

정사각형인 6개 면과 육각형인 8개 면을 던져 나오는 벌칙에는 ‘소리 없이 춤추기’, ‘여러 사람 코 두드리기’, ‘한 번에 술 석 잔 마시기’, ‘얼굴 간지럽혀도 꼼짝하지 않기’, ‘누구에게나 마음대로 노래시키기’ 등이 있다.

Σ 우연에 의해 결정되는 실험이나 관찰

주령구나 주사위 또는 동전을 던지는 것과 같이 동일한 조건에서 반복할 수 있고 그 결과가 우연에 의하여 결정되는 실험이나 관찰을 **시행**이라고 한다. 어떤 시행에서 일어날 수 있는 모든 결과의 집합을 **표본공간**이라 하고, 표본공간의 부분집합을 **사건**이라고 한다. 이때 표본공간(sample space)은 보통 S로 나타내고, 공집합이 아닌 경우만 생각한다. 또, 한 개의 원소로 이루어진 사건을 **근원사건**이라고 한다.

한편 어떤 시행에서 반드시 일어나는 사건을 **전사건**이라 하며, 이것은 표본공간과 같다. 또 결코 일어나지 않는 사건을 **공사건**이라 하며, 이것은 공집합 기호 $\varnothing$로 나타낸다.

예를 들어 한 개의 주사위를 던지는 시행에서 표본공간 S는

$$S = \{1, 2, 3, 4, 5, 6\}$$

근원사건은 주사위에서 나올 수 있는 각 경우이므로

$$\{1\},\ \{2\},\ \{3\},\ \{4\},\ \{5\},\ \{6\}$$

이다. 이때 근원사건의 개수는 표본공간 S의 원소의 개수 $n(S)$와 같다. 한편, 나오는 눈의 수가 짝수인 사건을 A라 하면, A는 다음과 같다.

$$A = \{2, 4, 6\}$$

또 동전의 앞면을 H, 뒷면을 T로 나타낼 때, 서로 다른 두 개의 동전을 동시에 던지는 시행에서 표본공간 S는

$$S = \{\text{HH, HT, TH, TT}\}$$

근원사건은 두 개의 동전이 나올 수 있는 모든 경우이므로

$$\{\text{HH}\},\ \{\text{HT}\},\ \{\text{TH}\},\ \{\text{TT}\}$$

이다. 이때 서로 다른 면이 나오는 사건을 B라 하면, B는 다음과 같다.

$$B = \{\text{HT, TH}\}$$

표본공간이 S인 두 사건 사이의 관계

이제 두 사건 사이에 어떤 관계가 있는지 알아보자.

표본공간이 S인 두 사건 A와 B에 대하여, A 또는 B가 일어나는 사건을 $A \cup B$와 같이 나타내고, A와 B가 동시에 일어나는 사건을 $A \cap B$와 같이 나타낸다. 이때 사건 $A \cup B$를 A와 B의 합사건이라 하며, 사건 $A \cap B$를 A와 B의 곱사건이라고 한다.

| 그림1. A와 B의 합사건과 곱사건 |

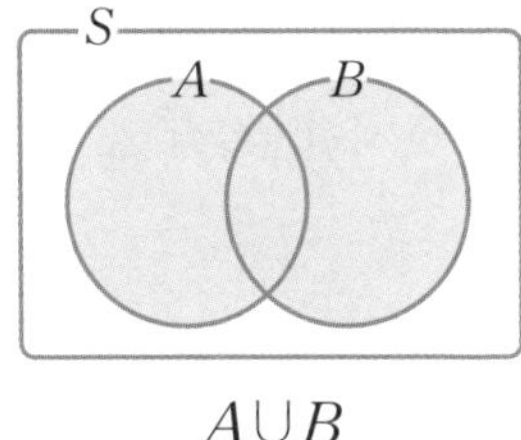

$A \cup B$

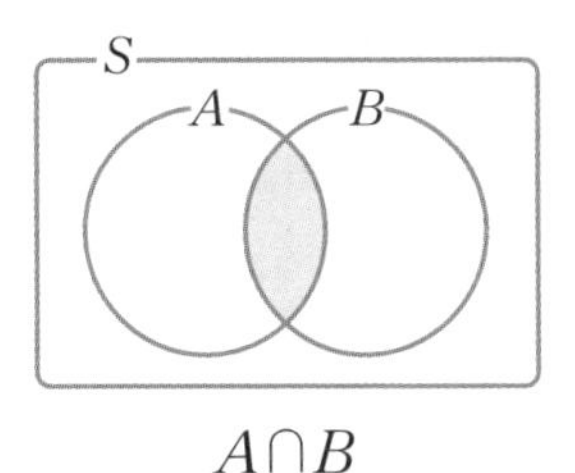

$A \cap B$

한편, 두 사건 A와 B가 동시에 일어나지 않을 때, 즉

$$A \cap B = \varnothing$$

일 때, 사건 A와 사건 B는 서로 **배반사건** 이라고 한다. 즉, 두 사건이 배반사건이라는 것은 서로 동시에 일어나지 않는다는 뜻이다. 또, 사건 A가 일어나지 않는 사건을 A의 **여사건** 이라 하며, 이것을 기호로

$$A^C$$

와 같이 나타낸다. A^C에서 C는 'Complementary event(여사건)'의 첫 글자다. 이때 $A \cap A^C = \varnothing$이므로 A와 A^C은 서로 배반사건이다.

| 그림2. 배반사건 |

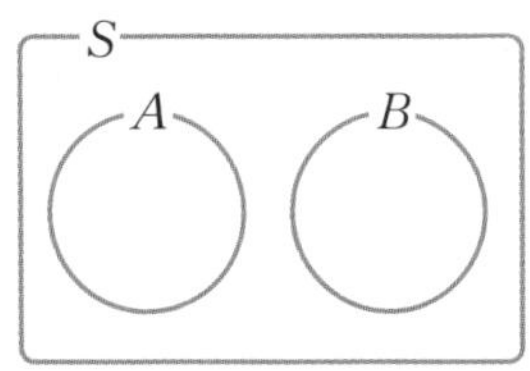

| 그림3. 여사건 |

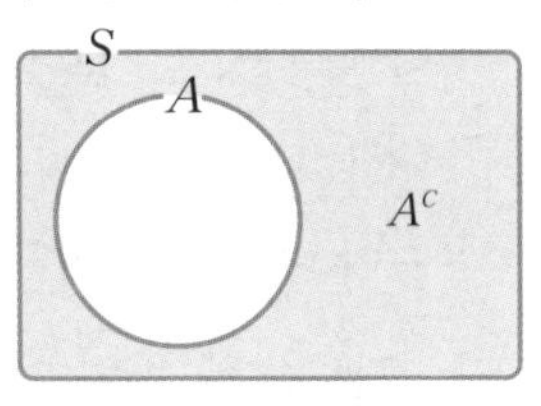

그런데 주의해야 할 것이 있다. $A \cap A^C = \varnothing$이므로 사건 A와 A^C은 분명히

서로 배반사건이다. 즉, 여사건이면 배반사건이다. 그러나 $A \cap B = \varnothing$이라고 해서 반드시 $A^C = B$가 되지는 않으므로 배반사건이라고 하여 여사건이라고 할 수는 없다.

예를 들어, 한 개의 주사위를 던지는 시행에서 4의 약수의 눈이 나오는 사건을 A, 3의 배수의 눈이 나오는 사건을 B라 하면

$$A = \{1, 2, 4\}, B = \{3, 6\}$$

이므로

$$A^C = \{3, 5, 6\}, B^C = \{1, 2, 4, 5\}$$

이다. 따라서 $A \cap A^C = \varnothing$이고 $B \cap B^C = \varnothing$이므로 사건 A와 A^C, 사건 B와 B^C는 각각 서로 배반사건이다. 또 $A \cap B = \varnothing$이므로 두 사건 A와 B는 서로 배반사건이다. 하지만 $B \neq A^C$이다.

| 그림4 |

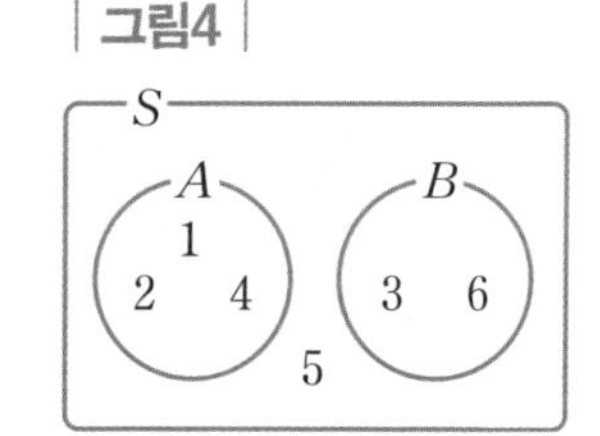

Σ 수학적 확률과 통계적 확률

지금까지 알아본 여러 가지 개념을 이용하여 확률이 무엇인지 알아보자. 그런데 확률에는 수학적 확률과 통계적 확률이 있다. 두 가지 확률에 대하여 간단히 알아보자.

어떤 시행에서 사건 A가 일어날 가능성을 수로 나타낸 것을 사건 A의 **확률**이라 하며, 이것을 기호로

$$\mathrm{P}(A)$$

와 같이 나타낸다. 여기서 $\mathrm{P}(A)$의 P는 확률을 뜻하는 'Probability'의 첫 글자다. 표본공간이 S인 어떤 시행에서 각 근원사건이 일어날 가능성이 모두 같은 정도로 기대될 때, 사건 A가 일어날 확률 $\mathrm{P}(A)$를

$$\mathrm{P}(A) = \frac{n(A)}{n(S)}$$

로 정의하고, 이것을 표본공간 S에서 사건 A가 일어날 **수학적 확률**이라고 한다. 수학적 확률은 표본공간이 공집합이 아닌 유한집합인 경우에서만 생각한다. 예를 들어 한 개의 주사위를 던지는 시행에서 표본공간 S는

$$S = \{1,\ 2,\ 3,\ 4,\ 5,\ 6\}$$

나오는 눈의 수가 3의 배수인 사건을 A라 하면

$$A = \{3,\ 6\}$$

이므로, 사건 A가 일어날 확률은 다음과 같다.

$$\mathrm{P}(A) = \frac{n(A)}{n(S)} = \frac{2}{6} = \frac{1}{3}$$

수학적 확률은 어떤 시행에서 각 근원사건이 일어날 가능성이 모두 같은 정도로 기대된다는 가정에서 정의하였다. 그러나 비가 올 가능성, 야구 선수가 안타를 칠 가능성, 공장에서 생산되는 제품이 불량품일 가능성 등과 같이 일어날 가능성이 같은 정도로 기대될 수 없는 경우도 있다. 이런 경우에는 많은 자료를 수집하여 조사하거나 같은 시행을 여러 번 반복하여 구한 상대도수를 통해 그 사건이 일어나는 경향을 알아볼 수 있다.

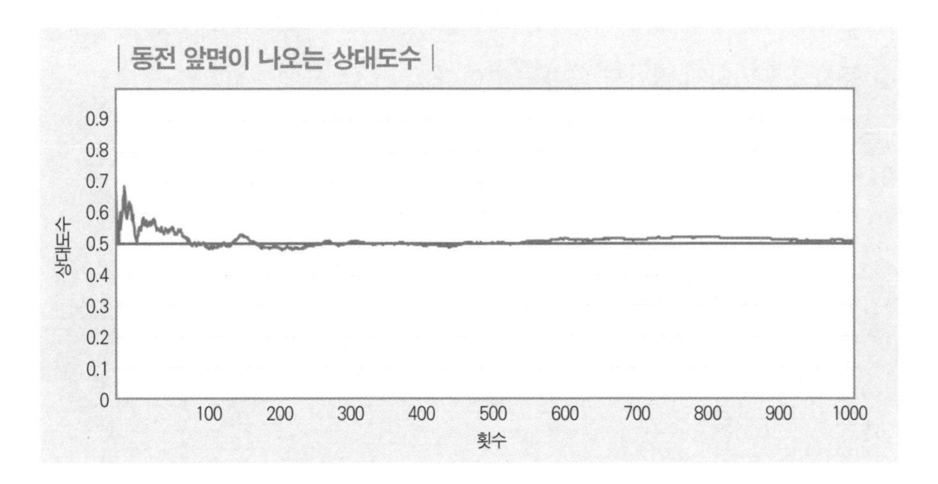

이를테면, 위의 그래프는 동전 한 개를 던진 횟수에 대하여 앞면이 나오는 상대도수를 조사하여 그린 것으로, 던진 횟수를 충분히 크게 하면 상대도수는 일

정한 값 0.5에 가까워짐을 알 수 있다.

일반적으로 어떤 시행을 n번 반복할 때 사건 A가 일어난 횟수를 r_n이라 하자. 시행 횟수 n이 한없이 커짐에 따라 상대도수 $\frac{r_n}{n}$이 일정한 값 p에 가까워질 때, 이 값 p를 사건 A의 **통계적 확률** 이라고 한다.

통계적 확률을 구할 때, 실제로는 시행 횟수 n을 한없이 크게 할 수 없으므로 n이 충분히 클 때의 상대도수 $\frac{r_n}{n}$을 통계적 확률로 생각한다. 예를 들어 어느 공장에서 생산된 제품 1000개를 조사하였을 때 불량품이 4개 발견되었다면, 생산된 제품 중의 하나가 불량품일 확률은 $\frac{4}{1000} = 0.004$라고 말할 수 있다.

특히 일상생활에서 확률은 '불량품일 확률 0.4%', '비올 확률 40%' 등과 같이 백분율로 나타내는 경우가 많다. 따라서 확률을 다룰 때는 초등학교에서 배웠던 백분율을 소수나 분수로 바꾸는 것도 잘 알고 있어야 한다.

한편, 어떤 사건 A가 일어날 수학적 확률이 p일 때, 시행 횟수 n을 충분히 크게 하면 사건 A가 일어나는 상대도수 $\frac{r_n}{n}$은 p에 가까워진다는 것이 알려져 있다. 따라서 고등학교 과정까지는 수학적 확률과 통계적 확률을 엄격하게 구분할 필요는 없다. 즉, 제시된 문제를 해결할 때 수학적 확률로 풀지 통계적 확률로 풀지를 고민하지 않아도 된다는 말이다.

끝으로 확률은 다음과 같은 성질이 있다.

| 확률의 성질 |

표본공간이 S인 어떤 시행에서

① 임의의 사건 A에 대하여

$0 \leq \mathrm{P}(A) \leq 1$

② $\mathrm{P}(S) = 1,\ \mathrm{P}(\varnothing) = 0$

확률에 대한 이런 성질은 이미 중학교에서 배운 것을 좀 더 수학적으로 엄밀하게 표현한 것이다. 만일 지금까지의 내용이 이해하기 어렵다면 중학교 2학년 확률 단원을 반드시 다시 공부한 후에 고등학교 과정을 진행해야 한다. 앞의 내용을 이해하지 못했다면 뒤에 나올 모든 내용을 이해할 수 없다.

수학은 누적적인 과목이므로 고등학교 내용을 잘 모른다면 반드시 해당 내용에 대한 중학교 과정을 다시 공부해야 한다. 그냥 넘어가면 계속해서 모르는 것만 쌓여 결국 수학을 포기하게 된다. 그래서 고등학교 내용을 모른다면 중학교 내용을, 중학교 내용을 모른다면 초등학교 내용을 반드시 먼저 공부해야 한다. 모르는 것은 배우면 되므로 창피한 일이 아니다. 진짜 창피한 것은 자신이 모르는 것을 아는 체하고 넘어가는 것이다. 이러면 수학은 망한다.

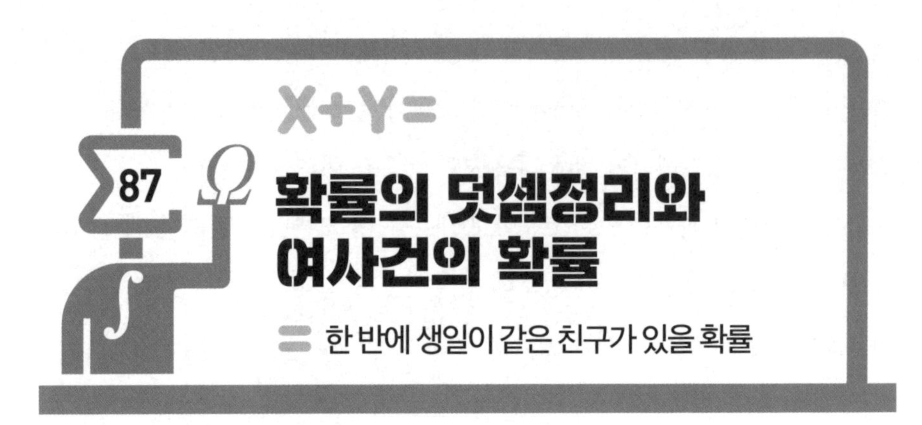

확률의 덧셈정리와 여사건의 확률

= 한 반에 생일이 같은 친구가 있을 확률

기업에서는 신제품을 출시할 때, 이 제품에 대한 소비자들의 반응을 면밀하게 조사한다. 예를 들어, 어느 회사에서 고객 49명을 대상으로 새로 출시한 신제품 A와 B에 대한 구매 의사를 조사하였더니 두 제품 A와 B를 사겠다는 소비자는 각각 25명과 30명이었다고 하자. 또 두 제품 A와 B를 모두 사겠다는 소비자는 15명이었다고 하자. 이때 소비자 중에서 한 명을 뽑았을 때, A제품 또는 B제품을 사겠다는 소비자일 확률은 얼마일까?

복잡한 계산 없이 간단히 확률을 구하는 '확률의 덧셈정리'

위와 같은 상황이라면 각 근원사건이 일어날 가능성이 모두 같은 정도로 기대되는 표본공간 S의 두 사건 A와 B에 대하여 사건 A 또는 사건 B가 일어날 확률을 구하는 방법을 알아야 한다. 두 사건 A와 B에 대하여

| 그림1 |

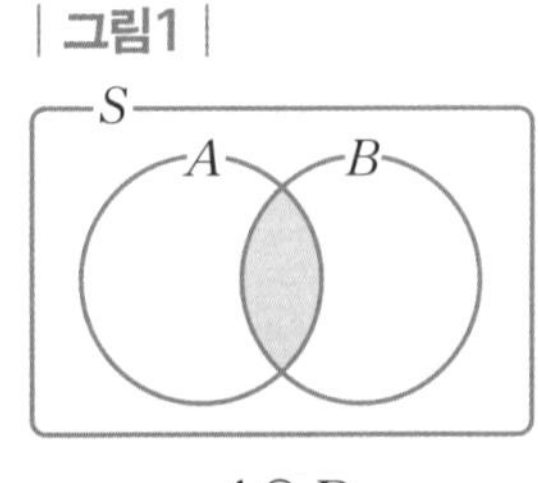

$A \cap B$

$$n(A \cup B) = n(A) + n(B) - n(A \cap B)$$

이다. 여기서 $n(A \cap B)$를 한 번 빼는 이유는 A와 B의 교집합 $A \cap B$의 원소는 그 개수를 A에서도 세고 B에서도 세어 두 번 세었기 때문이다.

따라서 사건 A 또는 사건 B가 일어날 확률 $\mathrm{P}(A \cup B)$는

$$\begin{aligned}\mathrm{P}(A \cup B) &= \frac{n(A \cup B)}{n(S)} \\ &= \frac{n(A)}{n(S)} + \frac{n(B)}{n(S)} - \frac{n(A \cap B)}{n(S)} \\ &= \mathrm{P}(A) + \mathrm{P}(B) - \mathrm{P}(A \cap B)\end{aligned}$$

이다. 특히, 두 사건 A와 B가 서로 배반사건이면 $\mathrm{P}(A \cap B) = 0$이므로

$$\mathrm{P}(A \cup B) = \mathrm{P}(A) + \mathrm{P}(B)$$

가 성립한다. 이것을 **확률의 덧셈정리** 라고 한다. 확률의 덧셈정리는 그 사건들이 서로 배반인 경우와 그렇지 않은 경우로 나누어 생각한다. 사실 확률의 덧셈정리는 집합의 원소 개수를 구하는 공식으로부터 바로 얻어지는 것이므로 그 내용과 개념이 어렵지는 않다.

확률의 덧셈정리를 이용하면 복잡한 계산을 하지 않고 간단히 확률을 구할 수 있다. 앞의 예에서 확률의 덧셈정리를 이용하지 않고 확률을 구하면 $n(A) = 25$, $n(B) = 30$, $n(A \cap B) = 15$이므로

$$\begin{aligned}n(A \cup B) &= n(A) + n(B) - n(A \cap B) \\ &= 25 + 30 - 15 \\ &= 40\end{aligned}$$

이다. 따라서 사건 A 또는 사건 B가 일어날 확률 $\mathrm{P}(A \cup B)$는

$$\mathrm{P}(A \cup B) = \frac{n(A \cup B)}{n(S)} = \frac{40}{49}$$

이다. 그런데 확률의 덧셈정리를 이용하면 다음과 같이 확률을 간단히 구할 수 있다.

$$P(A \cup B) = P(A) + P(B) - P(A \cap B)$$
$$= \frac{25}{49} + \frac{30}{49} - \frac{15}{49} = \frac{40}{49}$$

확률을 구하기 어려울 때, 여사건의 확률

| 그림2 |

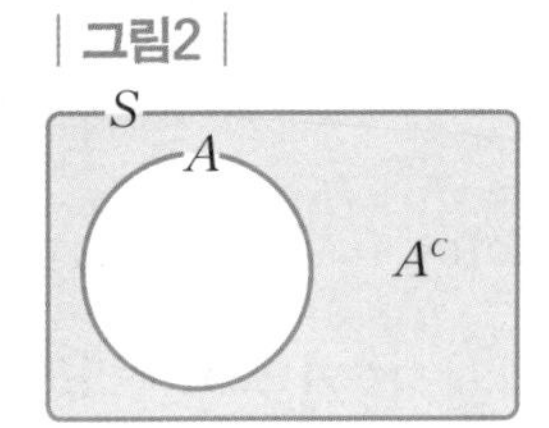

어떤 사건 A에 대하여 그 사건의 여사건 A^c가 일어날 확률도 집합의 성질을 이용하면 쉽게 구할 수 있다. 표본공간이 S인 사건 A에 대하여 여사건 A^c의 확률을 구해 보자. 사건 A와 그 여사건 A^c는 서로 배반사건이므로 확률의 덧셈정리에 의하여

$$P(A \cup A^c) = P(A) + P(A^c)$$

이다. 그런데 $P(A \cup A^c) = P(S) = 1$이므로

$$P(A) + P(A^c) = 1, \text{즉 } P(A^c) = 1 - P(A)$$

가 성립한다. 이것을 **여사건의 확률**이라고 한다. 여사건의 확률은 사건 A의 확률을 구하기 어렵거나 복잡할 때 주로 이용한다. 여사건의 확률은 구하고자 하는 사건이 여러 가지 경우로 이루어져 다루기가 불편할 때 사용하면 편리하다. 특히 문제에 '적어도 ~인 사건', '~ 이상인 사건', '~ 이하인 사건' 등에 대한 확률을 구하라고 할 때 적용한다.

예를 들어 45개의 송편 중 29개에는 콩이 들어 있고, 나머지에는 깨가 들어 있다고 하자. 송편 중에서 임의로 두 개를 택할 때, 적어도 한 개에는 콩이 들어 있을 확률을 구해 보자. 두 개 중에서 적어도 한 개에는 콩이 들어 있는 사건을 A라 하면 여사건 A^c는 두 개에 모두 깨가 들어 있는 사건이다. 깨가 들어 있는 송편은 16개이므로 A^c의 확률은

$$P(A^C) = \frac{{}_{16}C_2}{{}_{45}C_2} = \frac{4}{33}$$

따라서 구하는 확률은 다음과 같다.

$$P(A) = 1 - P(A^C) = 1 - \frac{4}{33} = \frac{29}{33}$$

여사건의 확률을 이용하면 우리가 전혀 일어나지 않을 것이라고 예측하는 사건이 얼마나 빈번하게 일어날 수 있는지 알 수 있다.

예를 들어 같은 반에 있는 학생 중에서 생일이 같은 친구가 있을 확률을 생각해 보자. 반 학생들의 생일이 365일 중에서 겹치는 경우보다 골고루 퍼져 있을 확률이 더 높다고 생각하기 쉽다. 하지만 놀랍게도 23명의 학생만 있어도 생일이 겹칠 확률이 50%이고, 50명의 학생이 있다면 생일이 겹칠 확률이 무려 97%다. 이와 같이 적은 인원만으로도 생일이 겹칠 확률이 직관적인 생각보다 높기에 '생일 역설'이라고도 한다.

30명의 학생 중 생일이 겹치는 경우가 생길 사건을 A라고 할 때, 여사건의 확률을 이용하여 실제로 A의 확률을 구해 보자.

A의 여사건 A^C는 30명 학생의 생일이 모두 다른 사건이다. 1년을 365일이라고 할 때, 모든 경우의 수는 ${}_{365}\Pi_{30} = 365^{30}$이고, 생일이 모두 다른 경우의 수는 ${}_{365}P_{30}$이다. 따라서, $P(A^C) = \frac{{}_{365}P_{30}}{365^{30}}$이므로 구하려는 확률은 다음과 같다.

$$P(A) = 1 - \frac{{}_{365}P_{30}}{365^{30}}$$

$$\approx 0.706$$

즉, 30명 중에서 생일이 같은 사람이 있을 확률은 70.6%나 됨을 알 수 있다.

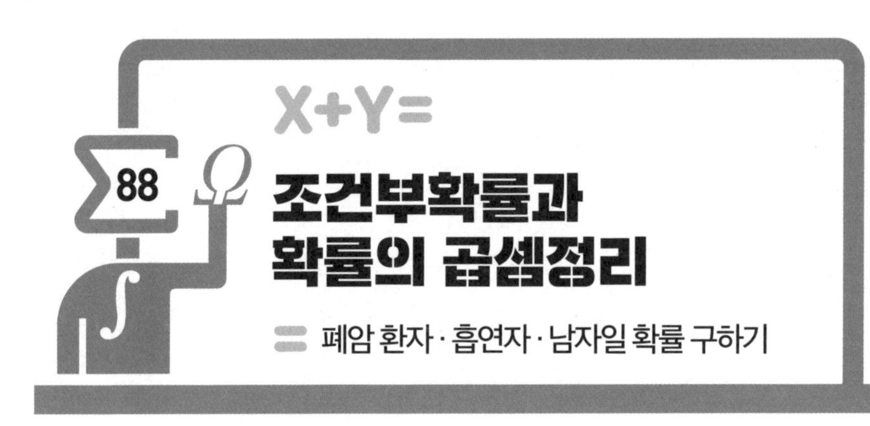

조건부확률과 확률의 곱셈정리

폐암 환자 · 흡연자 · 남자일 확률 구하기

담배는 북아메리카가 원산지인 가지과 식물인 담배풀 및 이를 가공하고 특수 처리하여 만든 마약성 기호품이다. 담배라는 명칭의 어원은 명확하지 않으나 아메리카 원주민들로부터 유래했다는 설이 유력하다. 이후 유럽 이베리아 일대 주민이 담배 파이프를 가리켜 '타바코(tabaco)'라는 명칭을 썼다. 이 가운데 포르투갈과 교역하던 센고쿠 시대 일본이 이를 수입한 후, 다시 임진왜란을 전후하여 한반도에 상륙하면서 '담바고(淡婆姑)'로 음역되었다.

이후 선비들 사이에서는 남쪽의 풀이라는 뜻인 '남초(南草)'나 '남령초(南靈草)'로, 일반 백성들은 '담파고', '담박괴', '담바구', '담바' 등으로 부르다가 점차 '담배'라는 명칭이 표준어로서 확립되었다. 외국에서 유래된 명칭이므로 외래어지만, 그 연원이 오래되어 한국어에 완전히 정착한 귀화어로 분류된다.

담배는 건강에 매우 해롭다. 특히 폐암의 원인 중 약 85%는 흡연에 의한 것으로, 흡연은 폐암 발생 위험을 13배나 증가시킨다고 알려져 있다. 흡연 양과 기간도 폐암에 걸릴 가능성과 관련 있다. 매일 담배 한 갑을 40년간 피운 사람은 담배를 전혀 피우지 않은 사람에 비하여 폐암에 걸릴 가능성이 20배나 높다는 연구가 있다. 또

한 20년간 매일 두 갑의 담배를 피워 온 남자라면 폐암으로 사망할 확률이 60~70배 증가한다고 한다. 이러한 담배의 해악은 여성에게 더욱 두드러지게 나타나는데, 남자와 같은 정도로 흡연에 노출되었다면 남자보다 여자가 폐암에 걸릴 확률이 1.5배 높다고 한다. 다행히 우리나라의 흡연율은 점차 감소하고 있지만 여전히 높은 수준이다. 2020년을 기준으로 우리나라의 흡연율은 전 세계에서 23위다.

Σ 사건 A가 일어났을 때 사건 B가 일어날 확률

예를 들어, 다음 표는 어느 병원에서 폐암 진단을 받은 환자 100명을 대상으로 성별에 따른 과거 흡연 여부를 조사하여 나타낸 것이라 하자. 이 100명의 환자 중에서 임의로 한 명을 뽑을 때, 뽑힌 환자가 과거 흡연을 하였던 남자일 확률을 구하는 방법을 알아보자.

| 폐암 환자 100명의 과거 흡연 여부 |

(단위 : 명)

	흡연	비흡연	합계
남자	60	6	66
여자	24	10	34
합계	84	16	100

과거 흡연하였던 환자가 뽑히는 사건을 A, 남자가 뽑히는 사건을 B라고 하자. 그러면 과거 흡연했던 환자가 남자인 사건은 $A \cap B$다. 임의로 뽑은 환자가 과거 흡연을 하였다고 할 때, 그 환자가 남자일 확률은 사건 A가 일어났을 때 사건 B가 일어날 확률이므로 $\frac{n(A \cap B)}{n(A)} = \frac{60}{84}$이다.

일반적으로 두 사건 A와 B에 대하여 확률이 0이 아닌 사건 A가 일어났다고 가정할 때 사건 B가 일어날 확률을, 사건 A가 일어났을 때 사건 B의 **조건부확률**이라 하며 이것을 기호로 다음과 같이 나타낸다.

$$\mathrm{P}(B \mid A)$$

각 근원사건이 일어날 가능성이 모두 같은 정도로 기대되는 표본공간 S의 두 사건 A와 B에 대하여, 사건 A가 일어났을 때 사건 B의 조건부확률은 다음과 같다.

$$\mathrm{P}(B \mid A) = \frac{n(A \cap B)}{n(A)}$$

조건부확률은 벤 다이어그램을 이용하면 쉽게 이해할 수 있다. 사건 A가 일어났을 때의 사건 B의 조건부확률 $\mathrm{P}(B \mid A)$는 사건 A가 일어났다는 조건 아래에서 생각하므로 A를 새로운 표본공간, $A \cap B$를 이 표본공간에서의 사건으로 생각하여 계산한다.

| 그림1 |

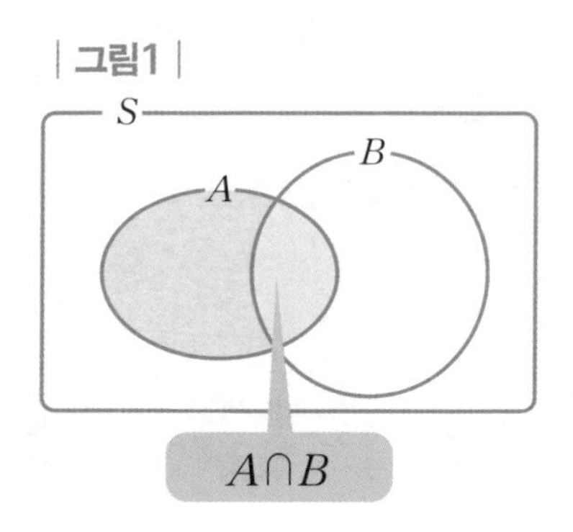

앞의 식에서 우변의 분자와 분모를 각각 $n(S)$로 나누면

$$\mathrm{P}(B \mid A) = \frac{\frac{n(A \cap B)}{n(S)}}{\frac{n(A)}{n(S)}} = \frac{\mathrm{P}(A \cap B)}{\mathrm{P}(A)}$$

이다. 즉, 사건 A가 일어났을 때 사건 B의 조건부확률은 다음과 같이 구한다.

$$\mathrm{P}(B \mid A) = \frac{\mathrm{P}(A \cap B)}{\mathrm{P}(A)} \quad (\text{단, } \mathrm{P}(A) \neq 0)$$

조건부확률 $\mathrm{P}(B \mid A)$는 사건 A가 일어났을 때 사건 B가 일어날 확률을 구하는 것이다. 그런데 $\mathrm{P}(A \mid B)$는 사건 B가 일어났을 때 사건 A가 일어날 확률을 구하는 것이므로 $\mathrm{P}(B \mid A)$와 $\mathrm{P}(A \mid B)$은 서로 다르다. 즉,

$$\mathrm{P}(B \mid A) = \frac{\mathrm{P}(A \cap B)}{\mathrm{P}(A)}$$

이지만

$$\mathrm{P}(A \mid B) = \frac{\mathrm{P}(A \cap B)}{\mathrm{P}(B)}$$

이다. 이를테면 앞 흡연의 예에서 $\mathrm{P}(B \mid A)$는 흡연자 중에서 남자의 비율을 구해야 하므로 $\mathrm{P}(B \mid A) = \frac{60}{84}$이지만, $\mathrm{P}(A \mid B)$는 남자 중에서 흡

연자의 비율을 구해야 하므로 $\mathrm{P}(A \mid B) = \frac{60}{66}$이다. 따라서 일반적으로 $\mathrm{P}(B \mid A) \neq \mathrm{P}(A \mid B)$임을 알 수 있다.

Σ 확률의 곱셈정리

이제 조건부확률을 이용하여 확률이 0이 아닌 두 사건 A와 B에 대하여 사건 $A \cap B$의 확률을 구해 보자.

조건부확률에서

$$\mathrm{P}(B \mid A) = \frac{\mathrm{P}(A \cap B)}{\mathrm{P}(A)},\ \mathrm{P}(A \mid B) = \frac{\mathrm{P}(A \cap B)}{\mathrm{P}(B)}$$

이므로 다음이 성립한다.

$$\mathrm{P}(A \cap B) = \mathrm{P}(A)\mathrm{P}(B \mid A) = \mathrm{P}(B)\mathrm{P}(A \mid B)$$

따라서 조건부확률을 이용하면 두 사건 A와 B가 동시에 일어나는 확률을 구할 수 있고, 이것을 확률의 **곱셈정리**라 한다.

| 확률의 곱셈정리 |

두 사건 A와 B가 동시에 일어나는 확률

$$\mathrm{P}(A \cap B) = \mathrm{P}(A)\mathrm{P}(B \mid A) = \mathrm{P}(B)\mathrm{P}(A \mid B)$$

예를 들어, 상자 안에 아몬드 10알과 땅콩 6알이 들어 있다. 이 상자에서 수미와 정미가 차례대로 임의로 한 알씩 꺼낼 때, 두 사람 모두 땅콩을 꺼낼 확률을 구해 보자. 이때 꺼낸 아몬드와 땅콩은 다시 넣지 않는다.

수미가 꺼낸 것이 땅콩인 사건을 A, 정미가 꺼낸 것이 땅콩인 사건을 B라 하자. 그러면 수미는 모두 16알 중에서 6알의 땅콩을 꺼낼 수 있으므로

$P(A)=\frac{6}{16}=\frac{3}{8}$이고, 정미는 수미가 땅콩 한 알을 꺼냈으므로 모두 15알 중에서 5알의 땅콩을 꺼낼 수 있으므로 $P(B|A)=\frac{5}{15}=\frac{1}{3}$이다. 따라서 구하는 확률은 다음과 같다.

$$P(A\cap B)=P(A)P(B|A)=\frac{3}{8}\times\frac{1}{3}=\frac{1}{8}$$

| 그림2 |

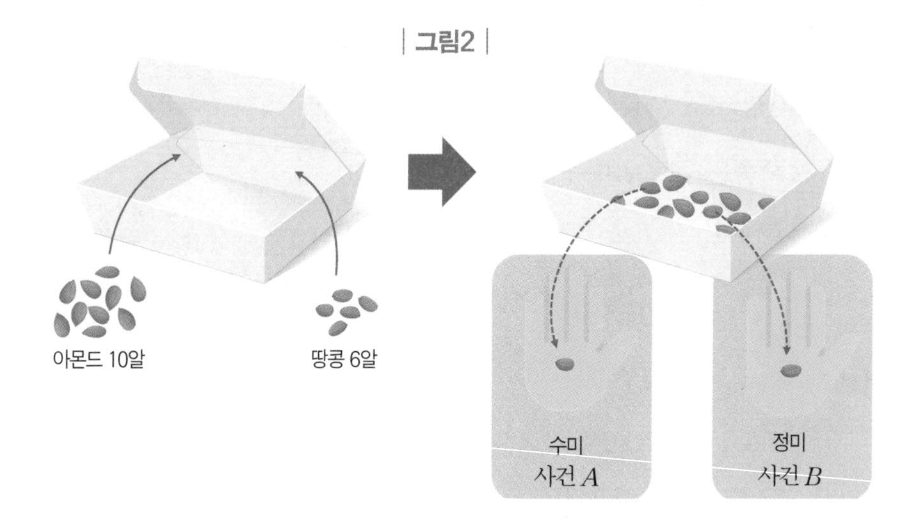

확률을 구할 때는 문제의 뜻을 정확하게 파악하는 것이 가장 중요하다. 어떤 상황에서 무엇을 구하라고 하는지 정확하게 이해하고, 가능하면 주어진 상황을 표나 벤 다이어그램과 같은 그림으로 나타내면 보다 명확하게 확률을 구할 수 있다. 확률 문제를 풀 때는 가능하면 그림을 그리는 습관을 갖는 것이 좋다.

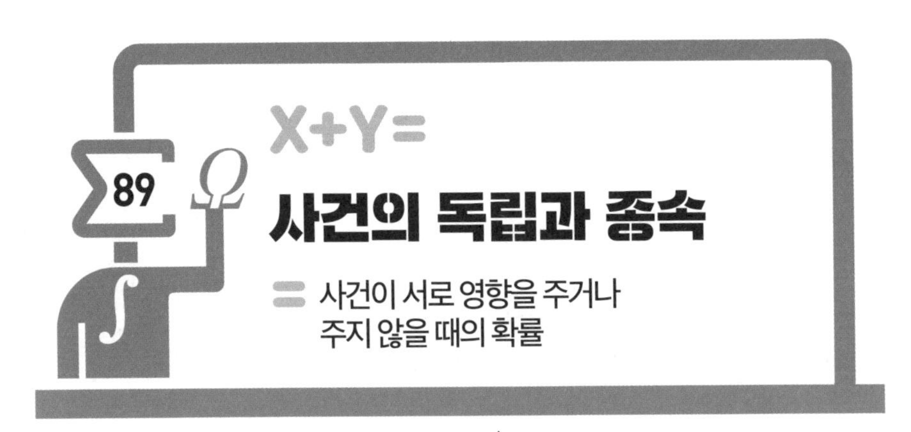

옛날에 한 할머니가 살고 있었는데, 이 할머니에게는 두 아들이 있었다. 두 아들은 각각 우산과 짚신을 팔았다. 그런데 맑은 날에는 우산이 안 팔리고 비가 오는 날에는 짚신이 안 팔려서 이 할머니는 늘 걱정하며 지냈다. 그러던 어느 날 할머니와 대화하던 동네 사람이 말했다. "비가 오면 우산이 많이 팔리고 맑은 날은 짚신이 많이 팔리니 할머니는 좋겠어요." 이 말을 들은 할머니는 이후 매일 걱정 없이 행복하게 잘 살았다.

이것은 우리나라의 전래동화인 짚신 장수와 우산 장수 이야기다. 비가 오면 우산이 팔릴 확률이 커지고 맑은 날이면 짚신이 많이 팔릴 확률이 커진다. 이와

같이 어떤 사건이 일어나거나 일어나지 않을 확률이 다른 사건이 일어나거나 일어나지 않을 확률에 영향을 미치는 경우가 있고, 그렇지 않은 경우가 있다. 이제 이런 경우에 대하여 알아보자.

Σ 빨간 사탕 줄까 파란 사탕 줄까?

빨간색 사탕 4개와 파란색 사탕 5개가 들어 있는 주머니에서 사탕을 임의로 한 개씩 두 번 꺼낼 때, 첫 번째 꺼낸 사탕이 빨간색인 사건을 A, 두 번째 꺼낸 사탕이 파란색인 사건을 B라 하자. 첫 번째 꺼낸 사탕을 다시 넣을 때, $\mathrm{P}(B \mid A)$와 $\mathrm{P}(B)$를 각각 구해 보자. 첫 번째 꺼낸 사탕을 다시 넣을 때는 빨간색과 파란색 각각의 경우 모두 9개 중에서 4개와 5개를 선택할 수 있으므로

$$\mathrm{P}(B \mid A) = \frac{\mathrm{P}(A \cap B)}{\mathrm{P}(A)} = \frac{\frac{4}{9} \times \frac{5}{9}}{\frac{4}{9}} = \frac{5}{9}$$

이다. 이때 처음부터 파란색 사탕을 꺼낼 확률은 9개에서 5개 중 하나를 꺼내는 것이므로

$$\mathrm{P}(B) = \frac{5}{9}$$

이다. 즉, $\mathrm{P}(B \mid A) = \frac{5}{9} = \mathrm{P}(B)$이다.

이와 같이 사건 A가 일어났을 때 사건 B의 조건부확률이 사건 B가 일어날 확률과 같을 때, 즉

$$\mathrm{P}(B \mid A) = \mathrm{P}(B)$$

일 때, 두 사건 A와 B는 서로 **독립** 이라고 한다.

한편, 두 사건 A와 B가 서로 독립이 아닐 때, 두 사건 A와 B는 서로 **종속** 이라고 한다. 두 사건이 독립이라는 것은 A사건은 B사건이 일어나는 것과 무관하게 일어난다는 뜻이다. 물론 B사건도 A사건과 무관하게 일어난다.

확률이 0이 아닌 두 사건 A와 B에 대하여 두 사건 A와 B가 서로 독립이면 확률의 곱셈정리에 의하여 다음과 같다.

$$\mathrm{P}(A \cap B) = \mathrm{P}(A)\mathrm{P}(B \mid A) = \mathrm{P}(A)\mathrm{P}(B)$$

역으로 $\mathrm{P}(A \cap B) = \mathrm{P}(A)\mathrm{P}(B)$이고 $\mathrm{P}(A) \neq 0$이면

$$\mathrm{P}(B \mid A) = \frac{\mathrm{P}(A \cap B)}{\mathrm{P}(A)} = \frac{\mathrm{P}(A)\mathrm{P}(B)}{\mathrm{P}(A)} = \mathrm{P}(B)$$

이므로 두 사건 A와 B는 서로 독립이다.

일반적으로 두 사건 A와 B가 서로 독립일 필요충분조건은 다음과 같다.

| 두 사건 A와 B가 서로 독립일 필요충분조건 |

$$\mathrm{P}(A \cap B) = \mathrm{P}(A)\mathrm{P}(B) \quad (\text{단}, \mathrm{P}(A) \neq 0,\ \mathrm{P}(B) \neq 0)$$

예를 들어 주사위를 던질 때, 처음 던져서 3의 눈이 나왔다고 해서 두 번째 던질 때 3의 눈이 나오지 말라는 법은 없다. 즉, 처음에 3의 눈이 나오건 말건, 두 번째 던질 때도 3의 눈이 나오는 확률은 항상 똑같다. 이와 같이 처음 사건이 두 번째 사건에 전혀 영향을 주지 않는 것을 말 그대로 독립이라고 한다.

Σ 이론과 실제의 차이

그런데 확률에서 독립과 종속은 일상생활에서 생각하는 독립과 종속과는 약

간 의미가 다르다. 따라서 수학에서 독립과 종속을 따질 때는 일상생활에서 생각하듯이 하지 말고, 앞에서 소개한 공식을 만족하는지 어떤지를 잘 살펴야 한다.

예를 들어보자. 한 개의 주사위를 던져서 소수의 눈이 나오는 사건을 A, 4 이상의 눈이 나오는 사건을 B, 6의 약수의 눈이 나오는 사건을 C라고 하자. 이때 다음 두 사건이 서로 독립인지 종속인지 알아보자.

① 사건 A와 B

② 사건 B와 C

③ 사건 A와 C

먼저 각 사건이 일어나는 경우를 모두 구하면 다음과 같다.

$$A=\{2,\ 3,\ 5\},\ B=\{4,\ 5,\ 6\},\ C=\{1,\ 2,\ 3,\ 6\}$$

이로부터 각 사건이 일어날 확률은 다음과 같다.

$$\mathrm{P}(A)=\frac{1}{2},\ \mathrm{P}(B)=\frac{1}{2},\ \mathrm{P}(C)=\frac{4}{6}=\frac{2}{3}$$

이때 $A\cap B=\{5\}$, $B\cap C=\{6\}$, $A\cap C=\{2,\ 3\}$이므로

$$\mathrm{P}(A\cap B)=\frac{1}{6},\ \mathrm{P}(B\cap C)=\frac{1}{6},\ \mathrm{P}(A\cap C)=\frac{2}{6}=\frac{1}{3}$$

이다. 이를 이용하여 주어진 문제를 풀면 다음과 같다.

① $\mathrm{P}(A\cap B)=\frac{1}{6}\neq\mathrm{P}(A)\mathrm{P}(B)=\frac{1}{4}$이므로 사건 A와 B는 서로 종속이다.

② $\mathrm{P}(B\cap C)=\frac{1}{6}\neq\mathrm{P}(B)\mathrm{P}(C)=\frac{1}{3}$이므로 사건 B와 C는 서로 종속이다.

③ $\mathrm{P}(A\cap C)=\frac{1}{3}=\mathrm{P}(A)\mathrm{P}(C)$이므로 사건 A와 C는 서로 독립이다.

수학적으로는 소수의 눈이 나오는 사건 A와 4 이상의 눈이 나오는 사건 B는 종속이지만, 소수의 눈이 나오는 사건 A와 6의 약수의 눈이 나오는 사건 C는 독립이다. 하지만 $A=\{2,\ 3,\ 5\}$, $B=\{4,\ 5,\ 6\}$, $C=\{1,\ 2,\ 3,\ 6\}$이고 $A\cap B=\{5\}$, $B\cap C=\{6\}$, $A\cap C=\{2,\ 3\}$이므로 A와 B보다는 A와 C가

더 겹치는 것이 많다. 이로부터 오히려 사건 A와 사건 B는 독립이고 사건 A와 사건 C가 종속일 것처럼 보인다. 그러나 정의대로 계산하면 다른 결론이 나온다. 따라서 독립과 종속을 따질 때는 지레짐작으로 섣불리 생각하고 답을 내리면 안 된다.

Σ 먼저 일어난 사건이 나중 사건에 영향을 주지 않을 때

한편, 주사위나 동전을 여러 번 던지는 경우와 같이 동일한 조건으로 같은 시행을 반복할 때, 각 시행의 결과가 다른 시행의 결과에 영향을 미치지 않는 경우가 있다. 이와 같이 어떤 시행을 반복하는 경우 매 시행마다 일어나는 사건이 서로 독립일 때, 이러한 시행을 **독립시행**이라고 한다. 독립시행 확률을 어떻게 구하는지 알아보자.

한 개의 주사위를 4번 던질 때, 1의 눈이 2번 나올 확률을 구해 보자. 앞에서 설명했듯이 주사위를 던지는 것은 그전에 무엇이 나왔는지와 관계없으므로 매번 던질 때마다 독립시행이다. 1의 눈이 나오는 경우를 ○, 1의 눈이 나오지 않는 경우를 ×로 나타낼 때, 〈표1〉은 1의 눈이 2번 나오는 모든 경우와 각각의 사건이 일어날 확률을 구하여 완성한 것이다. 주사위를 4번 던질 때마다 1의 눈이 나올 확률은

| 표1 |

1회	2회	3회	4회	확률
○	○	×	×	$\frac{1}{6} \times \frac{1}{6} \times \frac{5}{6} \times \frac{5}{6}$
○	×	○	×	$\frac{1}{6} \times \frac{5}{6} \times \frac{1}{6} \times \frac{5}{6}$
○	×	×	○	$\frac{1}{6} \times \frac{5}{6} \times \frac{5}{6} \times \frac{1}{6}$
×	○	○	×	$\frac{5}{6} \times \frac{1}{6} \times \frac{1}{6} \times \frac{5}{6}$
×	○	×	○	$\frac{5}{6} \times \frac{1}{6} \times \frac{5}{6} \times \frac{1}{6}$
×	×	○	○	$\frac{5}{6} \times \frac{5}{6} \times \frac{1}{6} \times \frac{1}{6}$

$\frac{1}{6}$이고, 나오지 않을 확률은 $\frac{5}{6}$이고, 이들의 곱이 구하는 확률이다. 여기서 각 사건이 일어날 확률은

$$\left(\frac{1}{6}\right)^2 \times \left(\frac{5}{6}\right)^2$$

이고, 한 개의 주사위를 4번 던지는 독립시행에서 1의 눈이 2번 나오는 경우는 ${}_4C_2 = 6$(가지)이다. 따라서 이들은 모두 배반사건이므로 1의 눈이 2번 나올 확률은 다음과 같다.

$${}_4C_2 \times \left(\frac{1}{6}\right)^2 \times \left(\frac{5}{6}\right)^2$$

일반적으로 독립시행의 확률에 대하여 다음이 성립한다.

| 독립시행 확률 |

어떤 시행에서 사건 A가 일어날 확률이 $p(0 < p < 1)$일 때, 이 시행을 n번 반복하는 독립시행에서 사건 A가 r번 일어날 확률은

$${}_nC_r p^r (1-p)^{n-r} \quad (\text{단}, r = 0, 1, 2, \cdots, n)$$

독립시행 확률은 이항정리

$$(p+q)^n = \sum_{r=0}^{n} {}_nC_r p^r q^{n-r}$$

에서 일반항과 그 꼴이 같다. 이때 $q = 1 - p$이다.

독립시행의 예로는 동전 던지기, 농구에서 자유투 성공률, 축구에서 페널티킥 성공률, 야구에서 타율 등이 있다. 이들은 모두 먼저 시행이 나중의 시행에 영향을 주지 않는다.

90 확률변수와 확률분포, 이산확률분포

= 어떤 사건이 일어나거나 일어나지 않을 확률

야구에서 타율이란 안타 수를 타수(打數)로 나누어 계산한 수를 소수 넷째 자리에서 반올림하여 나타낸 값이다. 타율을 말할 때는 소수를 그대로 읽기도 하지만 일반적으로 그 소수의 첫째 자리에 '할', 소수 둘째 자리에 '푼', 소수 셋째 자리에 '리'를 붙여 읽는다. 타율이 3할 1푼 2리인 김안타 선수가 이번 경기의 이전 두 타석에서는 모두 안타 없이 물러났다고 한다. 그런데 김안타 선수가 다시 타석에 들어서자, 해설자는 이런 말을 하였다.

"네, 김안타 선수는 타율이 3할 1푼 2리인데 오늘 경기에선 지금까지 두 번 모두 안타가 없었네요. 이번에 세 번째 타석이니 한 방 나올 때가 됐어요. 투수는 이번에 조심해야겠어요."

이것은 김안타 선수의 기록을 통계적으로 분석하여 설명한 것이다. 이제 이와 같은 통계에 대하여 알아보자.

Σ 셀 수 있거나 셀 수 없는 확률변수

서로 다른 두 개의 동전을 동시에 던지는 시행에서 동전의 앞면을 H, 뒷면을 T로 나타내면 표본공간 S는 다음과 같다.

$$S = \{HH,\ HT,\ TH,\ TT\}$$

이 시행에서 두 개의 동전에 대하여 앞면이 나온 횟수를 X라고 하면, 집합 S의 각 원소 HH, HT, TH, TT에 대응하는 X의 값은 각각 2, 1, 1, 0이다. 이때 X는 0, 1, 2 중에서 하나의 값을 가지는 변수이고, 변수 X가 각 값을 가질 확률을 표로 나타내면 〈표1〉과 같다.

| 그림1 |

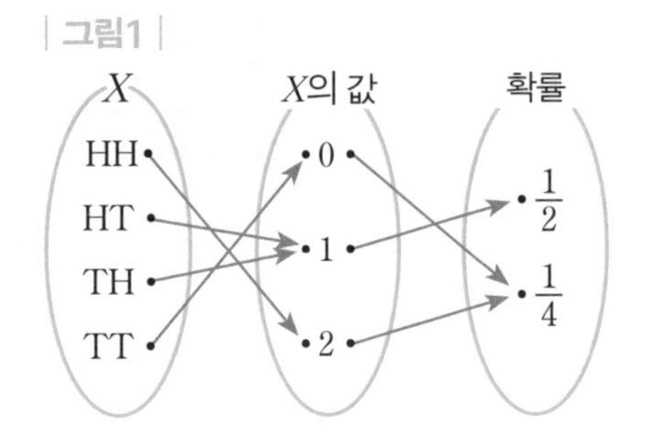

| 표1. 변수 X가 각 값을 가질 확률 |

X	0	1	2	합계
확률	$\frac{1}{4}$	$\frac{1}{2}$	$\frac{1}{4}$	1

이와 같이 어떤 시행에서 표본공간의 각 원소에 하나의 실수 값을 대응시키는 것을 **확률변수**라고 한다. 이 예에서 확률변수 X는 표본공간 S를 정의역으로 하고 실수의 집합을 공역으로 하며 치역이 $\left\{\frac{1}{2},\ \frac{1}{4}\right\}$인 함수다. 그런데 X의 값 자체가 변하기도 하므로 변수의 역할도 한다. 그래서 '확률'과 '변수'를 합하여 확률변수라고 한다. 확률변수는 보통 알파벳 대문자 X, Y, Z 등으로 나타내고, 확률변수가 가질 수 있는 값은 소문자 x, y, z 또는 x_1, x_2, x_3 등으로 나타낸다.

한편, 확률변수가 가질 수 있는 값이 유한개이거나 무한히 많더라도 자연수와 같이 셀 수 있을 때 그 확률변수를 **이산확률변수**라 하고, 어떤 범위 안에 속하는 모든 실수의 값을 가질 때 그 확률변수를 **연속확률변수**라고 한다.

주사위의 눈 1이 나올 때까지 반복해서 던질 때 1의 눈이 나오면 ●, 1이 아닌 다른 눈이 나오면 ○로 나타내면 표본공간은 다음과 같다.

$S = \{●,\ ○●,\ ○○●,\ ○○○●, \cdots\}$

1의 눈이 나올 때까지 던지는 횟수를 확률변수 X라 하면, X가 가질 수 있는 값은 $1, 2, 3, 4, \cdots$로 자연수와 같이 셀 수 있으므로 X는 이산확률변수다.

또, 10분 간격으로 도착하는 어느 버스를 기다리는 시간을 측정하는 시행에서 버스를 기다리는 시간을 x분이라고 하면 표본공간은 다음과 같다.

$S = \{x \mid 0 \leq x \leq 10\}$

버스를 기다리는 시간을 확률변수 X라 하면 X는 0 이상 10 이하의 모든 실수의 값을 가질 수 있으므로 연속확률변수다. 정리하자면 이산확률변수는 주사위 눈이 나오듯이 하나씩 셀 수 있는 경우이고, 연속확률변수는 시간이 흐르는 것과 같이 셀 수 없는 경우다.

일반적으로 확률변수 X가 어떤 값 x를 가질 확률을 기호로

$\mathrm{P}(X = x)$

와 같이 나타낸다. 또 확률변수 X가 a 이상 b 이하의 값을 가질 확률을 다음과 같이 나타낸다.

$\mathrm{P}(a \leq x \leq b)$

Σ 이산확률변수와 연속확률변수 구하기

이제 확률변수가 이산일 경우와 연속일 경우로 나누어 각 경우의 확률에 대하여 알아보자.

이산확률변수 X가 가질 수 있는 모든 값 $x_1, x_2, x_3, \cdots, x_n$에 이 값을 가질 확

률 $p_1, p_2, p_3, \cdots, p_n$이 대응되는 함수

$$\mathrm{P}(X = x_i) = p_i \quad (i = 1,\ 2, \cdots,\ n)$$

을 이산확률변수 X의 **확률질량함수**라고 한다. 확률질량함수의 대응 관계를 이산확률변수 X의 **확률분포**라고 한다. 이산확률변수 X의 확률분포를 표와 그래프로 나타내면 각각 〈표2〉, 〈그림2〉와 같다. 즉, 이산확률변수의 확률질량함수는 각각의 X 값에 대하여 확률을 하나씩 구하는 경우다. 그래서 확률분포표는 각 경우에 확률을 구하여 완성하고, 그래프는 막대그래프와 같은 모양으로 나타난다. 이처럼 흩어져 있기에 흩어져 있다는 뜻의 한자어 '이산(離散)'이라고 한다. 대체로 이산확률변수 X는 무한개의 값을 가질 때도 있지만 고등학교의 통계에서는 유한개의 값을 가지는 경우만 다룬다.

| 표2. 확률분포표 |

X	x_1	x_2	$\cdots$	x_i	$\cdots$	x_n	합계
$P(X=x)$	p_1	p_2	$\cdots$	p_i	$\cdots$	p_n	1

| 그림2. 확률분포 그래프 |

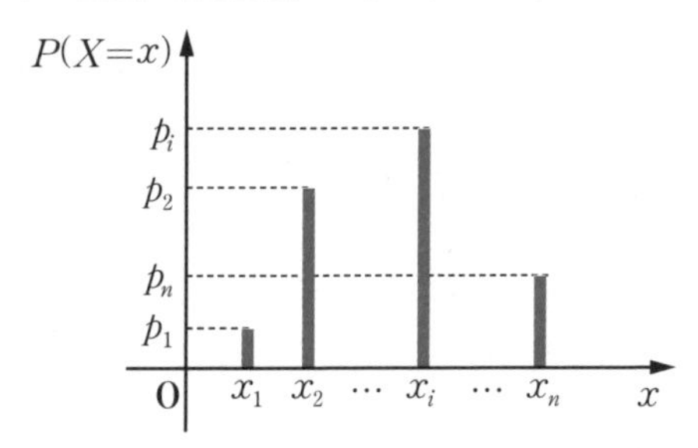

| 표3. 확률분포표 |

X	0	1	2	합계
$P(X=x)$	$\frac{1}{4}$	$\frac{1}{2}$	$\frac{1}{4}$	1

| 그림3. 확률분포 그래프 |

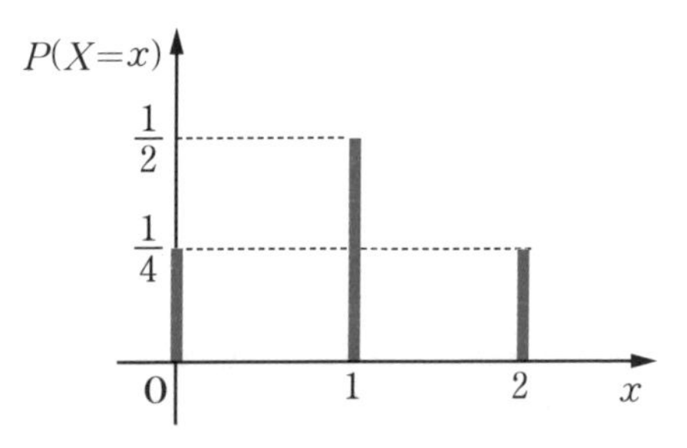

예를 들어 한 개의 동전을 두 번 던지는 시행에서 앞면이 나오는 횟수를 X라 하면, X는 확률변수이고, X가 가질 수 있는 값은 $x_1 = 0,\ x_2 = 1,\ x_3 = 2$이므로 X는 이산확률변수다. 이때 X가 각 값을 가질 확률은

$$\mathrm{P}(X = 0) = \frac{1}{4} = p_1,\ \mathrm{P}(X = 1) = \frac{1}{2} = p_2,\ \mathrm{P}(X = 2) = \frac{1}{4} = p_3$$

이고, X의 확률분포를 표와 그래프로 나타내면 각각 〈표3〉, 〈그림3〉과 같다.
확률질량함수는 확률의 기본 성질에 의하여 다음을 만족한다.

이산확률변수 X의
확률질량함수 $\mathrm{P}(X=x_i)=p_i \quad (i=1,\ 2,\cdots,\ n)$ 에 대하여
① $0 \le p_i \le 1$
② $p_1+p_2+p_3+\cdots+p_n=1$
③ $\mathrm{P}(x_i \le X \le x_j)=p_i+p_{i+1}+p_{i+2}+\cdots+p_j$
$(단,\ j=1,\ 2,\cdots,\ n,\ i \le j)$

Σ 자유투를 6번 이상 8번 이하 성공할 확률

마지막으로 다른 예를 들어보자. 자유투 성공률이 80%인 농구 선수가 자유투를 10번 던진다고 하자. 이 농구 선수가 10번 던져서 성공한 자유투 수를 확률변수 X라고 할 때, 6번 이상 8번 이하 성공할 확률을 구해 보자.
확률변수 X는 10번 던져서 성공한 자유투 수이므로 확률변수 X가 가질 수 있는 모든 값은 0, 1, 2, ⋯, 10이다. 따라서 X는 이산확률변수다.
이때 자유투 성공률이 0.8이므로 실패할 확률은 0.2다. 즉, 성공 아니면 실패의 두 가지 경우이므로 앞에서 소개했던 이항정리가 적용되며, 10번 중에서 성공이 x번이면 실패는 $10-x$번이다. 즉, 성공은 10번 중에서 0.8을 x번 택하는 조합이므로 확률변수 X의 확률질량함수는 다음과 같다.

$$P(X=x) = {}_{10}C_x (0.8)^x (0.2)^{10-x} \quad (x=0,\ 1,\ 2, \cdots, 10)$$

따라서 자유투를 6번 이상 8번 이하 성공할 확률을 소수점 아래 넷째 자리까지 구하면 다음과 같다.

$$\begin{aligned} P(6 \le X \le 8) &= {}_{10}C_6 (0.8)^6 (0.2)^4 + {}_{10}C_7 (0.8)^7 (0.2)^3 + {}_{10}C_8 (0.8)^8 (0.2)^2 \\ &\approx 0.0881 + 0.2013 + 0.3020 = 0.5914 \end{aligned}$$

이산확률변수로 어떤 사건이 일어날 확률을 구할 때 가장 많이 이용되는 것이 조합이다. 어떤 사건이 일어나거나 일어나지 않는 두 가지 경우가 있으며, n번 시행에서 x번 택하는 것과 같으므로

$$P(X=x) = {}_nC_x p^x (1-p)^{n-x} \quad (x=0,\ 1,\ 2, \cdots,\ n)$$

이다.

연속확률변수의 확률분포

= 연속으로 움직일 때의 확률

우리 민족은 예로부터 활을 잘 다루는 것으로 알려져 있으며, 활과 관련된 역사적 인물이 많다. 특히 임진왜란 때, 이순신 장군은 왜적이 쏘는 조총의 유효 사거리인 50m를 벗어나서 활로 적을 공격했다. 활의 유효 사거리는 150m다. 《난중일기》 곳곳에는 이순신 장군이 병사들에게 활쏘기 연습을 시키는 내용이 있다.

옛날 중국인들은 우리를 '동이(東夷)'라고도 불렀는데, 이는 중국을 중심으로 동쪽에 거주하는 이민족을 가리키는 말로 사용되었다. 그런데 동이에서 '이(夷)'는 크다는 뜻의 '대(大)'와 활이라는 뜻의 '궁(弓)'이 합쳐서 만들어졌다는 추측이 있다. 이에 따르면 우리 민족이 큰 활을 잘 쐈기 때문에 중국인들이 '동쪽의 활 잘 쏘는 사람'이라는 뜻으로 동이라고 했다는 설이 있다.

그래서 그런지 올림픽을 비롯한 세계 무대에서 우리나라는 신기에 가까운 활쏘기 실력을 뽐낸다. 특히 양궁(洋弓)은 국제적으로 그 실력을 인 정받고 있다. 우리나라에서는 전통 국궁(國弓)과 대비하여 서양으로부터 유입된 활쏘기라는 이름으로 '큰 바다 양(洋)'자를 붙였다.
올림픽 양궁 경기는 70m 떨어진 과녁을 쏘는데, 이때 사용하는 과녁의 크기는 지름이 122cm인 원이다. 10점 과녁의 원은 지름이 12.2cm이며, 1점씩 줄어들 때마다 지름은 12.2cm씩 증가한다. 지름이 12.2cm씩 커지므로 확률변수 X를 원판의 중심으로부터 떨어진 거리로 정의하면, X가 가질 수 있는 값은 다음과 같은 실수로 나타낼 수 있다.

$$0 \leq X \leq 122$$

양궁 선수가 쏜 화살은 이 범위 안에서 어떤 값을 가질 수 있다. 따라서 이 경우에 확률변수 X는 연속확률변수다. 이제 이와 같은 연속확률변수에 대하여 좀 더 자세히 알아보자.

Σ 연속확률변수가 이루는 분포를 나타내는 확률밀도함수

〈그림1〉처럼 일정한 간격으로 눈금이 정해진 원판의 중심을 축으로 하여 자유롭게 회전할 수 있는 바늘이 있는 장치가 있다고 하자. 바늘을 회전시켜 저절로 멈춘 곳의 눈금을 확률변수 X라 하자. 이때 X는 0 이상 10 이하의 모든 값을 가질 수 있고 X가 그 값을 가지는 것은 같은 정도로 일어난다고 기대할 수 있으므로, X는 연속확률변수다.

| 그림1 |

연속확률변수는 이산확률변수와 다르게 하나씩 따로따로 생각할 수 없기에 연속함수로 나타난다. 이를테면 바늘을 회전시켜 저절로 멈춘 곳의 눈금을 확률변수 X라 하면 확률변수 X는 0 이상 10 이하의 모든 값을 가질 수 있다. 이

때 바늘이 a와 $b(0 \le a \le b \le 10)$ 사이에서 정지할 확률, 즉 연속확률변수 X가 a 이상 b 이하의 값을 가질 확률은 다음과 같다.

$$P(a \le X \le b) = \frac{b-a}{10} \quad (0 \le a \le b \le 10)$$

| 그림2 |

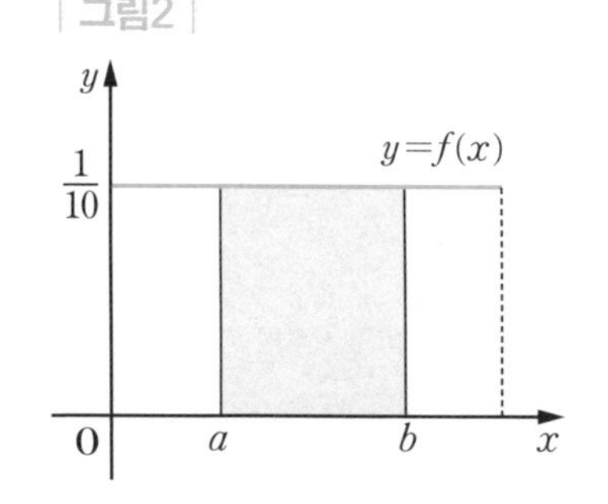

따라서 $P(a \le X \le b)$는 함수 $f(x) = \frac{1}{10}$의 그래프와 x축 및 두 직선 $x=a, x=b$로 둘러싸인 도형의 넓이와 같다.

일반적으로 $\alpha \le X \le \beta$에서 모든 실수의 값을 가질 수 있는 연속확률변수 X에 대하여 $\alpha \le x \le \beta$에서 정의된 함수 $f(x)$가 다음 세 가지 성질을 만족시킬 때, 함수 $f(x)$를 확률변수 X의 **확률밀도함수**라고 한다.

| 확률밀도함수의 성질 |

① $f(x) \ge 0$

② 함수 $y=f(x)$의 그래프와 x축 및 두 직선 $x=\alpha, x=\beta$로 둘러싸인 도형의 넓이는 1이다.

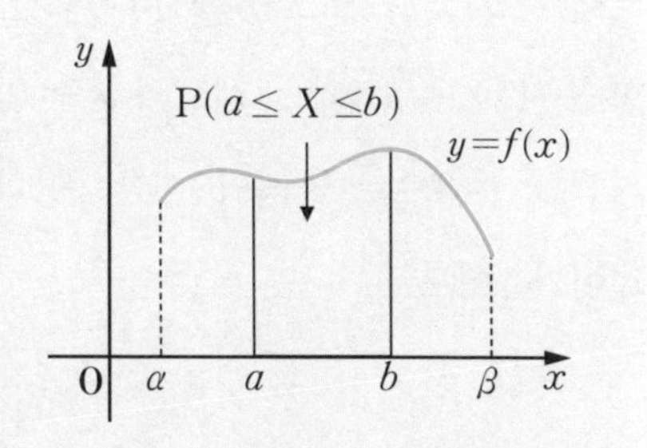

③ $P(a \le X \le b)$는 함수 $y=f(x)$의 그래프와 x축 및 두 직선 $x=a, x=b$로 둘러싸인 도형의 넓이와 같다. (단, $\alpha \le a \le b \le \beta$)

연속확률변수 X가 특정한 값을 가질 확률은 0이므로

$$\begin{aligned} P(a \le X \le b) &= P(a \le X < b) + P(X = b) \\ &= P(a \le X < b) \end{aligned}$$

이다. 이산확률변수와 다르게, 이를테면 연속확률변수 X가 특정한 값 $x=a$

를 갖는다면 이때의 확률 $P(X=a)$는 그 점에서 선분의 넓이다. 그런데 선분은 넓이가 0이므로 확률은 0이다. 따라서 연속확률변수 X가 특정한 값을 가질 확률은 0이다. 따라서 다음이 성립한다.

$$\begin{aligned} P(a \le X \le b) &= P(a \le X < b) \\ &= P(a < X \le b) \\ &= P(a < X < b) \end{aligned}$$

Σ 정적분으로 확률밀도함수 구하기

이제 확률밀도함수에 대한 문제를 간단히 알아보자.

연속확률변수 X의 확률밀도함수가 $f(x)=kx(0 \le x \le 3)$일 때, 상수 k의 값과 $P(2 \le X \le 3)$를 구해 보자.

| 그림3 |

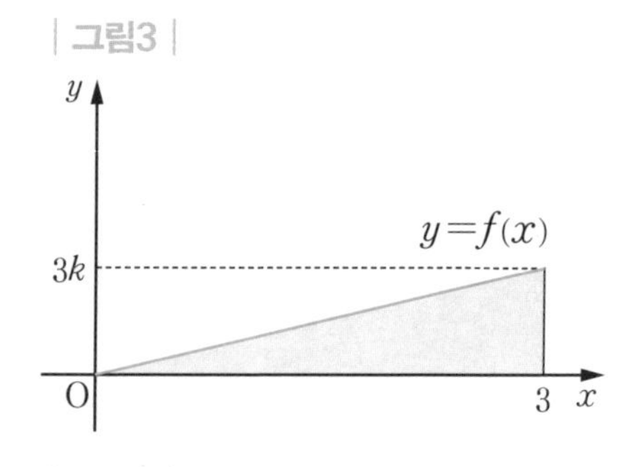

함수 $f(x)=kx$의 그래프와 x축 및 직선 $x=3$으로 둘러싸인 삼각형의 넓이가 1이므로

$$\frac{1}{2} \times 3 \times 3k = 1, \text{즉 } k = \frac{2}{9}$$

따라서 확률밀도함수는 $f(x)=\frac{2}{9}x$이다.

| 그림4 |

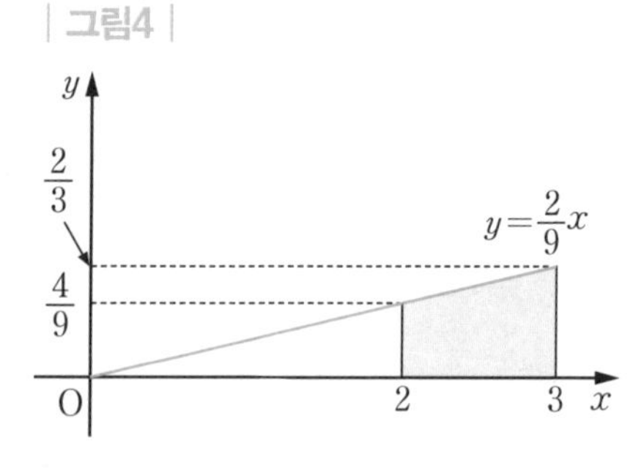

이를 이용하면 $P(2 \le X \le 3)$를 구할 수 있다. 즉, $P(2 \le X \le 3)$는 〈그림4〉에서 색칠한 사다리꼴의 넓이와 같으므로

$$P(2 \le X \le 3) = \frac{1}{2} \times \left(\frac{4}{9} + \frac{2}{3}\right) \times 1 = \frac{5}{9}$$

이때, $P(2 \le X \le 3)$은 전체에서 작은 삼각형의 넓이를 뺀 것과 같으므로

$$P(2 \le X \le 3) = 1 - P(0 \le X \le 2)$$

을 이용할 수도 있다.

사실 연속확률변수의 확률은 주어진 확률밀도함수를 이용한 넓이이므로 정적분으로 구한다. 연속확률변수 X가 a 이상 b 이하의 값을 가질 확률 $P(a \le X \le b)$는 확률밀도함수 $f(x)$의 그래프와 x축 및 두 직선 $x = a$, $x = b$로 둘러싸인 도형의 넓이와 같으므로, 확률밀도함수의 성질을 정적분을 사용하여 다음과 같이 나타낼 수 있다.

| 그림5 |

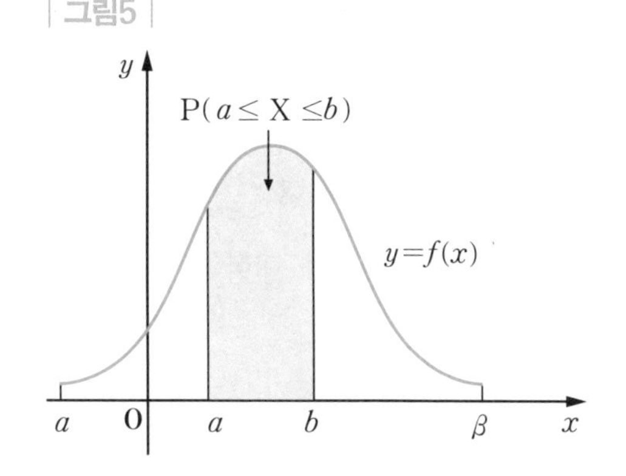

| 확률밀도함수의 성질을 정적분으로 설명 |

연속확률변수 X가 닫힌구간 $[\alpha, \beta]$에 속하는 모든 실수의 값을 가질 때, X의 확률밀도함수가 $f(x)$이면

① $\alpha \le x \le \beta$인 모든 x에 대하여 $f(x) \ge 0$

② $\int_{\alpha}^{\beta} f(x)dx = 1$

③ $P(a \le X \le b) = \int_{a}^{b} f(x)dx$ (단, $\alpha \le a \le b \le \beta$)

예를 들어 상수 k에 대하여 확률변수 X의 확률밀도함수가 다음과 같을 때, 정적분을 이용하여 확률밀도함수를 구해 보자.

$$f(x) = \begin{cases} kx & (0 \le x \le 2) \\ 0 & (x < 0 \text{ 또는 } x > 2) \end{cases}$$

주어진 구간에서 확률은 1이므로 정적분을 구하면

$$\int_0^2 kxdx = \left[\frac{1}{2}kx^2\right]_0^2 = \frac{k}{2} \times 2^2 = 1$$

이므로 $k = \frac{1}{2}$이다. 따라서 확률밀도함수는 다음과 같다.

$$f(x) = \begin{cases} \frac{1}{2}x & (0 \le x \le 2) \\ 0 & (x < 0 \text{ 또는 } x > 2) \end{cases}$$

한편, 연속확률변수에 대하여 한 점 $X = a$에서의 확률은 이산확률변수와는 다르게 0이다. 즉

$$\int_a^a f(x)dx = 0$$

그러나 고등학교 통계에서는 확률밀도함수에 대한 확률을 정적분으로 구하지는 않으므로 정적분까지 적용하지 않아도 된다. 고등학교 과정의 통계에서 확률밀도함수는 기껏해야 직접 넓이를 구할 수 있는 일차함수만 등장한다. 하지만 뒤에서 배울 연속확률변수 중에서 정규분포는 매우 복잡한 식으로 주어진다. 그러나 이 식을 직접 이용하지는 않으니 걱정할 것은 없다. 다만 확률을 어떻게 구할 것인지만 잘 이해하고 있으면 공식처럼 확률을 구할 수 있다. 이런 면에서 통계 대부분은 암기과목과 비슷하다.

X+Y=

이산확률변수의 기댓값과 표준편차

평균이 같은 두 사람 중, 누가 더 안정적일까?

기업이나 동네 마트에서 종종 고객 감사 이벤트를 한다. 이때 물건을 구매한 고객이나 동네 마트에 방문한 고객을 상대로 할인권을 주는 경우가 있다. 예를 들어 어느 마트에서는 개장 기념 행사로 선착순 100명의 고객에게 〈표1〉과 같이 할인액이 적힌 할인권을 준다고 하자.

| 표1. 다있어 마트 할인권 발행 현황 |

할인액(원)	5000	10000	2000	합계
할인권 수(명)	70	20	10	100

이때 우리는 마트에서 주는 할인권으로 얼마를 할인 받을 수 있을지 기대하는 값을 구할 수 있다. 즉, 할인권 1장에 대한 할인액의 평균을 구하면 할인권으로 얼마나 할인받을 수 있는지 기대되는 값을 구할 수 있다.

Σ 할인권으로 얼마를 할인 받을 수 있는지 기대하는 값

할인권 한 장에 대한 할인액의 평균을 구해 보자. 할인액이 5000원인 것은 70매이므로 모두 5000×70만큼의 할인을 받을 수 있다. 할인액이 10000원과 20000원일때도 마찬가지이고, 모두 100장이므로 할인액의 평균은 다음과 같다.

$$\frac{5000 \times 70 + 10000 \times 20 + 20000 \times 10}{100}$$
$$= 5000 \times \frac{70}{100} + 10000 \times \frac{20}{100} + 20000 \times \frac{10}{100}$$
$$= 7500(\text{원})$$

즉, 할인권 1장을 받았다면 7500원의 할인을 받을 수 있을 것으로 기대할 수 있다. 이때 $\frac{70}{100}$은 할인액이 5000원인 할인권을 받을 확률이고, $\frac{20}{100}$은 할인액이 10000원인 할인권을 받을 확률이며, $\frac{10}{100}$은 할인액이 20000원인 할인권을 받을 확률이다. 따라서 할인액의 평균은 확률변수 X의 각 값과 그에 대응하는 확률을 곱하여 더한 것과 같음을 알 수 있다.

일반적으로 이산확률변수 X의 확률질량함수가

$$P(X = x_i) = p_i \quad (i = 1,\ 2, \cdots, n)$$

이고 X의 확률분포표가 다음과 같을 때,

| 표2. X의 확률분포표 |

X	x_1	x_2	$\cdots$	x_n	합계
$P(X = x_i)$	p_1	p_2	$\cdots$	p_n	1

확률변수 X의 각 값과 그에 대응하는 확률을 곱하여 더한

$$x_1p_1 + x_2p_2 + \cdots + x_np_n$$

을 확률변수 X의 **기댓값** 또는 평균이라 하며, 이것을 기호로

$$\mathrm{E}(X)$$

와 같이 나타낸다. 여기서 E는 기댓값을 뜻하는 'Expectation'의 첫 글자다. 보통 기댓값 또는 평균은 $\mathrm{E}(X)$로 나타내기도 하고 m으로 나타내기도 한다. 이때 m은 평균을 나타내는 'mean'의 첫 글자다.

자료가 평균으로부터 흩어져 있는 정도, 산포도

그런데 자료의 평균만으로는 자료의 분포 상태를 알아보기에 충분하지 않다. 그래서 자료가 평균으로부터 흩어져 있는 정도를 알아볼 필요가 있다. 이때 자료가 흩어져 있는 정도를 하나의 수로 나타낸 값을 **산포도**라고 한다. 산포(散布)란 흩어져 있다는 뜻이다. 따라서 산포도는 '자료가 흩어져 있는 정도'라는 뜻이다.

자료 또는 변량이 평균으로부터 많이 흩어져 있다면 변량에 대한 평균은 큰 의미가 없을 수 있다. 반면에 변량이 평균을 기준으로 별로 흩어져 있지 않고 모여 있다면 평균은 주어진 변량들을 대표하는 중요한 값이다. 그래서 변량이 평균으로부터 흩어진 정도를 수치로 나타내는 것이 필요하다.

변량의 흩어진 정도는 각 변량이 평균으로부터 얼마나 떨어져 있는가로 알아볼 수 있다. 즉, 각 변량 x_i와 평균 m의 차를 이용하여 산포도를 나타낼 수 있는데, 어떤 자료의 각 변량 x_i에서 평균을 뺀 값을 그 변량의 **편차**라고 한다.

$$(\text{편차}) = (\text{변량}) - (\text{평균}) = x_i - m$$

예를 들어보자.

다음 표는 수미와 민지가 고리 던지기 게임을 10회씩 하여 얻은 점수를 나타낸 것이다.

| 표3. 수미와 민지의 점수 |

회	1	2	3	4	5	6	7	8	9	10
수미(점)	8	7	6	6	7	7	7	8	6	8
민지(점)	3	6	4	9	10	9	10	10	4	5

이때 두 사람의 평균을 m이라 하면 평균 점수는 다음과 같이 7점으로 같다.

$$\text{수미 (평균)} = \frac{8+7+6+6+7+7+7+8+6+8}{10} = 7(\text{점})$$

$$\text{민지 (평균)} = \frac{3+6+4+9+10+9+10+10+4+5}{10} = 7(\text{점})$$

하지만 둘의 점수를 다음과 같이 각각 그래프로 나타내면 분포 상태가 서로 다름을 알 수 있다. 즉, 수미의 점수는 평균인 7점 부근에 집중되어 있지만, 민지의 점수는 평균인 7점을 중심으로 좌우로 넓게 흩어져 있다.

| 그림1. 수미와 민지의 성적 산포도 |

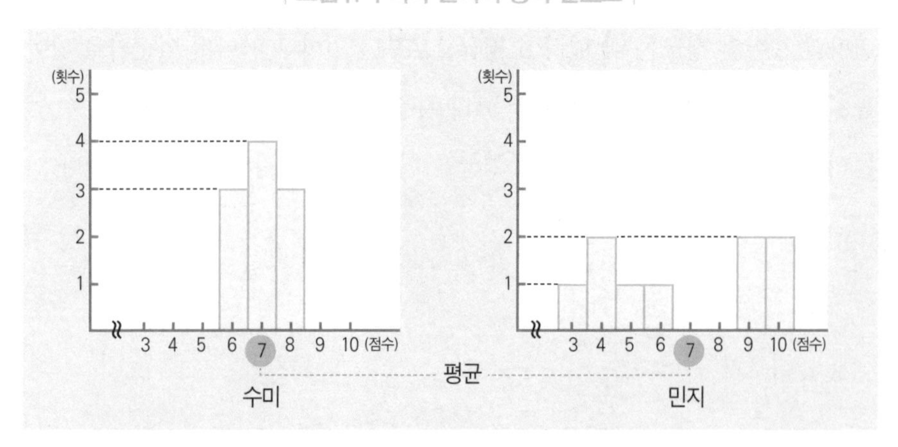

평균에 비해 흩어진 정도와 변화의 정도, 분산과 표준편차

그런데 모든 자료를 항상 그래프로 나타내어 확인하기 불편하다. 그래서 다른 방법이 필요하다.

앞의 고리 던지기 게임에서 수미와 민지의 점수 편차와 그 편차의 총합을 구하여 표로 나타내면 다음과 같다.

| 표4. 수미와 민지의 점수 편차와 편차의 총합 |

회	1	2	3	4	5	6	7	8	9	10	합계
수미(점)	1	0	−1	−1	0	0	0	1	−1	1	0
민지(점)	−4	−1	−3	2	3	2	3	3	−3	−2	0

이 표에서 1회에 해당하는 1과 −4는 평균 7로 편차를 구할 수 있다. 즉, 10회까지 다음과 같이 구할 수 있다.

수미 : $x_1 = 8 - 7 = 1,\ x_2 = 7 - 7 = 0, \cdots,\ x_{10} = 8 - 7 = 1$

민지 : $x_1 = 3 - 7 = -4,\ x_2 = 6 - 7 = -1, \cdots,$

$x_{10} = 5 - 7 = -2$

이때 편차는 그 변량이 평균으로부터 얼마나 떨어져 있는지를 알려주지만, 편차의 합은 항상 0이므로 편차의 합으로는 변량이 흩어져 있는 정도를 알 수 없다. 즉,

수미의 편차를 모두 더하면

$$1 + 0 + (-1) + (-1) + 0 + 0 + 0 + 1 + (-1) + 1 = 0$$

민지의 편차를 모두 더하면

$$(-4) + (-1) + (-3) + 2 + 3 + 2 + 3 + 3 + (-3) + (-2) = 0$$

따라서 편차의 합으로는 누구의 점수가 더 흩어져 있는지 알 수 없다. 그래서

편차의 합이 0이 되지 않도록 다음과 같이 편차를 제곱하여 평균을 구한다. 편차를 제곱하는 또 다른 이유는 평균으로부터 2만큼 또는 -2만큼 떨어져 있다면, 단순히 평균에서 오른쪽 또는 왼쪽으로 흩어져 있는데 흩어진 정도는 같다. 따라서 제곱하여 음수를 양수로 바꿔도 흩어진 정도는 유지된다. 그래서 다음과 같이 편차 제곱의 평균을 구하는 것이다.

$$\frac{1}{10}\{(x_1-m)^2+(x_2-m)^2+\cdots+(x_{10}-m)^2\}$$

이 식을 이용하여 수미와 민지의 점수에 대한 편차 제곱의 평균을 구하면 다음과 같다.

수미 :

$$\frac{1}{10}\sum_{i=1}^{10}(x_i-m)^2$$
$$=\frac{1^2+0^2+(-1)^2+(-1)^2+0^2+0^2+0^2+1^2+(-1)^2+1^2}{10}$$
$$=0.6$$

민지 :

$$\frac{1}{10}\sum_{i=1}^{10}(x_i-m)^2$$
$$=\frac{(-4)^2+(-1)^2+(-3)^2+2^2+3^2+2^2+3^2+3^2+(-3)^2+(-2)^2}{10}$$
$$=7.4$$

이때 $0.6<7.4$이므로 민지의 점수가 수미의 점수보다 평균을 중심으로 더 넓게 흩어져 있음을 알 수 있다.

이와 같이 평균을 중심으로 각 변량이 흩어져 있는 정도를 알기 위하여 각 편차 제곱의 합을 변량의 개수로 나눈 값, 즉 편차 제곱의 평균을 **분산**이라고 한다. 또 분산의 양의 제곱근을 **표준편차**라고 한다. 분산을 구할 때 제곱해서 구했으므로, 되돌리려면 제곱근을 구해야 한다. 즉, 표준편차는 분산의 제곱근으로 구한다.

앞의 예에서 두 사람의 평균은 모두 7이었다. 수미는 분산이 0.6, 표준편차가 $\sqrt{0.6} \approx 0.78$이고, 민지는 분산이 7.4, 표준편차가 $\sqrt{7.4} \approx 2.7$이다. 분산은 평균 7에 비하여 흩어진 정도이므로 0.6은 평균 7에 비하여 작은 수이지만 7.4는 큰 수다. 따라서 수미는 거의 흩어져 있지 않으나 민지는 엄청 많이 흩어져 있다는 뜻이다. 또, 표준편차를 살펴보면 수미는 평균 7로부터 대략 오른쪽과 왼쪽으로 0.78정도 흩어져 있고, 민지는 2.7정도 흩어져 있다는 뜻이다. 이것은 수미는 7 ± 0.78점으로 안정적이지만 민지는 7 ± 2.7로 변화가 심함을 알 수 있다.

만일 여러분이 고리 던지기 게임의 감독이라면 수미를 선수로 택하는 것이 팀을 안정적으로 유지하는데 유리하다는 뜻이다. 따라서 자료를 분석할 때는 분산과 표준편차를 모두 살펴보는 것이 좋다.

이제 일반적으로 이산확률변수의 분산과 표준편차를 구해 보자.

확률변수 X의 기댓값 $\mathrm{E}(X)$를 m이라 할 때, 편차 $X - m$의 제곱의 기댓값

$$\mathrm{E}((X-m)^2) = (x_1 - m)^2 p_1 + (x_2 - m)^2 p_2 + \cdots + (x_n - m)^2 p_n$$

을 확률변수 X의 분산이라 하며, 이것을 기호로

$$\mathrm{V}(X)$$

와 같이 나타낸다. 또, 분산 $\mathrm{V}(X)$의 양의 제곱근을 확률변수 X의 표준편차라 하며, 이것을 기호로

$$\sigma(X)$$

와 같이 나타낸다. 즉, $\sigma(X) = \sqrt{\mathrm{V}(X)}$이다. 여기서 $\mathrm{V}(X)$의 V는 분산을 뜻하는 'Variance'의 첫 글자이고, $\sigma(X)$의 σ는 표준편차를 뜻하는 'standard deviation'의 첫 글자 s에 해당하는 그리스 문자로 '시그마'로 읽는다.

이산확률변수 X의 분산을

$$\mathrm{V}(X) = \mathrm{E}(X^2) - \{\mathrm{E}(X)\}^2$$

으로 구하는 것은 간단한 계산으로 알 수 있다. 또 확률변수 $Y = aX + b$에

대하여 다음의 결과도 모두 간단한 계산으로 얻을 수 있다.

$$\mathrm{E}(Y) = a\mathrm{E}(X) + b$$
$$\mathrm{V}(Y) = a^2\mathrm{V}(X)$$
$$\sigma(Y) = \sqrt{\mathrm{V}(Y)} = \sqrt{a^2\mathrm{V}(X)} = |a|\sigma(X)$$

$Y = aX + b$ 와 같은 확률변수를 생각해야 하는 이유

그런데 확률변수 X에 대하여 왜 $Y = aX + b$와 같은 확률변수를 생각할까? 예를 들어 확률변수 X의 분포표가 다음과 같다고 하자.

| 표5. X의 확률분포표 |

X	0.12	0.22	0.32	0.42	합계
$\mathrm{P}(X=x)$	$\frac{1}{7}$	$\frac{3}{7}$	$\frac{2}{7}$	$\frac{1}{7}$	1

이때 확률변수 X의 분산을 구하는 경우를 생각해 보자. 분산은 X 각각의 값의 제곱을 구하고 평균을 구한 후에 또 제곱해야 하는 등 계산이 매우 복잡하다. 하지만 $Y = 10X - 0.2$로 변환하면 소수인 확률변수가 자연수로 바뀌므로 $a = 10$, $b = -0.2$이고 확률분포표는 다음과 같이 바뀐다.

| 표5. X와 Y의 확률분포표 |

X	0.12	0.22	0.23	0.42	합계
Y	1	2	3	4	
$\mathrm{P}(Y=y)$	$\frac{1}{7}$	$\frac{3}{7}$	$\frac{2}{7}$	$\frac{1}{7}$	1

또 $Y = 10X - 0.2$이므로 $\mathrm{V}(Y) = 10^2\mathrm{V}(X)$에서 $\mathrm{V}(X) = \frac{1}{100}\mathrm{V}(Y)$이다. 따라서 자연수로 되어 계산하기 쉬운 Y의 분산을 구하면 원래의 확률변수 X의 분산을 쉽게 구할 수 있다. 즉,

$$\mathrm{E}(Y) = \frac{1}{7} + \frac{6}{7} + \frac{6}{7} + \frac{4}{7} = \frac{17}{7}$$

이므로

$$(\mathrm{E}(Y))^2 = \frac{289}{49}$$

이고,

$$\mathrm{E}(Y^2) = \frac{1^2 \times 1 + 2^2 \times 3 + 3^2 \times 2 + 4^2 \times 1}{7} = \frac{47}{7}$$

이므로, 다음과 같다.

$$\mathrm{V}(Y) = \mathrm{E}(Y^2) - (\mathrm{E}(Y))^2 = \frac{47}{7} - \frac{289}{49} = \frac{40}{49}$$

따라서

$$\mathrm{V}(X) = \frac{1}{100} \times \frac{40}{49} = \frac{4}{490} = \frac{2}{245}$$

이다.

통계 단원에서는 복잡한 공식이 많이 주어지지만, 그런 공식을 모두 암기할 필요는 없다. 하지만 중요하게 이용되는 것은 암기해야 한다. 그래서 통계는 전통적인 수학과는 약간 다르긴 하다. 어쨌든, 통계 단원은 문제를 풀어봄으로써 암기한 공식이 어떻게 활용되는지를 이해한 후에, 공식을새로운 문제를 푸는 데 활용할 수 있어야 한다.

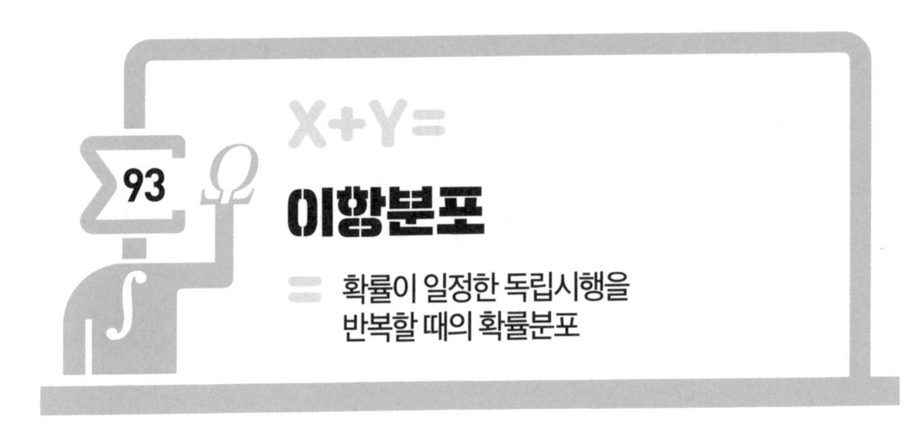

우리 생활 속에서 일어나는 확률 문제 중에서 어떤 사건이 일어날까 일어나지 않을까의 두 가지 경우만을 생각하는 문제가 많이 있다. 이를테면 내일 비가 올까 오지 않을까, 축구 선수가 페널티킥에 성공할까 못할까, 동전을 던져서 앞면이 나올까 뒷면이 나올까 등의 문제가 그러한 것이다. 이와 같이 한 번 시행한 결과가 두 가지뿐인 경우를 흔히 볼 수 있는데, 이런 경우에 적용하는 확률변수에 대하여 알아보자.

이항분포의 평균, 분산, 표준편차

한 번의 시행에서 사건 A가 일어날 확률이 p로 일정할 때 사건 A가 일어나지 않을 확률 $q=1-p$도 일정하다. 이때 n번의 독립시행에서 사건 A가 일어나는 횟수를 확률변수 X라 하면, 확률변수 X가 가질 수 있는 값은 $0, 1, 2, \cdots, n$이며 X의 확률질량함수는

$$\mathrm{P}(X=x)={}_n\mathrm{C}_x p^x q^{n-x} \quad (x=0,\ 1,\ 2, \cdots,\ n,\ q=1-p)$$

이다. 즉, n번 독립시행이므로 각 시행은 따로 확률변수 X를 가지므로 X는 이산확률변수이고 확률질량함수는 A가 일어나는 경우와 그 경우의 수로 이루어진다. 또, 확률변수 X의 확률분포를 표로 나타내면 다음과 같다.

| 표1. X의 확률분포표 |

X	0	1	2	$\cdots$	x	$\cdots$	n	합계
$\mathrm{P}(X=x)$	${}_n\mathrm{C}_0 q^n$	${}_n\mathrm{C}_1 pq^{n-1}$	${}_n\mathrm{C}_2 p^2 q^{n-2}$	$\cdots$	${}_n\mathrm{C}_x p^x q^{n-x}$	$\cdots$	${}_n\mathrm{C}_n p^n$	1

위의 표에서 각 확률은 $(q+p)^n$을 이항정리를 이용하여 전개한 식

$$(q+p)^n = {}_n\mathrm{C}_0 q^n + {}_n\mathrm{C}_1 pq^{n-1} + \cdots + {}_n\mathrm{C}_x p^x q^{n-x} + \cdots + {}_n\mathrm{C}_n p^n$$

의 각 항과 같다. 이때 $q+p=1$이므로 각 확률을 모두 더한 값이 1임을 알 수 있다. 이와 같은 확률변수 X의 확률분포를 **이항분포**라 하며, 이것을 기호로 $\mathrm{B}(n,\ p)$와 같이 나타내고 '확률변수 X는 이항분포 $\mathrm{B}(n,\ p)$를 따른다'라고 한다. 여기서 n은 시행 횟수이고 p는 각 시행에서 사건 A가 일어날 확률이다. $\mathrm{B}(n,\ p)$의 B는 이항분포를 뜻하는 'Binomial distribution'의 첫 글자다.

| 이항분포 기호 |

$\mathrm{B}(n,\ p)$

n: 시행 횟수

p: 각 시행에서 사건 A가 일어날 확률

예를 들어, 재구매율이 30%인 상품을 100명에게 판매하였을 때, 재구매하는 인원 수 X를 확률변수라 하면 $\frac{30}{100}=\frac{3}{10}$이므로 X는 이항분포 $\mathrm{B}\left(100,\ \frac{3}{10}\right)$을 따른다.

그런데 둘 중 한 사건이 일어날 확률분포인 이항분포 $\mathrm{B}(n,\ p)$의 평균, 분산, 표준편차를 구하는

축구 선수가 페널티킥에 성공할지 못할지처럼, 확률이 일정한 독립시행을 반복할 때의 확률분포를 이항분포라고 한다.

엄밀한 수학적 알고리즘은 복잡하고 고등학교 수준을 넘어간다. 그래서 먼저 간단한 예를 들어보자. 확률변수 X가 이항분포 $\mathrm{B}(3, p)$를 따를 때, X의 확률분포를 표로 나타내면 다음과 같다. (단, $q=1-p$)

| 표1. X의 확률분포표 |

X	0	1	2	3	합계
$\mathrm{P}(X=x)$	q^3	$3pq^2$	$3p^2q$	p^3	1

따라서 X의 평균과 분산 및 표준편차는 다음과 같다.

$$\begin{aligned}\mathrm{E}(X) &= 0 \times q^3 + 1 \times 3pq^2 + 2 \times 3p^2q + 3 \times p^3 \\ &= 3p(q+p)^2 = 3p \\ \mathrm{V}(X) &= 0^2 \times q^3 + 1^2 \times 3pq^2 + 2^2 \times 3p^2q + 3^2 \times p^3 - (3p)^2 \\ &= 3p(q+3p)(q+p) - 9p^2 = 3pq \\ \sigma(X) &= \sqrt{\mathrm{V}(X)} = \sqrt{3pq}\end{aligned}$$

위의 결과를 일반화하면, 이항분포 $\mathrm{B}(n, p)$를 따르는 확률변수 X의 평균과 분산 및 표준편차는 다음과 같음이 알려져 있다.

확률변수 X가 이항분포 $\mathrm{B}(n, p)$를 따를 때,

$$\mathrm{E}(X) = np,\ \mathrm{V}(X) = npq,\ \sigma(X) = \sqrt{npq}\ (\text{단, } q = 1-p)$$

Σ 이항분포는 정규분포를 이용해 해결

예를 들어, 확률변수 X가 이항분포 $\mathrm{B}\left(30, \frac{2}{5}\right)$를 따른다면 $p = \frac{2}{5}$이므로 $q = 1 - \frac{2}{5} = \frac{3}{5}$이다. 따라서 평균, 분산, 표준편차는 다음과 같다.

$$\mathrm{E}(X) = 30 \times \frac{2}{5} = 12,$$
$$\mathrm{V}(X) = 30 \times \frac{2}{5} \times \frac{3}{5} = \frac{36}{5},$$
$$\sigma(X) = \sqrt{\frac{36}{5}} = \frac{6\sqrt{5}}{5}$$

또 다른 예로, 어느 제약 회사에서 새로 개발한 치료약이 특정 질병의 환자에게 90% 완치율을 보인다고 한다. 이 약을 복용한 환자 300명 중에서 완치되는 환자 수를 확률변수 X라 할 때, X의 평균과 표준편차를 구해 보자. 이때는 $p = 90\%$이므로 $p = \frac{9}{10}$이고 $q = \frac{1}{10}$이다. 따라서 $\mathrm{B}\left(300, \frac{9}{10}\right)$를 따르므로

$$\mathrm{E}(X) = 300 \times \frac{9}{10} = 270,$$
$$\mathrm{V}(X) = 300 \times \frac{9}{10} \times \frac{1}{10} = 27,$$
$$\sigma(X) = \sqrt{27} = 3\sqrt{3}$$

이 결과로부터 $3\sqrt{3} \approx 3 \times 1.7 = 5$라 하면, 약을 복용한 환자 300명 중에서 평균적으로 270명의 ± 5명 즉, 265명부터 275명 사이에서 완치된다는 뜻이다.

한편, 이항분포 $\mathrm{B}(n, p)$에서 n의 값이 커질수록 즉, 시행을 많이 할수록 통계적 확률은 수학적 확률에 가까워진다는 **큰수의 법칙**이 있다. 이것은 이항분포에서 시행의 횟수 n을 적당히 크게 한다면 이산확률분포인 이항분포는 연속확률분포가 된다는 뜻이다. 결국 이항분포는 다음에 소개할 정규분포와 같이 취급해도 된다는 뜻이다. 실제로 고등학교 수준의 통계에서는 거의 모든 문제는 정규분포를 이용하여 해결하므로 정규분포에 대하여 잘 이해해야 한다.

그런데 이런 내용은 고등학교 과정에서

수학적으로 증명할 수 없는 어려운 문제다. 사실, 고등학교 통계에서 이용하는 많은 공식은 고등학교 과정까지 배운 수학으로는 전개하거나 증명할 수 없는 수준이기에 간단한 설명으로 증명을 대신한다. 이는 공식은 이러저러한 과정으로 도출된 것이므로 결과를 암기하라는 뜻이다. 그리고 고등학교 과정에서 통계 문제는 주어진 공식에 단순히 수치만 대입하여 결과를 얻어내는 것이다. 따라서 통계에 대한 개념은 예제나 문제 같은 상황으로 이해해야 한다. 결론적으로 통계는 많은 문제를 풀어봐야 한다는 뜻이다.

정규분포

= 실생활에서 가장 빈번하게 마주치는 확률분포

| 그림1 |

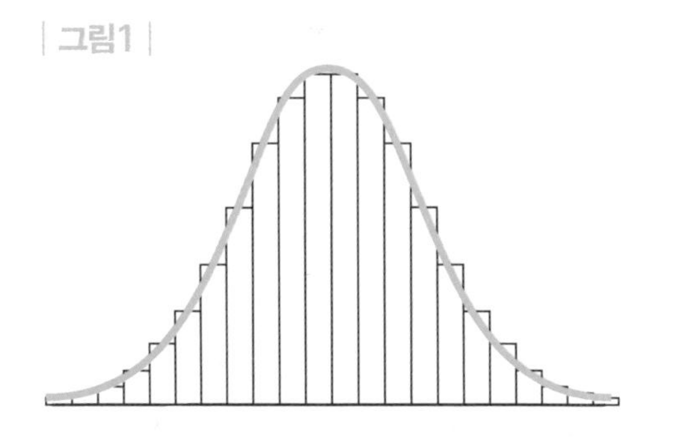

자연에서 볼 수 있는 귀뚜라미의 몸길이, 모든 나뭇잎 크기, 별의 표면 밝기 분포 그리고 사회 현상에서 볼 수 있는 특정 질병의 환자 수, 공장에서 생산된 상품의 사용 기간, 과수원에서 생산된 과일의 당도, 아침을 먹고 등교하는 고등학생의 수 등의 분포를 그래프로 나타내면 종 모양의 곡선에 가까워진다고 한다. 강수량이나 시험 점수 등 자연 현상이나 사회 현상을 관찰하여 얻은 자료의 개수가 충분히 클 때, 상대도수를 계급의 크기를 작게 하여 히스토그램으로 나타내면 자료의 개수가 많아질수록 〈그림1〉과 같이 좌우 대칭인 종 모양의 곡선에 가까워지는 경우가 많다. 그런데 이런 분포에 대한 확률밀도함수를 구하는 것은 고등학교 과정에서는 불가능하다. 따라서 어려운 함수가 등장하면 그냥 '이런 것이 있구나!'하는 정도로 넘어가기 바란다.

세상을 설명하는 분포

실수 전체의 집합에서 정의된 연속확률변수 X의 확률밀도함수 $f(x)$가 두 상수 m과 $\sigma(\sigma > 0)$에 대하여

$$f(x) = \frac{1}{\sqrt{2\pi}\sigma}e^{-\frac{(x-m)^2}{2\sigma^2}}$$

일 때, X의 확률분포를 **정규분포** 라고 한다. 여기서 e는 $e = 2.718281\cdots$인 무리수이며, 각종 자연 현상에 매우 빈번하게 등장하기에 '자연 대수'라 부른다. e는 원주율 π와 함께 수학에서 매우 빈번하게 이용되는 수이므로 반드시 기억해야 한다. 또 m은 평균이고 σ는 표준편차이며 확률밀도함수 $f(x)$의 그래프는 〈그림2〉와 같다. 이 곡선을 **정규분포곡선** 이라고 한다.

| 그림2. 정규분포곡선 |

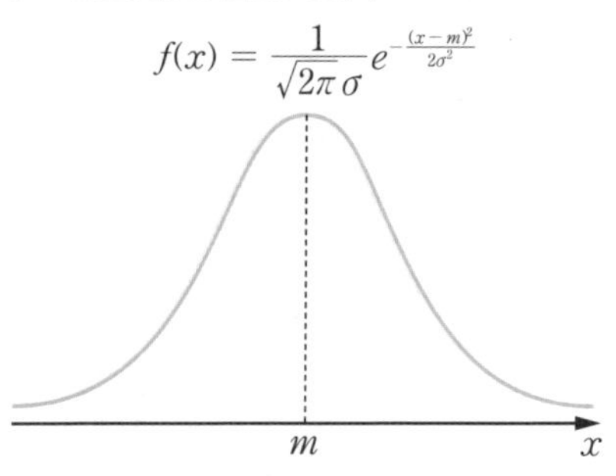

확률변수 X의 확률밀도함수가 $f(x) = \frac{1}{\sqrt{2\pi}\sigma}e^{-\frac{(x-m)^2}{2\sigma^2}}$으로 주어질 때, 확률변수 X의 평균은 m이고 분산은 σ^2임이 알려져 있다. 평균과 분산이 각각 m과 σ^2인 정규분포를 기호로

$$\mathrm{N}(m,\ \sigma^2)$$

과 같이 나타내고, '확률변수 X는 정규분포 $\mathrm{N}(m,\ \sigma^2)$을 따른다'라고 한다. 여기서 N은 정규분포를 뜻하는 'Normal distribution'의 첫 글자다.

한편, 연속확률변수 X가 정규분포 $\mathrm{N}(m,\ \sigma^2)$을 따를 때, 확률의 합은 1이므로 그래프와 축 사이의 넓이는 1이다. 이것을 수학적으로 표현하면 다음과 같다.

$$\int_{-\infty}^{\infty} f(x)dx = 1$$

또 확률 $\mathrm{P}(a \le X \le b)$는 〈그림3〉에서 정규분포곡선과 x축 및 두 직선 $x=a, x=b$로 둘러싸인 도형의 넓이와 같다. 즉, 다음과 같다.

$$\mathrm{P}(a \le X \le b) = \int_a^b f(x)dx$$

정규분포곡선은 좌표평면 위에 나타낼 때 보통 y축을 생략하기도 하며, 평균이 m이고 표준편차가 σ인 정규분포곡선은 직선 $x=m$에 대하여 대칭이다.

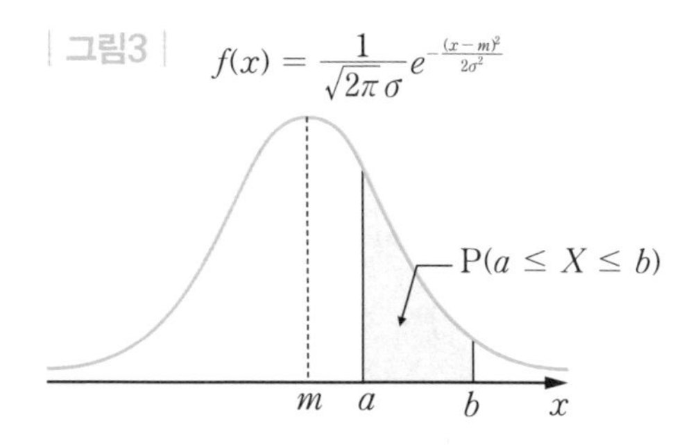

곡선의 모양만으로 자료의 분포 상태를 짐작

이제 정규분포곡선의 성질에 대하여 알아보자.

〈그림4〉와 〈그림5〉는 m과 σ의 값에 따라 정규분포곡선을 그린 것이다.

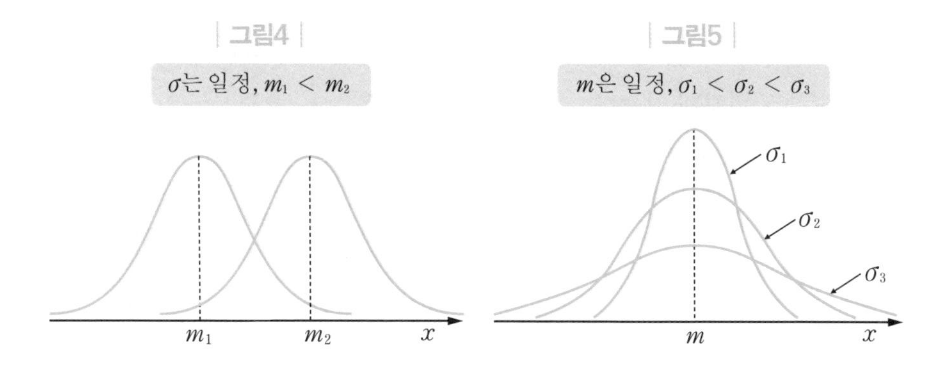

〈그림4〉는 표준편차는 같지만 평균이 다른 두 정규분포곡선으로, 그래프의 모양은 같지만 대칭축의 위치는 다르다는 것을 알 수 있다. 즉, 평균이 m_1과 m_2로 다르므로 대칭축이 다르고, 표준편차는 같으므로 자료가 평균으로부터

퍼진 정도는 같다. 따라서 σ의 값이 일정할 때 m의 값이 달라지면 대칭축의 위치는 바뀌지만 그래프의 모양은 변하지 않는다.

〈그림5〉는 평균은 m으로 같지만 표준편차가 σ_1, σ_2, σ_3 으로 다른 세 정규분포곡선이다. 표준편차가 클수록 그래프의 모양은 가운데 부분의 높이는 낮아지고 옆으로 퍼진다는 것을 알 수 있다. 즉, 평균이 같으므로 그래프는 움직이지 않지만, 표준편차가 다르므로 자료가 평균으로부터 퍼진 정도는 다르다. 그림에서 알 수 있듯이 표준편차가 클수록 평균으로부터 더 넓게 퍼져 있다. 따라서 m의 값이 일정할 때 σ의 값이 클수록 가운데 부분의 높이는 낮아지고 옆으로 퍼진 모양이 된다.

일반적으로 정규분포 $\mathrm{N}(m,\ \sigma^2)$을 따르는 확률변수 X의 정규분포곡선은 다음과 같은 성질을 갖는다.

〈정규분포곡선의 성질〉

① 직선 $x = m$에 대하여 대칭인 종 모양의 곡선이다.

② 곡선과 x축 사이의 넓이는 1 이다.

③ σ의 값이 일정할 때, m의 값이 달라지면 대칭축의 위치는 바뀌지만 모양은 변하지 않는다.

④ m의 값이 일정할 때, σ의 값이 클수록 가운데 부분의 높이는 낮아지고 옆으로 퍼진 모양이 된다.

예를 들어 오른쪽 네 개의 정규분포곡선을 살펴보자. 곡선 (4)가 가장 오른쪽에 있으므로 평균이 가장 크다. 그

| 그림6 |

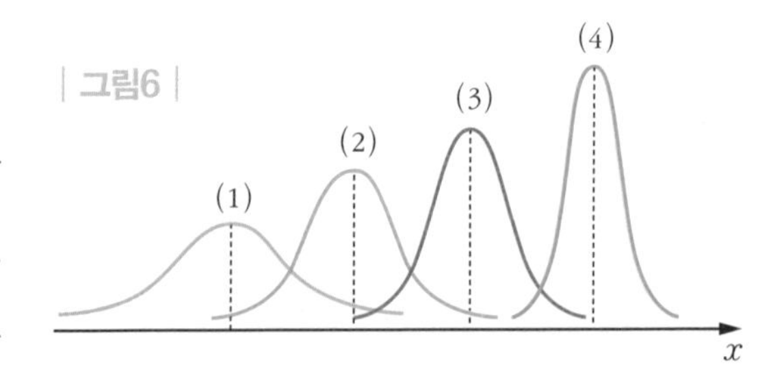

런데 곡선 (1)이 평균인 대칭축으로부터 가장 넓게 퍼져 있으므로 표준편차가 가장 크다. 이처럼 정규분포는 곡선의 모양만으로도 자료의 분포 상태를 짐작할 수 있다.

한편, 정규분포를 좀 더 단순화할 수 있다. 즉, 모든 정규분포는 평균 m을 0으로, 표준편차 σ를 1로 바꿀 수 있다. 이렇게 평균이 0이고 분산이 1인 정규분포 N(0, 1)을 **표준정규분포** 라고 한다. 확률변수 Z가 표준정규분포 N(0, 1)을 따를 때, Z의 확률밀도함수는

$$f(z) = \frac{1}{\sqrt{2\pi}} e^{-\frac{z^2}{2}}$$

이고, 그 그래프는 〈그림7〉과 같다. 또, 양수 z에 대하여 $P(0 \leq Z \leq z)$는 그림에서 색칠한 도형의 넓이와 같고, 그 값은 모든 통계 책의 부록에 있는 표준정규분포표에서 찾을 수 있다.

| 그림7 |

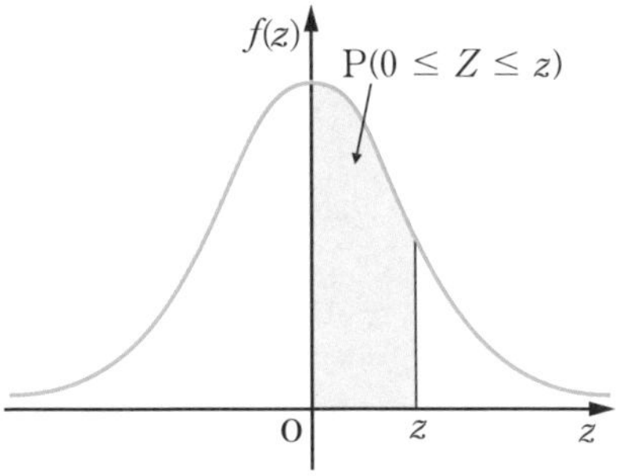

$f(z)$
$P(0 \leq Z \leq z)$
O
z
z

예를 들어 〈그림8〉 표준정규분포표에서

$$P(0 \leq Z \leq 1.96) = 0.4750,$$
$$P(0 \leq Z \leq 2) = 0.4772$$

임을 알 수 있다. 사실 이런 값은 소수점 아래 다섯째 자리에서 반올림하여 나타낸 것이다.

| 그림8 |

z	0	1	5	6	7
0.0	.0000	.0040	.0199	.0239	.0279
0.1	.0398	.0438	.0596	.0636	.0675
⋮	⋮	⋮	⋮	⋮	⋮
1.9	.4713	.4719	.4744	.4750	.4756
2.0	.4772	.4778	.4798	.4803	.4808

한편, 확률밀도함수 $f(z)$의 그래프는 직선 $z = 0$에 대하여 대칭이므로 0을 대칭축으로 하여 양쪽의 값이 같다. 그래서 다음이 성립함을 알 수 있다.

$$\mathrm{P}(-z \leq Z \leq 0) = \mathrm{P}(0 \leq Z \leq z) \quad (\text{단, } z > 0)$$

정규분포를 표준정규분포로 바꾸기

이제 정규분포를 어떻게 표준정규분포로 바꾸는지 알아보자.

우리는 앞에서 확률변수 X를 새로운 확률변수 $Y = aX + b$로 바꾸는 것에 대하여 알아봤다. 정규분포 $\mathrm{N}(m, \sigma^2)$을 따르는 연속확률변수 X에 대하여 $Z = \dfrac{X - m}{\sigma}$이라 하면, $Z = \dfrac{1}{\sigma}X - \dfrac{m}{\sigma}$이므로 $aX + b$인 경우에서 $a = \dfrac{1}{\sigma}$이고 $b = -\dfrac{m}{\sigma}$라 생각할 수 있다. 그러면 Z에 대하여 $\mathrm{E}(X) = m$이고 $\mathrm{V}(X) = \sigma^2$이므로 $\mathrm{E}(aX + b) = a\mathrm{E}(X) + b$에서

$$\mathrm{E}(Z) = \mathrm{E}\left(\frac{1}{\sigma}X - \frac{m}{\sigma}\right) = \frac{1}{\sigma}\mathrm{E}(X) - \frac{m}{\sigma} = \frac{m}{\sigma} - \frac{m}{\sigma} = 0,$$

$\mathrm{V}(aX + b) = a^2\mathrm{V}(X)$에서

$$\mathrm{V}\left(\frac{1}{\sigma}X - \frac{m}{\sigma}\right) = \left(\frac{1}{a}\right)^2\mathrm{V}(X) = \frac{\sigma^2}{\sigma^2} = 1$$

따라서 연속확률변수 X에 대하여 $Z = \dfrac{X - m}{\sigma}$이라 하면, 확률변수 Z의 평균과 분산은 다음과 같다.

$$\mathrm{E}(Z) = 0, \ \mathrm{V}(Z) = 1$$

확률변수 Z도 확률변수 X와 같이 정규분포를 따른다는 사실이 알려져 있으므로 확률변수 Z는 표준정규분포 $\mathrm{N}(0, 1)$을 따른다. 이와 같이 정규분포 $\mathrm{N}(m, \sigma^2)$을 따르는 확률변수 X를 표준정규분포 $\mathrm{N}(0, 1)$을 따르는 확률변수 $Z = \dfrac{X - m}{\sigma}$으로 바꾸는 것을 **표준화**라고 한다. 예를 들어, 확률변수 X

가 정규분포 $N(70, 5^2)$을 따를 때, 확률변수 $Z = \frac{X-70}{5}$라 하면 정규분포 $N(70, 5^2)$은 표준정규분포 $N(0, 1)$으로 바뀐다. 이에 따라 $P(70 \le X \le 80)$을 구해 보자. 확률변수 X가 정규분포 $N(m, \sigma^2)$을 따를 때, $Z = \frac{X-m}{\sigma}$이라 하면

$$P(a \le X \le b) = P\left(\frac{a-m}{\sigma} \le Z \le \frac{b-m}{\sigma}\right)$$

이다. 따라서 $P(70 \le X \le 80)$은 다음과 같이 구할 수 있다.

$$\begin{aligned} P(70 \le X \le 80) &= P\left(\frac{70-70}{5} \le Z \le \frac{80-70}{5}\right) \\ &= P(0 \le Z \le 2) \\ &= 0.4772 \end{aligned}$$

정규분포는 생활 주변에서 가장 빈번하게 마주치고 가장 많이 사용되는 확률분포로서, 평균과 분산만 알면 자료의 분포 상태와 확률 등 거의 모든 사항을 파악할 수 있어서 매우 유용하다.

한편, 일반적으로 확률변수 X가 이항분포 $B(n, p)$를 따를 때, n이 충분히 크면 X는 근사적으로 평균이 np이고 분산이 npq인 정규분포 $N(np, npq)$를 따른다는 사실이 알려져 있다. 여기서 $q = 1 - p$이다. 즉, 이산확률분포와 연속확률분포는 모두 정규분포로 바꿀 수 있고, 정규분포는 다시 표준화할 수 있다. 결국 통계에서 가장 중요한 분포는 표준정규분포임을 알 수 있다. 그래서 문제가 이항분포로 주어지면 이항분포를 정규분포로 바꾸고, 다시 표준화하여 문제를 해결해야 한다. 이 과정에 익숙해지려면 문제를 많이 풀어보는 것이 가장 좋다.

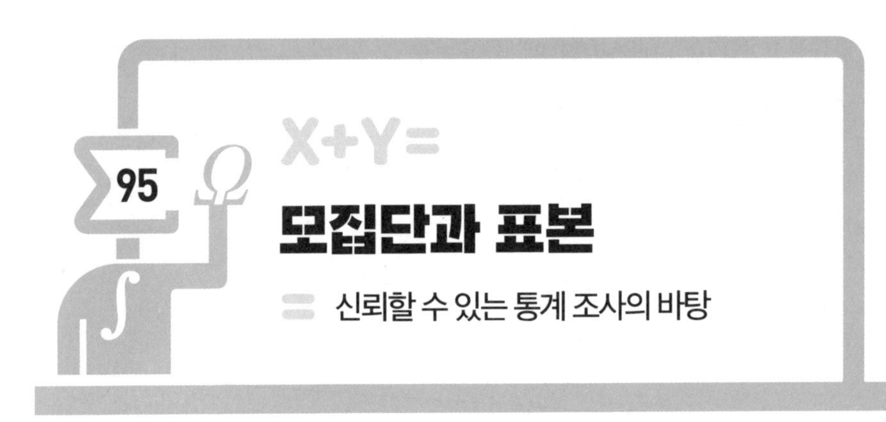

우리나라는 아주 오래전부터 인구 조사를 실시했다. 고대에는 '호구조사(戶口調査)'라는 이름으로 실시했으며, 근대적 의미의 인구조사인 인구총조사는 1925년에 처음으로 실시한 후에 정기적으로 실시해 오고 있다. 현재는 '인구주택총조사'라 하며, 국민의 사회 · 경제적 특성을 모두 조사하여 각종 조사를 위한 기초 자료로 제공된다.

2022년 인구주택총조사의 결과에 의하면, 우리나라 인구는 5169만 명인데 전년 대비 46000명 감소했다. 생산연령인구는 25만 8천 명 감소했으며 노령화지수는 13.1 증가한 것으로 나타났다. 또 총가구 수는 2238만이며, 평균 가구원은 2.25명으로 조사 되었다.

인구주택총조사와 같이 통계 조사에서 조사의 대상이 되는 집단 전체를 조사하는 것을 **전수조사**라고 한다. 그런데 전수조사는 많은 시간과 비용이 필요할 뿐만 아니라 건전지 수명, 자동차 충돌 실험 등 전수조사 자체가 불가능한 경우도 있다. 만약 어느 회사에서 생산되는 건전지의 평균 수명을 알기 위해 모든 건전지의 수명을 조사하면 사용할 수 있는 건전지가 없어진다. 그래서 일부만을 조사해 모든 건전지의 수명을 추측하는 방법이 필요하다. 이처럼 조사의 대상이 되는 집단 전체에서 일부분만을 뽑아서 조사하는 것을 **표본조사** 라고 한다. 통계 조사에서 조사의 대상이 되는 집단 전체를 **모집단** 이라 하고, 조사하기 위하여 뽑은 모집단의 일부분을 **표본** 이라고 한다. 또한, 표본에 포함되어 있는 자료의 개수를 표본의 크기라 하고, 모집단에서 표본을 뽑는 것을 추출이라고 한다.

| 그림1 |

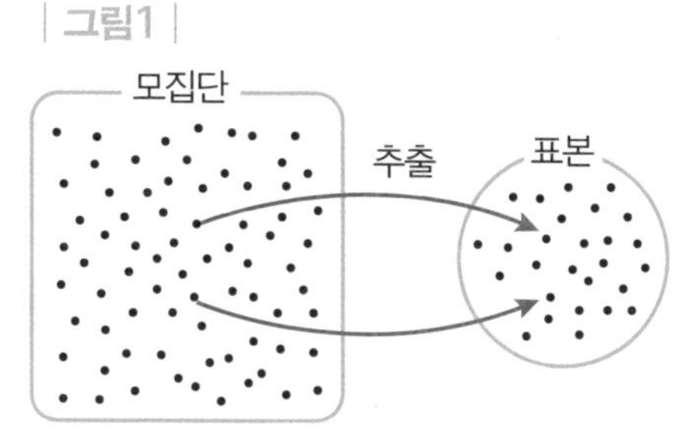

표본조사의 오차를 줄이는 방법

표본조사의 목적은 모집단 전체를 조사할 수 없거나 모집단 전체를 조사하지 않고도 모집단에서 추출한 표본을 바탕으로 모집단의 특성, 즉 평균 또는 표준편차 등을 추측하는 데 있다. 이때 모집단의 특성을 나타내는 여러 가지 값과 표본으로부터 얻은 여러 가지 값의 오차를 최대한 줄이기 위해서는 표본의 분포에 대해 알아볼 필요가 있다.

예를 들어 〈표1〉은 2023년 5월 우리나라 각 도시의 강수일수를 나타낸 것이다.

| 표1. 도시별 2023년 5월 강수일수 |

서산	강화	영덕	제천	통영	김해	원주	장수
7	7	10	9	10	11	10	10
합천	강릉	서울	남원	해남	보은	경주	목포
10	5	8	11	9	10	9	10
장흥	흑산도	안동	순천	양산	포항	파주	보성
10	6	8	13	12	9	7	12

전국 각 지역의 5월 한 달간 강수일수를 확률변수 X라 하면, ⟨표2⟩와 같이 강수일수에 따른 지역의 도수와 상대도수를 얻을 수 있다. 이때 상대도수는 소수점 아래 다섯째 자리에서 반올림한 것이다.

이로부터 강수일수 X에 대한 표본분포를 얻을 수 있고, 강수일수에 대한 표본분포의 평균 9.2917을 얻을 수 있다. 즉, 전국의 2023년 5월 한 달 평균 강수일수는 9.2917일임을 알 수 있다.

표2. 도시별 2023년 5월 강수일수 도수와 상대도수

X	도수	상대도수
5	1	0.0417
6	1	0.0417
7	3	0.125
8	2	0.0833
9	4	0.1667
10	8	0.3333
11	2	0.0833
12	2	0.0833
13	1	0.0417
합계	24	1

그러나 만약 강수일수를 측정하기 위해 선정한 지역을 바꾼다면, 같은 수의 24개 지역을 선정하더라도 평균 강수일수는 달라질 수 있다. 따라서 실제 전국 평균 강수일수는 오로지 하나뿐이지만 표본을 어떻게 선정하느냐에 따라 다르게 추론할 수 있다. 즉, 특정한 지역에서만 표본을 추출한다면, 이 표본은 모집단인 우리나라 전체의 5월 평균 강수일수를 잘 나타낸다고 할 수 없다. 따라서 표본은 모집단의 특성을 잘 나타낼 수 있도록 추출해야 한다.

Σ 모집단에서 표본을 추출하는 방법

모집단에서 표본을 추출하는 방법은 여러 가지가 있다. 그중에서 특히 모집단에 속하는 각 대상이 같은 확률로 추출되도록 하는 방법을 **임의추출**이라 하고, 임의추출된 표본을 **임의표본**이라고 한다. 모집단에서 표본을 임의추출할 때 제

비뽑기, 난수주사위, 난수표 등이 사용되었으나 최근에는 컴퓨터의 난수 프로그램을 주로 이용한다. 이때 난수주사위는 정이십면체의 각 면에 0부터 9까지의 숫자를 각각 두 번씩 새긴 것이다.

정이십면체의 각 면에 0부터 9까지의 숫자를 각각 두 번씩 새긴 난수주사위.

한편, 어느 모집단에서 표본을 추출할 때, 한 번 추출된 자료를 되돌려 놓은 후 다시 추출하는 것을 **복원추출**, 추출된 자료를 되돌려 놓지 않고 다시 추출하는 것을 비복원추출이라고 한다.

예를 들어, 1부터 10까지의 자연수가 각각 적힌 10개의 공이 들어 있는 주머니에서 표본의 크기가 3인 표본을 임의추출하는 경우의 수를 구해 보자.

① **복원추출일 때 :** 10개의 공에서 하나를 꺼낸 후에 숫자를 확인하고 상자에 다시 넣으면 상자에는 계속해서 10개의 공이 들어 있다. 따라서 공을 꺼내는 경우의 수는 처음에 꺼낼 때 10, 두 번째도 10, 세 번째도 10이다. 그래서 구하고자 하는 경우의 수는 ${}_{10}\Pi_3 = 10^3 = 1000$이다.

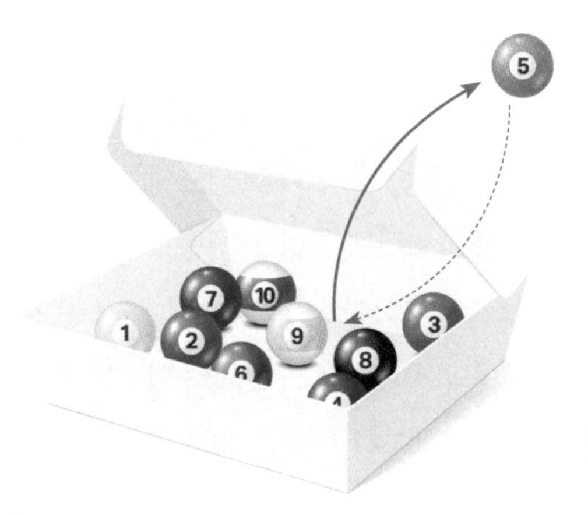
상자에서 공을 하나 꺼낸 후 숫자를 확인하고 상자에 다시 넣는다.

② **비복원추출일 때 :** 한 번 꺼낸 공을 상자에 다시 넣지 않으므로 처음 꺼

내는 경우의 수는 10, 두 번째는 10개에서 하나를 뺀 9개에서 꺼내야 하므로 9, 세 번째는 이미 두 개의 공을 꺼냈으므로 8개에서 꺼내야 하므로 8이다. 그리고 이들은 꺼낸 순서가 있으므로 구하고자 하는 경우의 수는 ${}_{10}P_3 = 10 \times 9 \times 8 = 720$이다.

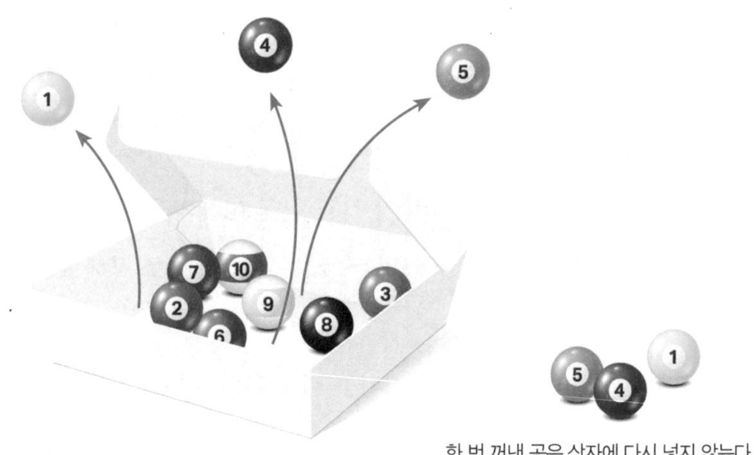

한 번 꺼낸 공은 상자에 다시 넣지 않는다.

이처럼 복원인지 비복원인지에 따라 경우의 수가 차이나므로 확률도 차이난다. 하지만 모집단의 크기가 충분히 큰 경우에는 비복원추출도 복원추출로 볼 수 있다.

한편, 전국 평균 강수일수와 같이 모집단의 특성을 나타내는 수치는 오로지 하나뿐이며, 이러한 모집단의 특성을 나타내는 값을 **모수**(parameter)라 한다. 예를 들어 모집단의 평균(모평균)을 비롯하여 모집단의 분산(모분산) 또는 모집단의 비율(모비율) 등은 모수다. 앞의 예에서 전국의 강수일수를 추론하기 위해 24개 지역의 평균 강수일수를 조사했듯이, 모수의 값을 추론하기 위해 표본의 특성을 나타내는 측정값을 이용한다. 이러한 표본의 특성을 나타내는 통계적인 양을 **통계량**(statistic)이라 한다.

| 모집단과 표본 |

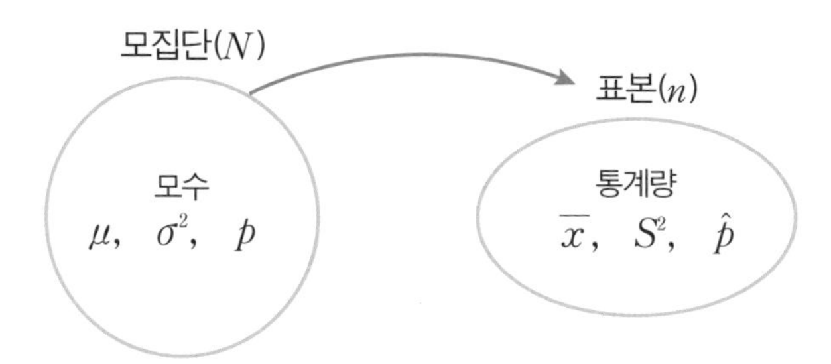

예를 들어 표본의 평균(표본평균), 표본의 분산(표본분산) 또는 표본의 비율(표본비율) 등은 통계량이다. 그러나 표본평균은 표본을 어떻게 선정하느냐에 따라서 그 값이 다르게 나타난다. 즉 동일한 모집단에서 동일한 크기의 표본을 선정하더라도 각 표본의 평균은 서로 다르게 나타날 수 있다. 이러한 표본 특성을 나타내는 통계량은 확률변수이며, 확률변수는 고유의 확률분포를 갖는다. 즉 표본평균은 확률변수다. 이에 대하여 다음 단원에서 알아보자.

X+Y=

96

대푯값과 표본평균, 모평균

= 머리카락 개수가 같은 사람은 몇 명?

현대사회를 사는 우리는 각종 공해와 스트레스로 머리가 아프다. 게다가 심할 경우는 탈모로 이어져 고민하는 사람이 여간 많은 것이 아니다. 일반적인 사람의 머리카락 수는 보통 8만~12만 가닥 정도 된다고 한다. 보통 머리카락은 하루에 약 50~70개씩 빠지는데, 200개 이상 지속해서 빠지면 탈모라고 한다. 또 나이가 들면서 대머리가 되는 이유는 젊었을 때보다 머리카락이 쉽게 빠지는 데 반해 새로운 머리카락은 잘 나지 않기 때문이라고 한다. 게다가 새로운 머리카락이 난다고 해도 무척 가는 데다 쉽게 빠진다.

일반적인 사람의 머리카락 수는 보통 8만~12만 가닥 정도 된다. 보통 머리카락은 하루에 약 50~70개씩 빠지는데, 200개 이상 지속해서 빠진다면 탈모라고 한다.

머리카락은 하루에 0.2~0.3mm 정도 자라기에 한 달에 약 1cm정도 자란다. 머리카락이 자라는 속도는 시간대에 따라 다르다고 한다. 보통 키는 잘 때 많이 큰다고 하는데, 머리카락은 오전 10~11시 사이와 오후 4~6시 사이에 가장 많이 자라고, 밤에는 잘 자라지 않는다고 한다. 또 남성보다 여성이, 겨울보다 여름에 더 빨리 자라는 것으로 알려져 있다.
사실 머리카락은 미용뿐만 아니라 우리 몸을 보호하는 역할을 한다. 머리카락은 머리를 통해 몸의 열이 빠져나가는 것을 막아주기에 몸을 따뜻하게 해주는 역할을 한다. 또 뜨거운 직사광선을 막아주기도 하며, 외부 충격으로부터 뇌를 보호해 준다.

Σ 간명하지만 강력한 원리, 비둘기 집의 원리

여기서 갑자기 수학적인 의문이 든다. 우리나라 전체 국민 중에서 머리카락 개수가 같은 사람은 몇 명이나 될까? 해답을 알려면 19세기 독일의 수학자 디리클레(Peter Gustav Lejeune Dirichlet, 1805~1859)가 남긴 **'비둘기 집의 원리(Pigeon Hole Principle)'**가 필요하다. 사실 비둘기 집의 원리는 너무 당연한 내용이라 약간 당황스럽기까지 하다. 비둘기 집의 원리는, 이를테면, '4마리의 비둘기를 3개의 비둘기 집에 넣으면 반드시 2마리 이상 들어간 집이 있다'라는 것이다.
지극히 당연하고 사소한 이 원리는 수학에서 배열이나 패턴의 존재성 문제를 해결할 수 있는 가장 강력한 도구다. 비둘기 집의 원리를 적용해 배열의 존재성을 증명하고자 할 때, 문제에서 무엇을 '비둘기'로 두고 무엇을 '비둘기 집'으로 둘 것인가를 결정하는 것이 문제해결의 관건이다.
이를테면 13명 중에서 태어난 달이 같은 사람이 2명 이상 있음을 증명하기 위하여 사람을 비둘기로 하고 태어난 달을 비둘기 집으로 둔다. 그러면 1년은 12달이므로 각 비둘기를 태어난 달에 해당하는 집에 넣으면 2마리 이상 들어간 집이 반드시 존재하므로 태어난 달이 같은 사람이 반드시 2명 이상 있음을

비둘기 집의 원리는, 이를테면, '10마리의 비둘기를 9개의 비둘기 집에 넣으면 반드시 2마리 이상 들어간 집이 있다'라는 것이다. 지극히 당연하고 사소한 이 원리는 수학에서 배열이나 패턴의 존재성 문제를 해결할 수 있는 가장 강력한 도구다.

알 수 있다. 하지만 거꾸로 태어난 달을 비둘기로 하고 사람을 비둘기 집으로 한다면 문제를 해결할 수 없다.

비둘기 집의 원리로 머리카락 문제를 해결해 보자. 2024년을 기준으로 한 우리나라 인구는 약 5200만 명이다. 사람의 머리카락은 많으면 12만 가닥이므로 머리카락이 한 가닥인 사람부터 12만 가닥인 사람까지로 구분할 수 있다. 여기서 우리나라 국민 각각을 비둘기로 하고, 머리카락의 수를 비둘기 집으로 하면 비둘기는 약 5200만 마리이고, 비둘기 집은 12만 개이므로 $52,000,000 \div 120,000 = 433\frac{1}{3}$ 이다. 즉 비둘기가 434마리 이상 들어 있는 집이 있다. 이는 결국 우리나라 사람 중에서 머리카락의 수가 정확히 같은 사람이 적어도 434명 있다는 것이다. 사실 대머리인 사람을 고려한다면 이것보다 더 많은 사람이 같은 수의 머리카락을 갖고 있다.

비둘기 집의 원리를 일반화하면 더 많은 결과를 얻을 수 있다. 이를테면 학교에서 받은 점수의 평균이 80점이라면 80점 이상을 받은 과목과 80점 이하를 받은 과목이 반드시 있다. 비둘기 집의 원리란 몇 개의 수가 있을 때, 그중 적어도 하나는 평균 이상이라는 것이다. 반대로, 몇 개의 수 중 적어도 하나는 평균 이하라는 사실도 같은 원리다. 이처럼 단순한 비둘기 집의 원리를 이용하여 해결할 수 있는 문제는 무궁무진하다. 매우 단순하고 분명하여 가치가 없어 보이는 것도 잘 사용한다면 매우 훌륭한 도구가 됨을 비둘기 집의 원리가 보여준다.

수학적으로 엄밀하게 비둘기 집의 원리는 다음과 같다.

| 비둘기 집의 원리 |

$n+1$마리의 비둘기가 n개의 비둘기집에 들어갔다면, 적어도 한 비둘기집에는 2마리 이상의 비둘기가 있다.

이를 보다 일반적으로 나타내면 다음과 같다.

n마리의 비둘기가 m개의 비둘기집에 들어갔다면, 한 집에는 $\frac{m}{n}$마리 이상의 비둘기가 있다.

즉, 비둘기집의 원리는 어떤 경우든지 평균 이상 또는 평균 이하인 자료가 있다는 것이다. 이처럼 비둘기집의 원리는 평균과 밀접하게 관련되어 있다.

Σ 자료 전체의 특징을 하나의 수로 나타낸 값들

그렇다면 평균은 어떤 의미일까? 평균하면 우리는 흔히 산술평균을 말한다. 그러나 평균에는 조화평균과 기하평균도 있다. 물론 이런 평균들은 서로 다른 조건에서 이용된다. 보통 평균은 산술평균을 말하므로 여기서는 산술평균에 대하여 알아보자.

〈그림1〉에서 다섯 줄의 블록은 높이가 서로 다르다. 그런데 높은 줄에 있는 블록을 낮은 줄로 옮기면 높이를 같게 만들 수 있다.

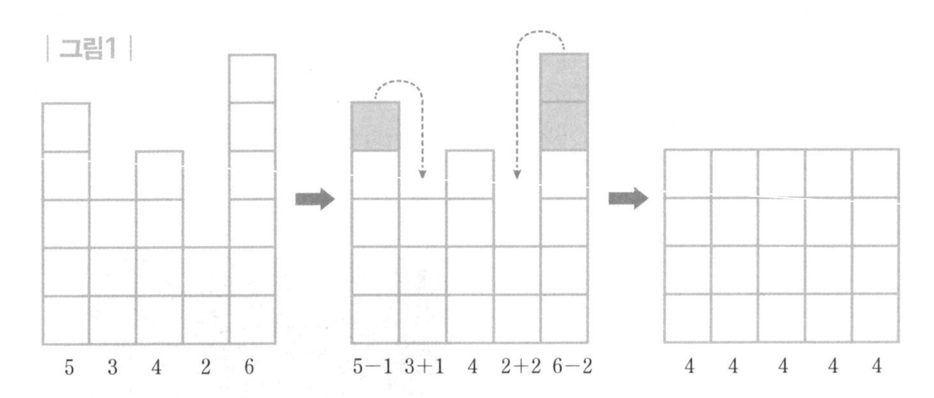

한 줄에 쌓여있는 블록의 수는 차례로 5, 3, 4, 2, 6인데, 블록의 높이를 같게 했더니 한 줄에 쌓여있는 블록 개수가 모두 4개씩이 되었다. 그런데 블록 개수가 더 많아서 일일이 옮기기 어렵다면 어떻게 해야 할까? 바로 블록 개수의 합을 줄의 수로 나누면 된다. 즉,

$$\frac{5+3+4+2+6}{5}=4$$

이처럼 평균은 자료 전체의 합을 자료의 개수로 나눈 값이다. 즉,

$$(\text{평균})=(\text{자료 전체의 합})\div(\text{자료의 개수})=\frac{(\text{자료 전체의 합})}{(\text{자료의 개수})}$$

이다. 평균은 어떤 자료 전체의 중간 수준을 보여주고 과거와 비교해 얼마나

변화가 이루어졌는지 파악할 수 있는 유용한 지표다.
하지만 평균을 전체 통계를 유일하게 대표하는 가치로 활용하는 것은 위험하다. 평균이 때로는 통계 자료의 속성이나 본질을 잘못 보여줄 수도 있기 때문이다.
예를 들어 보자. 옛날 어느 나라가 옆 나라를 공격하려고 병사를 이끌고 전쟁을 일으켰다. 그런데 옆 나라로 가려면 큰 강을 건너야 했다. 그래서 병사를 이끄는 장군은 수학자에게 강의 평균 수심이 얼마인지 알려달라고 했다. 수학자는 여러 자료를 이용하여 강의 평균 수심이 120cm임을 알아냈다. 결과를 들은 장군은 병사들에게 강의 평균 수심이 낮으니 즉시 강을 건너라고 명령했다. 병사들의 키는 모두 160cm 이상이었기 때문이다. 그런데 병사들이 그만 강의 한가운데에 모두 빠져 죽고 말았다. 강의 한 가운데의 수심은 병사들의 키보다 훨씬 깊었기 때문이다. 즉, 강을 건널 때는 강의 평균 수심이 아닌 가장 깊은 곳의 수심을 알아야 안전하게 건널 수 있다.

평균과 같이 자료 전체의 특징을 하나의 수로 나타낸 값을 **대푯값**이라고 한다. 대푯값에는 평균, 중앙값, 최빈값 등이 있다. 변량을 크기순으로 나열하였을 때, 가운데 위치한 값을 **중앙값**이라고 한다. 이를테면 앞에서 예를 든 블록의 개수를 크기순으로 나열하면 2, 3, 4, 5, 6이고, 이 값들의 가운데 위치한 값은 4다.
대푯값 중에서 **최빈값**은 변량 중에서 가장 많이 나타난 값이다. 최빈값의 예를 들어 보자. 다음은 어느 신발가게에서 오늘 하루 동안 팔린 신발의 크기를 작은 것부터 차례로 기록한 자료다.

| 신발가게에서 하루 동안 팔린 신발 크기 |

225 230 230 235 235 240 240 240 245 250

이 신발가게에서 내일 팔 신발을 더 준비한다면 어떤 크기의 신발을 준비하는 것이 좋을까?

평균과 중앙값을 구하면, 자료의 수가 10개이므로 각각 다음과 같다.

$$(\text{평균}) = \frac{225+230+230+235+235+240+240+240+245+250}{10} = 237$$

$$(\text{중앙값}) = \frac{235+240}{2} = 237.5$$

그런데 신발의 크기는 5mm 단위로 나오기 때문에 크기가 237mm인 신발은 없다. 그럼 235mm와 240mm 중에서 어떤 크기의 신발을 더 많이 준비하는 것이 좋을까? 신발 가게에서는 가장 많이 팔리는 신발의 크기가 평균보다 유용한 자료다. 즉, 최빈값을 이용해야 한다. 신발가게의 자료에서 최빈값은 240mm다. 따라서 신발가게 주인은 크기가 240mm인 신발을 다른 신발보다 더 많이 준비하는 것이 사업에 유리하다.

이처럼 평균, 중앙값, 최빈값은 주어진 상황에 따라 적절하게 이용해야 한다. 하지만 세 가지 대푯값 중에서 가장 많이 이용되는 것은 단연 평균이다. '중간은 해야지', '평균에도 못 미치면 어떻게 하니'. 예전부터 자주 듣던 말일 것이다. 키, 몸무게, 성적, 소득, 1인당 GDP까지 평균은 실제로 통계에서 가장 많이 사용하는 개념이다. 특정 집단의 대푯값을 보여주는 통계수치 중 하나인 평균은 그 집단의 중간 수준을 보여주고 과거와 비교해 얼마나 변화가 이루어졌는지 파악할 수 있는 유용한 지표다. 하지만 앞에서 예로 든 병사들의 강 건너기처럼 평균이 때로는 통계 자료의 속성이나 본질을 잘못 보여줄 수도 있다는 것을 기억해야 한다.

Σ 모평균과 표본평균 값은 다를 수 있다

한편, 모집단을 이루는 자료 전체의 평균을 **모평균**이라고 한다. 일반적으로 n개로 구성된 모집단의 변량을 x_1, x_2, $\cdots$, x_n이라 할 때, 모평균 μ는 다음과 같다.

$$\mu = \frac{x_1 + x_2 + \cdots + x_n}{n} = \frac{\sum_{i=1}^{n} x_i}{n} = \frac{1}{n}\sum_{i=1}^{n} x_i$$

여기서 μ는 뮤(mu)라 읽고, $\sum_{i=1}^{n} x_i$는 i가 1부터 n까지 일 때 x_i의 합이다. 즉,

$$\sum_{i=1}^{n} x_i = x_1 + x_2 + \cdots + x_n$$

또, 자료 전체에서 임의 추출한 표본의 평균을 구한 것을 **표본평균**이라고 한다. 즉, k개로 구성된 표본의 각 변량을 x_1, x_2, $\cdots$, x_k라 할 때, 표본평균을 $\overline{X}$로 나타내고 다음과 같다.

$$\overline{X} = \frac{1}{k}\sum_{i=1}^{k} x_i$$

모평균은 자료 전체(모집단)를 대상으로 하고, 표본평균은 자료 전체에서 임의 추출한 표본을 대상으로 한다. 따라서 모평균과 표본평균의 값은 다를 수 있다.

지금까지 평균을 비롯한 대푯값과 모평균과 표본평균에 대하여 간단히 알아봤다. 하지만 고등학교 과정의 확률과 통계에서는 이보다 복잡한 경우를 다루고 있으므로 다음 꼭지에서 모평균과 표본평균에 대하여 고등학교 수준으로 좀 더 자세히 알아보자.

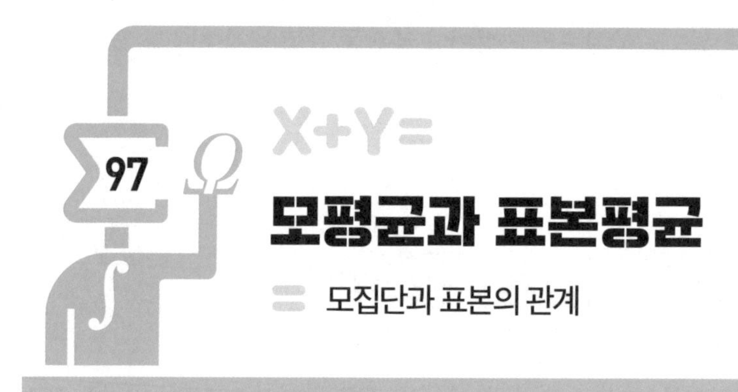

97 모평균과 표본평균

모집단과 표본의 관계

오존(O_3)은 산소 원자 3개가 결합한 산소의 동소체로 상온 대기압에서 파란빛을 띤다. 그런데 오존은 산소 원자 2개가 결합한 일반적인 산소와는 달리 인체에 유독한 물질이며, 일반 산소인 O_2에 비해 훨씬 불안정하고, 분해되면 일반 산소가 된다. 오존은 산화력이 훨씬 강해 살균이나 악취 제거에 이용되며, 냄새가 매우 강하다. 복사기를 사용할 때 전자기파에 의해 극미량의 오존이 발생하는데, 이때 나는 냄새가 오존 냄새다. 또 번개가 아주 가까이 떨어지면 주변에 오존 냄새가 자욱해진다고 한다.

오존(O_3)은 산소 원자 3개가 결합한 산소의 동소체로 상온 대기압에서 파란빛을 띤다.

한편, 오존은 우주로부터 지구로 들어오는 자외선을 흡수하여 우리를 보호해 주는 역할도 한다. 지구의 대기 상층부에 있는 오존층은 태양으로부터 들어오는 자외선을 흡수한다. 자외선은 높은 에너지를 가져 생물에 해로운데, 오존층이 이러한 자외선을 막아줌으로써 생태계에 도움을 준다.

오존은 산화력이 강해 세포들을 죽이기 때문에 폐에 해로우며, 후두와 기관지 등 호흡기에 악영향을 미친다. 지표면의 오존은 대기 중에서 질소산화물(NOx)과 휘발성유기화합물(VOCs)이 자외선에 의한 촉매반응을 하여 생성된다. 비록 미량이라도 오랜 시간 흡입하면 사망률이 높아진다. 뉴스에 가끔 나오는 오존주의보가 이런 이유 때문에 발령되는 것이다. 〈표1〉은 오존량에 따라 주의해야 할 단계를 나타낸 것이고, 〈표2〉는 어느 해 5월 서울 어느 지역의 10일 동안 오존 농도를 조사한 것이다.

| 표1. 오존 경보 단계 |

(단위 : ppm)

단계	기준값
좋음	0~0.030
보통	0.031~0.090
나쁨	0.091~0.150
매우 나쁨	0.151~~

| 표2. 서울 A 지역의 10일 동안 오존 농도 |

(단위 : ppm)

일	오존 농도	일	오존 농도
1일	0.0377	6일	0.0403
2일	0.0103	7일	0.0372
3일	0.0182	8일	0.0224
4일	0.0340	9일	0.0296
5일	0.0251	10일	0.0337

이 자료에서 10일 동안 오존의 평균 농도를 구하면 0.02885다. 그런데 10일 중에서 처음 4일의 평균은 0.02505다. 또 2, 4, 5, 7일을 선택한 평균은 0.02665다. 이때 10일 동안의 자료의 평균은 변하지 않지만 몇 개씩 추출한 표본의 평균은 변함을 알 수 있다.

자료 전체의 평균을 구하는 것이 가장 확실하지만, 자료 수가 엄청나게 많은 경우는 전체의 평균을 구하기 어렵다. 그래서 자료가 방대할 때는 자료 중에서 임의로 선택하여 표본을 만들고 표본의 평균을 구하여 원래 자료의 상태를 파악하는 것이 바람직하다.

Σ 모집단과 표본의 평균, 분산, 표준편차

이제 이런 경우에 대하여 알아보자. 어느 모집단에서 조사하고자 하는 특성을 나타내는 확률변수를 X라 할 때, X의 평균, 분산, 표준편차를 각각 **모평균, 모분산, 모표준편차**라 하며, 이것을 각각 기호로

$$m,\ \sigma^2,\ \sigma$$

와 같이 나타낸다. 또 모집단에서 임의추출한 크기가 n인 표본을 X_1, X_2, $\cdots$, X_n이라 할 때, 이들의 평균, 분산, 표준편차를 각각 **표본평균, 표본분산, 표본표준편차**라 하며, 이것을 각각 기호로

$$\overline{X},\ S^2,\ S$$

와 같이 나타낸다. 이때 표본평균 $\overline{X}$, 표본분산 S^2, 표본표준편차 S는 다음과 같이 구한다.

$$\overline{X} = \frac{1}{n}(X_1 + X_2 + \cdots + X_n)$$
$$S^2 = \frac{1}{n-1}\{(X_1 - \overline{X})^2 + (X_2 - \overline{X})^2 + \cdots + (X_n - \overline{X})^2\}$$
$$S = \sqrt{S^2}$$

여기서 표본분산 S^2은 분산과 달리 편차의 제곱 합을 $n-1$로 나눈 것으로 정의한다. 이는 표본분산과 모분산의 차이를 줄이기 위한 것이다. 모집단은 변하지 않기에 모평균도 변하지 않으므로 모평균 m은 상수다. 하지만 표본평균 $\overline{X}$는 추출한 표본에 따라 다른 값을 가질 수 있는 확률변수다. 따라서 $\overline{X}$의 확률분포, 평균, 표준편차 등을 구할 수 있다.

좀 더 엄밀하게, 통계에서는 〈그림1〉과 같이 n개의 표본을 추출하여 각 표본의 평균 $\overline{X_1}$, $\overline{X_2}$, $\cdots$, $\overline{X_n}$의 평균이 표본평균 $\overline{X}$가 된다. 즉,

$$\overline{X} = \frac{\overline{X_1} + \overline{X_2} + \cdots + \overline{X_n}}{n}$$

이다. 그리고 이 표본평균 $\overline{X}$가 확률변수이므로 이에 대한 평균, 분산, 표준편차를 알아보는 것이다. 그러나 고등학교 과정에서는 각 표본의 평균 $\overline{X_1}$, $\overline{X_2}$, …, $\overline{X_n}$을 이용하지 않고 단순한 확률변수를 이용한다.

| 그림 |

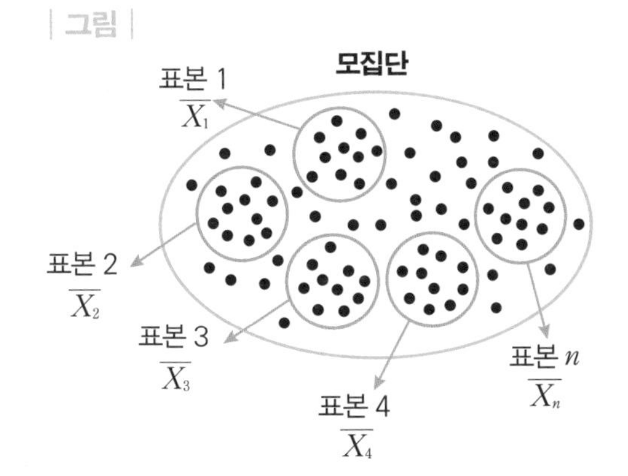

예를 들어 2, 4, 6, 8의 숫자가 각각 하나씩 적힌 4장의 카드가 들어 있는 상자에서 한 장의 카드를 임의추출할 때, 카드에 적힌 숫자를 확률변수 X라 하자. 그러면 4장의 카드 각각을 뽑을 확률은 모두 $\frac{1}{4}$이다. 이때 X의 확률분포, 즉 모집단의 확률분포를 표로 나타내면 다음과 같다.

| 표3. 모집단의 확률분포 |

X	2	4	6	8	합계
$P(X=x)$	$\frac{1}{4}$	$\frac{1}{4}$	$\frac{1}{4}$	$\frac{1}{4}$	1

따라서 모평균, 모분산, 모표준편차는

$$m = E(X) = 2 \times \frac{1}{4} + 4 \times \frac{1}{4} + 6 \times \frac{1}{4} + 8 \times \frac{1}{4}$$
$$= 5,$$
$$\sigma^2 = E(X^2) - \{E(X)\}^2$$
$$= 2^2 \times \frac{1}{4} + 4^2 \times \frac{1}{4} + 6^2 \times \frac{1}{4} + 8^2 \times \frac{1}{4} - 5^2$$
$$= 5,$$
$$\sigma = \sqrt{5}$$

이다. 모집단이 변하지 않으므로 이 모집단에 대하여 모평균, 모분산, 모표준편차는 모두 변하지 않는 상수다.

이제, 이 모집단에서 크기가 2인 표본 X_1와 X_2를 복원추출하고, 그 표본평균 $\overline{X} = \frac{X_1 + X_2}{2}$의 값을 〈표4〉와 같이 구할 수 있다. 〈표4〉에서 알 수 있듯이 $\overline{X} = \frac{X_1 + X_2}{2}$의 모든 경우의 수는 16이고, 2가 나오는 경우는 1가지, 3이 나오는 경우는 2가지, 4가 나오는 경우는 3가지이므로 각각의 확률은 $\frac{1}{16}$, $\frac{2}{16}$, $\frac{3}{16}$이다. 이로부터 표본평균 $\overline{X} = \frac{X_1 + X_2}{2}$의 분포를 표로 나타내면 다음과 같다.

| 표4 |

X_1 \ X_2	2	4	6	8
2	2	3	4	5
4	3	4	5	6
6	4	5	6	7
8	5	6	7	8

| 표5 |

$\overline{X}$	2	3	4	5	6	7	8	합계
$\mathrm{P}(\overline{X} = \overline{x})$	$\frac{1}{16}$	$\frac{2}{16}$	$\frac{3}{16}$	$\frac{4}{16}$	$\frac{3}{16}$	$\frac{2}{16}$	$\frac{1}{16}$	1

따라서 $\overline{X} = \frac{X_1 + X_2}{2}$의 평균, 분산, 표준편차는 다음과 같다.

$$\mathrm{E}(\overline{X})$$
$$= 2 \times \frac{1}{16} + 3 \times \frac{2}{16} + 4 \times \frac{3}{16} + \cdots + 8 \times \frac{1}{16} = 5,$$
$$\mathrm{V}(\overline{X})$$
$$= 2^2 \times \frac{1}{16} + 3^2 \times \frac{2}{16} + 4^2 \times \frac{3}{16} + \cdots + 8^2 \times \frac{1}{16} - 5^2 = \frac{5}{2},$$
$$\sigma(\overline{X}) = \sqrt{\frac{5}{2}}$$

여기서 표본평균 $\overline{X}$의 평균 5는 모평균 5와 같고, 표본평균 $\overline{X}$의 분산 $\frac{5}{2}$는 모분산 5를 표본의 크기 2로 나눈 것과 같으므로 다음이 성립함을 추측할 수 있다.

$$\mathrm{E}(\overline{X}) = 5 = m, \ \mathrm{V}(\overline{X}) = \frac{5}{2} = \frac{\sigma^2}{n}, \ \sigma(\overline{X}) = \frac{\sigma}{\sqrt{n}}$$

표본평균 $\overline{X}$의 평균, 분산, 표준편차

이번에는 앞의 모집단에서 크기가 3인 표본 X_1, X_2, X_3을 복원추출하고, 그 표본평균 $\overline{X} = \frac{X_1 + X_2 + X_3}{3}$의 분포를 표로 나타내면 다음과 같다. 이때 X_1, X_2, X_3가 2, 4, 6, 8 중에서 한 숫자씩 선택한 순서쌍을 (X_1, X_2, X_3)로 나타내면, X_1은 숫자 2, 4, 6, 8 중에서 한 가지를 선택하는 경우이므로 X_1에 선택될 수 있는 경우의 수는 4다. X_2와 X_3도 마찬가지이므로 (X_1, X_2, X_3)가 될 수 있는 경우의 수는 모두 $4 \times 4 \times 4 = 64$다. 또, $\overline{X}$의 값이 $\frac{8}{3}$인 경우는 (2, 2, 4), (2, 4, 2), (4, 2, 2)의 3가지이므로 $\frac{8}{3}$이 되는 확률은 $\frac{3}{64}$이다.

| 표6 |

$\overline{X}$	2	$\frac{8}{3}$	$\frac{10}{3}$	4	$\frac{14}{3}$	$\frac{16}{3}$	6	$\frac{20}{3}$	$\frac{22}{3}$	8	합계
$\mathrm{P}(\overline{X} = \overline{x})$	$\frac{1}{64}$	$\frac{3}{64}$	$\frac{6}{64}$	$\frac{10}{64}$	$\frac{12}{64}$	$\frac{12}{64}$	$\frac{10}{64}$	$\frac{6}{64}$	$\frac{3}{64}$	$\frac{1}{64}$	1

따라서 $\overline{X} = \frac{X_1 + X_2 + X_3}{3}$의 평균과 분산은 다음과 같다.

$$\mathrm{E}(\overline{X})$$
$$= 2 \times \frac{1}{64} + \frac{8}{3} \times \frac{3}{64} + \frac{10}{3} \times \frac{6}{64} + \cdots + 8 \times \frac{1}{64} = 5,$$
$$\mathrm{V}(\overline{X})$$
$$= 2^2 \times \frac{1}{64} + \left(\frac{8}{3}\right)^2 \times \frac{3}{64} + \left(\frac{10}{3}\right)^2 \times \frac{6}{64} + \cdots + 8^2 \times \frac{1}{64} - 5^2 = \frac{5}{3},$$
$$\sigma(\overline{X}) = \sqrt{\frac{5}{3}}$$

여기서 표본평균 $\overline{X}$의 평균 5는 모평균 5와 같고, 표본평균 $\overline{X}$의 분산 $\frac{5}{3}$는 모분산 5를 표본의 크기 3으로 나눈 것과 같으므로 다음이 성립함을 추측할 수 있다.

$$E(\overline{X}) = 5 = m,\ V(\overline{X}) = \frac{5}{3} = \frac{\sigma^2}{n},\ \sigma(\overline{X}) = \frac{\sigma}{\sqrt{n}}$$

위의 예로부터 우리는 모집단의 평균과 분산을 알 때, 표본을 임의로 추출한 표본평균은 모평균과 같고, 표본의 분산은 표본의 크기로 모분산을 나눈 것과 같음을 알 수 있다. 일반적으로 표본평균 $\overline{X}$의 평균과 분산 및 표준편차에 대하여 다음이 성립함을 알 수 있다.

| 표본평균 $\overline{X}$의 평균과 분산 및 표준편차 |

> 모평균이 m이고 모표준편차가 σ인 모집단에서 크기가 n인 표본을 임의추출할 때, 표본평균 $\overline{X}$에 대하여
>
> $$E(\overline{X}) = m,\ V(\overline{X}) = \frac{\sigma^2}{n},\ \sigma(\overline{X}) = \frac{\sigma}{\sqrt{n}}$$

예를 들어, 모평균이 12이고 모표준편차가 5인 모집단에서 크기가 9인 표본을 임의추출할 때, 표본평균 $\overline{X}$의 평균, 분산, 표준편차는 각각

$$E(\overline{X}) = 12,\ V(\overline{X}) = \frac{25}{9},\ \sigma(\overline{X}) = \frac{5}{3}$$

이다.

한편, 모집단이 정규분포 $N(m,\ \sigma^2)$을 따르면, 이 모집단에서 임의추출한 크기가 n인 표본의 표본평균 $\overline{X}$는 정규분포 $N\left(m,\ \frac{\sigma^2}{n}\right)$을 따름이 알려져 있다. 또 모집단의 분포가 정규분포가 아닐 때도 n이 충분히 크면 $\overline{X}$는 근사적으로 정규분포 $N\left(m,\ \frac{\sigma^2}{n}\right)$을 따른다는 것도 알려져 있다. 여기서 표본의 크기 n이 충분히 크다는 것은 n의 값이 30 이상일 때다. 이것은 모집단에서 표본을 추출할 때 30개 이상만 추출하면 정규분포를 이용할 수 있다는 뜻이다. 또 정규분포는 표준화하여 표준정규분포로 바꿀 수 있으므로 간단히 확률을 구할 수 있다. 예를 들어보자. 어느 지역의 가구당 통신비는 평균이 20만 원, 표준편차가 5만

원인 정규분포를 따른다고 한다. 이 지역에서 임의추출한 36가구의 통신비 평균이 18만 원 이상일 확률을 구해 보자.

모집단의 통신비는 정규분포 $\mathrm{N}(20,\ 5^2)$을 따르므로 이 지역에서 임의추출한 36가구의 통신비 평균을 $\overline{X}$라 하면, $\overline{X}$는 정규분포 $\mathrm{N}\left(20,\ \dfrac{5^2}{36}\right)$을 따른다.

따라서 확률변수 $Z = \dfrac{\overline{X} - 20}{\dfrac{5}{\sqrt{36}}}$은 표준정규분포 $\mathrm{N}(0,\ 1)$을 따르므로, 구하는 확률은

$$\begin{aligned} \mathrm{P}(X \geq 18) &= \mathrm{P}\left(Z \geq \dfrac{18 - 20}{\dfrac{5}{\sqrt{36}}}\right) \\ &= \mathrm{P}(Z \geq -2.4) \end{aligned}$$

이때, 〈그림2〉에서 알 수 있듯이, $Z \geq -2.4$는 $-2.4 \leq Z \leq 0$인 왼쪽 영역과 $Z \geq 0$인 오른쪽 영역의 합이다. 그런데 확률의 전체 합은 1이므로 그 절반인 오른쪽 영역은 0.5이다. 즉, $\mathrm{P}(Z \geq 0) = 0.5$이므로 다음이 성립한다.

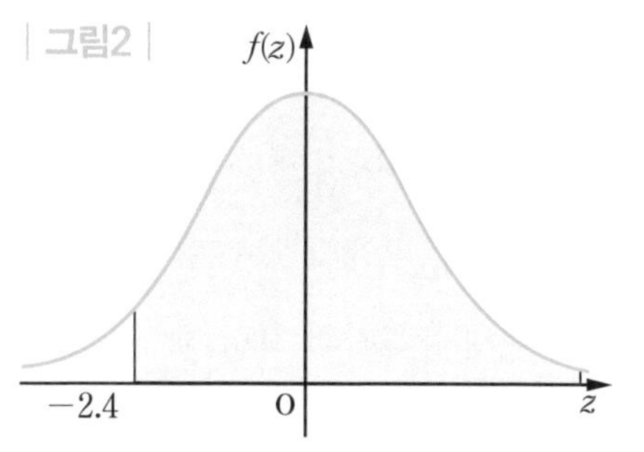

그림2

$$\begin{aligned} \mathrm{P}(\overline{X} \geq 18) &= \mathrm{P}(Z \geq -2.4) \\ &= 0.5 + \mathrm{P}(0 \leq Z \leq 2.4) \\ &= 0.5 + 0.4918 = 0.9918 \end{aligned}$$

위와 같은 풀이는 $\mathrm{N}(20,\ 5^2)$을 $\mathrm{N}\left(20,\ \dfrac{5^2}{36}\right)$으로 바꾸는 과정이 하나 덧붙었을 뿐, 정규분포를 표준화하여 문제를 해결했던 정규분포 문제와 똑같다. 따라서 통계에서 가장 열심히 연습해야 하는 문제는 정규분포 문제임을 알아야 한다.

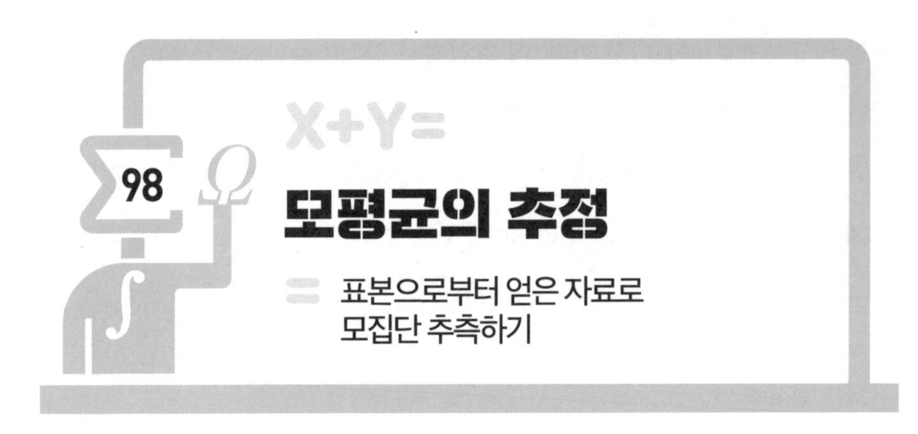

98 모평균의 추정

= 표본으로부터 얻은 자료로 모집단 추측하기

우리나라는 4년마다 한 번씩 국회의원 선거를 치른다. 그래서 선거 때마다 여론조사 전문기관에서 각 지역구의 주민에게 "다음번 국회의원으로 누가 가장 적합하다고 생각하는가?"라는 여론조사를 시행한다. 그런데 이런 여론조사는 신속하게 이루어져야 하므로 유권자 모두를 대상으로 조사하는 것은 사실상 불가능하다. 그래서 일부 유권자를 선택하여 조사하고, 이를 과학적으로 분석하여 전체 유권자의 지지 성향을 추측한다.

이때 전체 유권자의 지지율과 표본으로 선정된 일부 유권자의 지지율이라는 두 가지 값을 생각할 수 있다. 그런데 전체 유권자의 지지율은 알 수 없고 일부 유권자의 지지율은 조사 결과로부터 알 수 있는 값이다. 그래서 여론조사 기관에서는 표본으로부터 얻은 값을 이용하여 전체 유권자의 지지율을 예측하고 발표한다.

표본으로부터 모집단의 알지 못하는 값을 추측

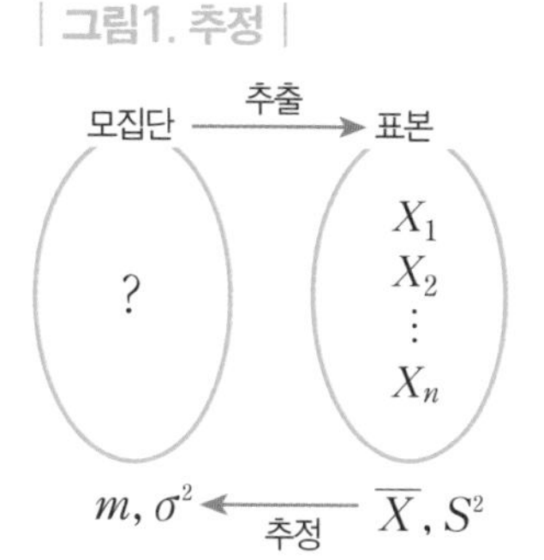

| 그림1. 추정 |

이런 상황을 보다 통계적으로 말하면, 추출된 표본으로부터 얻은 값으로 모집단의 특성을 나타내는 값인 모수를 알아내야 한다. 이처럼 표본의 평균이나 표준편차와 같이 표본으로부터 얻은 자료를 이용하여 모집단의 평균이나 표준편차와 같이 알지 못하는 값을 추측하는 것을 **추정** 이라고 한다. 추정을 영어로 'estimation'이라고 하는데, 판단이나 평가를 뜻한다. 즉, 추정은 작은 표본으로부터 얻은 값을 이용하여 큰 모집단의 특성을 판단하겠다는 뜻이다.

그런데 표본으로부터 얻은 값으로 모집단에 대하여 필요한 정확한 값을 얻을 수 없으므로 표본으로부터 얻은 값을 바탕으로 모집단의 상황을 미루어 짐작할 수밖에 없다. 그래서 추정에서는 정확한 값을 제시하는 것이 아니라 모집단의 값이 포함되어 있을 것으로 추측되는 값에 대한 범위와 오차를 함께 제시한다. 즉, 모집단의 값을 믿을 수 있는 어느 정도의 구간과 그에 따른 오차를 제시하는 것이다.

모평균의 신뢰도는?

이제 표본평균 $\overline{X}$를 이용하여 모평균 m을 추정하는 방법을 알아보자. 정규분포 $\mathrm{N}(m,\ \sigma^2)$을 따르는 모집단에서 크기가 n인 표본을 임의추출할 때, 표본평균 $\overline{X}$는 정규분포 $\mathrm{N}\left(m,\ \frac{\sigma^2}{n}\right)$을 따른다. 따라서 $\overline{X}$를 표준화한 확률변수

$$Z = \frac{\overline{X} - m}{\frac{\sigma}{\sqrt{n}}}$$

은 표준정규분포 N(0, 1)을 따른다.

한편, 표준정규분포표에서

$$\mathrm{P}(-1.96 \leq Z \leq 1.96) = \mathrm{P}\left(-1.96 \leq \frac{\overline{X} - m}{\frac{\sigma}{\sqrt{n}}} \leq 1.96\right) = 0.95$$

이다. 이 식에서 구간 $-1.96 \leq \frac{\overline{X} - m}{\frac{\sigma}{\sqrt{n}}} \leq 1.96$의 분모 $\frac{\sigma}{\sqrt{n}}$을 부등식에 곱하면

$$-1.96 \leq \frac{\overline{X} - m}{\frac{\sigma}{\sqrt{n}}} \leq 1.96 \Rightarrow -1.96\frac{\sigma}{\sqrt{n}} \leq \overline{X} - m \leq 1.96\frac{\sigma}{\sqrt{n}}$$

부등식의 각 변에서 $\overline{X}$를 빼면

$$-1.96\frac{\sigma}{\sqrt{n}} \leq \overline{X} - m \leq 1.96\frac{\sigma}{\sqrt{n}}$$
$$\Rightarrow -\overline{X} - 1.96\frac{\sigma}{\sqrt{n}} \leq -m \leq -\overline{X} + 1.96\frac{\sigma}{\sqrt{n}}$$

마지막으로 부등식의 각 변에 -1을 곱하면 부등호의 방향이 바뀌므로

$$-\overline{X} - 1.96\frac{\sigma}{\sqrt{n}} \leq -m \leq -\overline{X} + 1.96\frac{\sigma}{\sqrt{n}}$$
$$\Rightarrow \overline{X} - 1.96\frac{\sigma}{\sqrt{n}} \leq m \leq \overline{X} + 1.96\frac{\sigma}{\sqrt{n}}$$

따라서 다음을 얻는다.

$$\mathrm{P}(-1.96 \leq Z \leq 1.96) = \mathrm{P}\left(-1.96 \leq \frac{\overline{X} - m}{\frac{\sigma}{\sqrt{n}}} \leq 1.96\right)$$
$$= \mathrm{P}\left(\overline{X} - 1.96\frac{\sigma}{\sqrt{n}} \leq m \leq \overline{X} + 1.96\frac{\sigma}{\sqrt{n}}\right)$$
$$= 0\ 95$$

이것은 모평균 m이 $\overline{X} - 1.96\frac{\sigma}{\sqrt{n}}$ 이상 $\overline{X} + 1.96\frac{\sigma}{\sqrt{n}}$ 이하인 범위에 포

함될 확률이 0.95임을 나타낸다. 이때 표본평균 $\overline{X}$의 값을 $\overline{x}$라 할 때,

$$\overline{x} - 1.96\frac{\sigma}{\sqrt{n}} \leq m \leq \overline{x} + 1.96\frac{\sigma}{\sqrt{n}}$$

를 모평균 m의 **신뢰도** 95%의 **신뢰구간**이라고 한다.

마찬가지로

$$\mathrm{P}(-2.58 \leq Z \leq 2.58) = 0.99$$

이므로, 모평균 n의 신뢰도 99%의 신뢰구간은 다음과 같다.

$$\overline{x} - 2.56\frac{\sigma}{\sqrt{n}} \leq m \leq \overline{x} + 2.58\frac{\sigma}{\sqrt{n}}$$

표본평균 $\overline{X}$는 확률변수이므로 추출되는 표본에 따라 표본평균의 값 $\overline{x}$가 달라지고, 이에 따라 신뢰구간도 달라진다. 이렇게 구한 신뢰구간 중에는 〈그림2〉와 같이 모평균 m을 포함하는 것과 포함하지 않는 것이 있을 수 있다. 〈그림2〉에서 표본평균 $\overline{X}$의 값을 $\overline{x_1}$, $\overline{x_2}$, $\overline{x_4}$로 계산한 신뢰구간은 m을 포함하고, $\overline{x_3}$, $\overline{x_5}$로 계산한 신뢰구간은 m을 포함하지 않는다. 그래서 '모평균 m의 신뢰도 95%의 신뢰구간'의 뜻은 모집단으로부터 크기가 n인 표본을 여러 번 추출하여 신뢰구간을 만드는 일을 반복할 때, 구한 신뢰구간 중에서 약 95%는 모평균 m을 포함한다는 뜻이다. 이때 신뢰구간에 대한 오차는 $\frac{\sigma}{\sqrt{n}}$으로 주어지며, 양수와 음수 모두

| 그림2. 모평균 m의 신뢰도 95% 신뢰구간 |

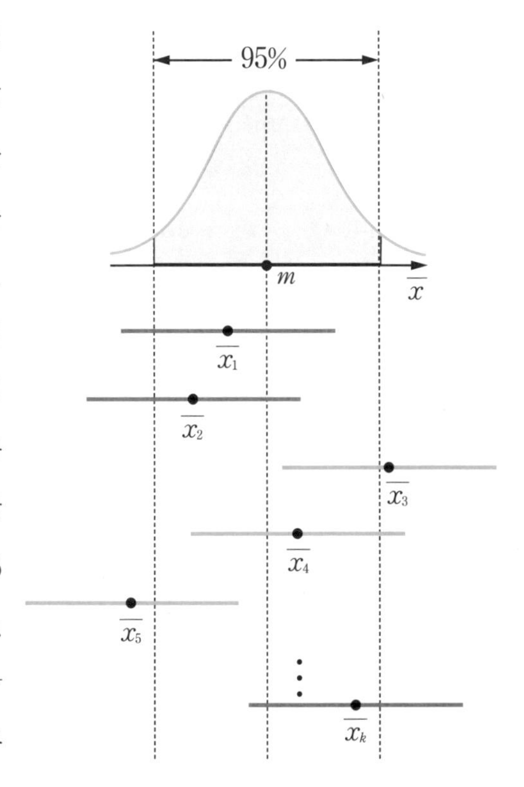

생각해야 한다.

일반적으로 모평균의 신뢰구간을 구할 때, 모표준편차 σ를 모르는 경우가 많다. 이때 표본의 크기 n이 충분히 크면 표본의 표준편차 S는 모표준편차 σ와 큰 차이가 없음이 알려져 있다. 따라서 n이 충분히 크면 모표준편차 σ 대신에 표본의 표준편차 S를 이용하여 신뢰구간을 구할 수 있다.

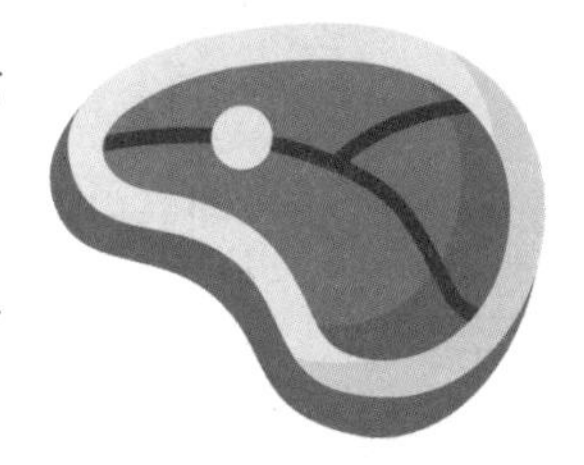

마지막으로 모평균의 추정에 대한 문제를 어떻게 해결하는지 예를 들어보자. 어느 음식점의 소고기 1인분의 무게는 표준편차가 10g인 정규분포를 따른다고 한다. 이 음식점의 소고기 1인분의 무게를 25번 측정한 결과 평균이 150g이었다고 할 때, 소고기 1인분에 대한 모평균 m을 신뢰도 95%로 추정해 보자.

$n = 25,\ \overline{X} = 150,\ \sigma = 10$ 이므로 모평균 m의 신뢰도 95%의 신뢰구간은

$$150 - 1.96\frac{10}{\sqrt{25}} \le m \le 150 + 1.96\frac{10}{\sqrt{25}}$$

$$\Rightarrow\ 150 - 3.92 \le m \le 150 + 3.92$$

따라서 $146.08 \le m \le 153.92$이다. 즉 모평균 m이 이 구간에 있을 확률이 95%이다.

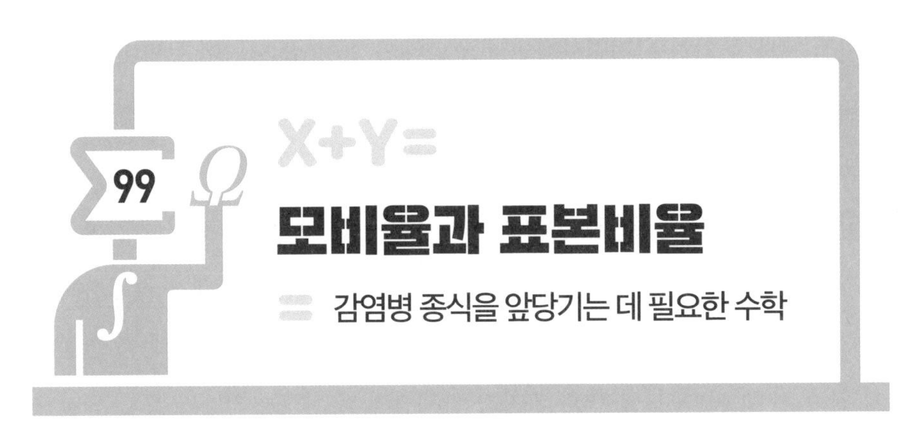

99 모비율과 표본비율

감염병 종식을 앞당기는 데 필요한 수학

신종 바이러스였던 '코로나19'는 처음에 전염력이 매우 강하여 급속하게 전 세계로 퍼져나갔다. 우리나라도 순식간에 전국적으로 확산되었다. 국내에서 코로나19가 급속히 확산하면서 의료진은 물론 국내 수학자들도 방역 전선에 뛰어들었다. 수학자들은 의료진처럼 병을 직접 치료하는 것이 아니라, 감염병이 퍼져나가는 상태를 나타내는 수학식을 만들고 전파 상황을 분석하고 향후 전개될 양상을 예측하여 감염병을 종식하는 데 도움을 주었다.

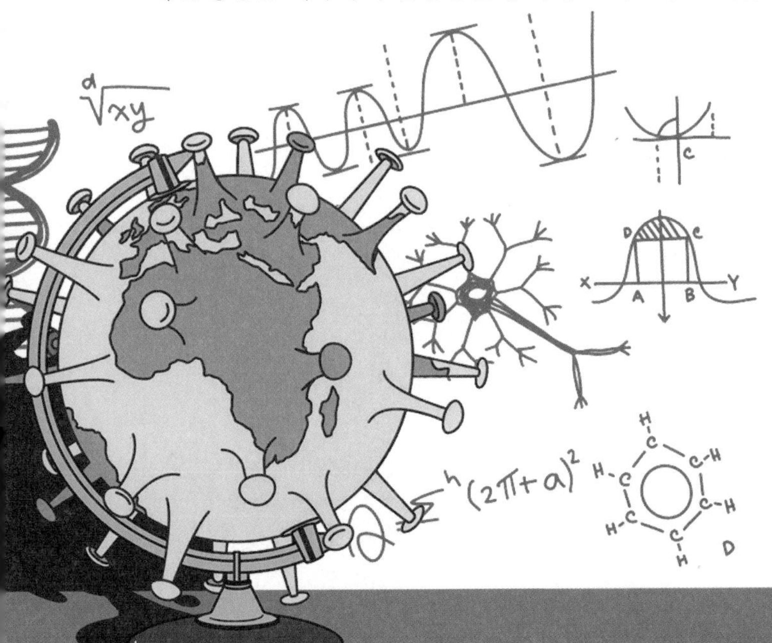

코로나19 펜데믹 시기에 국내 수학자들도 방역 전선에 뛰어들었다. 수학자들은 감염병이 퍼져나가는 상태를 나타내는 수학식을 만들고 전파 상황을 분석하고 향후 전개될 양상을 예측하여 감염병을 종식하는 데 도움을 주었다.

수학적 모델에 의하면 지역사회에서 코로나19 환자 한 사람이 무방비로 돌아다니는 경우 20명을 감염시킬 확률은 29.55%이지만, 그런 상황을 60%만 차단해도 집단감염 확률은 0.45%로 확 줄어든다고 한다.

감염병이 유행하면 방역 당국은 모든 자원을 투입해 차단에 총력을 기울이지만 의료진의 수나 비축한 방역 물자에 한계가 있다. 결국 사태가 장기화하면 인력과 자원 부족에 시달릴 수밖에 없다. 그래서 선택과 집중할 부분을 결정하기 위해 언제, 어디서, 몇 명의 환자가 발생할지 예측하는 감염병 모델을 만드는 것은 매우 중요하다.

이와 같은 감염병이나 텔레비전 프로그램의 시청률, 대통령 후보자의 지지율, 제품의 불량률, 어느 연령대의 비만율 등과 같이 실생활에서는 전체 집단에서 어떤 특성을 갖는 대상의 비율을 추측하고자 하는 경우가 많다.

Σ p가 모자를 쓰면

예를 들어, 인터넷이 발달하면서 우리나라 청소년의 스마트폰 의존도는 점점 높아지고 있다. 국가통계포털(KOSIS)에 의하면 청소년 100명 중에서 '스마트폰이 옆에 있으면 다른 일에 집중하기 어렵다'에 '그렇다'고 대답한 청소년들이 35명이라고 한다(2021년). 즉, 청소년 100명 중에서 스마트폰이 옆에 있으면 다른 일에 집중하기 어려운 학생의 비율은 $\frac{35}{100} = 0.35$이다.

| 그림1. 청소년의 스마트폰 의존도 조사 |

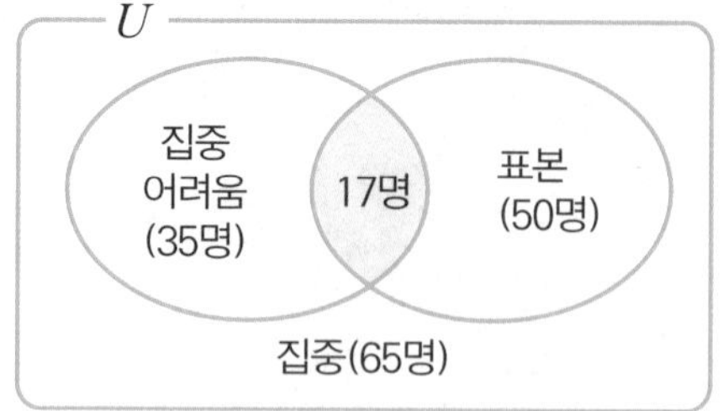

이와 같이 모집단 U에서 어떤 사건 A에 대한 비율을 그 사건 A에 대한

모비율이라고 하며, 이것을 기호로 p로 나타낸다. 즉, 집중하기 어렵다는 청소년 수에 대한 모비율은 $p = 0.35$이다.

또 표본으로 50명의 신입생을 임의추출 했는데, 그중에서 집중하기 어렵다는 학생이 17명이라면 표본에서 집중하기 어려운 비율은 $\frac{17}{50} = 0.34$이다. 이처럼 모집단 U에서 임의추출 한 표본 S에서의 비율을 그 사건 A에 대한 **표본비율**이라고 하며, 이것을 기호로 $\hat{p}$과 같이 나타낸다. 즉 표본비율은 $\hat{p} = 0.34$이다. 여기서 p는 비율을 뜻하는 'proportion'의 첫 글자이고, $\hat{p}$은 '피햇(p hat)'이라고 읽는다.

| 그림2 |

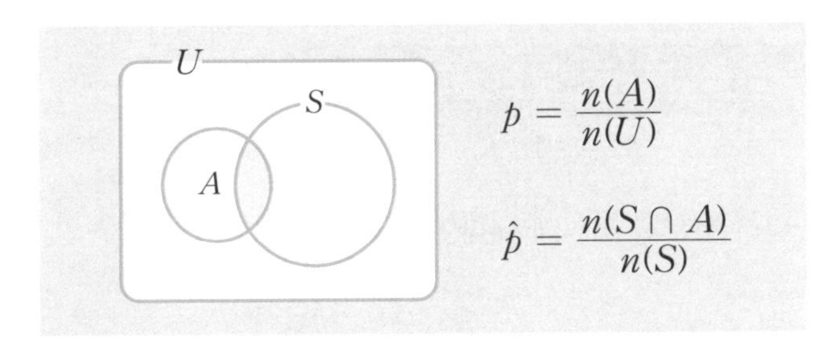

크기가 n인 표본에서 어떤 사건 A가 일어나는 횟수를 확률변수 X라고 할 때, 이 사건 A에 대한 표본비율 $\hat{p}$은 다음과 같다.

$$\hat{p} = \frac{X}{n}$$

좀 더 간단한 예로, 어느 학교 전체 학생 1000명 중에서 안경을 쓴 학생이 360명이라고 하자. 이 학교 전체 학생을 모집단으로 하였을 때, 안경을 쓴 학생의 모비율은 $p = \frac{360}{1000} = 0.36$이다. 또 전체 학생 중에서 200명을 임의추출했을 때 안경을 쓴 학생이 68명이라면 표본비율은 $\hat{p} = \frac{68}{200} = 0.34$이다.

한편, X가 확률변수이므로 $\hat{p} = \frac{X}{n}$도 확률변수다. 표본비율 $\hat{p} = \frac{X}{n}$에서 확률변수 X는 크기가 n인 표본에서 사건 A가 일어나는 횟수이므로 X가 가질 수 있는 값은 0, 1, 2, ⋯, n이다. 또 모집단에서 그 사건 A가 일어날 확률은 p이다. 이때 확률변수 X는 n회의 독립시행에서 사건 A가 일어나는 횟수이므로 이항분포 $\mathrm{B}(n, p)$를 따른다. 이항분포를 따르는 확률변수 X의 평균과 분산은 각각 다음과 같다.

$$\mathrm{E}(X) = np,\ \ \mathrm{V}(X) = npq\ (q = 1 - p)$$

표본비율의 평균, 분산, 표준편차

앞에서 우리는 평균과 분산에 대하여 다음이 성립한다는 것을 알았다.

| 평균, 분산의 성질 |

확률변수 X와 두 상수 $a\ (a \neq 0)$, b에 대하여

① $\mathrm{E}(aX + b) = a\mathrm{E}(X) + b$

② $\mathrm{V}(aX + b) = a^2\mathrm{V}(X)$

③ $\sigma(aX + b) = |a|\,\sigma(X)$

이 성질로부터 표본비율 $\hat{p} = \frac{X}{n}$의 평균과 분산 및 표준편차는 다음과 같음을 알 수 있다.

$$\mathrm{E}(\hat{p}) = \mathrm{E}\left(\frac{X}{n}\right) = \frac{1}{n}\mathrm{E}(X) = \frac{np}{n} = p$$

$$\mathrm{V}(\hat{p}) = \mathrm{V}\left(\frac{X}{n}\right) = \frac{1}{n^2}\mathrm{V}(X) = \frac{npq}{n^2} = \frac{pq}{n}$$

$$\sigma(\hat{p}) = \sqrt{\mathrm{V}(\hat{p})} = \sqrt{\frac{pq}{n}}$$

앞의 결과에서 알 수 있듯이 표본비율 $\hat{p}$의 기댓값은 p이고, 분산은 $\frac{pq}{n}$이다. 일반적으로 확률변수 X가 이항분포 $\mathrm{B}(n, p)$를 따를 때, 표본의 크기 n의 값이 충분히 크면 X는 정규분포 $\mathrm{N}(np,\ npq)$에 가까워지므로 표본비율 $\hat{p}$의 분포는 근사적으로 정규분포 $\mathrm{N}\left(p,\ \frac{pq}{n}\right)$를 따른다는 것이 알려져 있다. 따라서 n이 충분히 클 때, 표본비율 $\hat{p}$을 표준화한 확률변수 Z는 근사적으로 표준정규분포 $\mathrm{N}(0,\ 1)$을 따른다. 그래서 표본비율의 분포를 다음과 같이 정리할 수 있다.

| 표본비율의 분포 |

모비율이 p이고 표본의 크기 n이 충분히 클 때, 표본비율 $\hat{p}$은 근사적으로 정규분포 $\mathrm{N}\left(p,\ \frac{pq}{n}\right)$를 따른다. 따라서 확률변수 $Z = \frac{\hat{p} - p}{\sqrt{\frac{pq}{n}}}$는 근사적으로 표준 정규분포 $\mathrm{N}(0, 1)$을 따른다. (단, $q = 1 - p$)

이때, n이 충분히 크다는 것은 $np \geq 5$이고 $nq \geq 5$일 때를 뜻한다.
예를 들어 어느 지역에 사는 사람 중에서 혈액형이 B형인 비율은 25%라고 하자. 이 지역에 사는 사람 중에서 임의추출 한 300명의 혈액형을 조사하였을 때, 혈액형이 B형인 비율이 25% 이상 30% 이하일 확률을 구해 보자.
이 문제에서 모비율은 $p = 0.25$임을 알 수 있다. 임의추출 한 300명 중에서 혈액형이 B형인 사람의 비율을 $\hat{p}$이라고 하면, $n = 300$이고 $p = 0.25$에서 $np = 300 \times 0.25 = 75 \geq 5,\ nq = 300 \times 0.75 = 225 \geq 5$이므로 n의 값은 충분히 크다.
따라서 $\mathrm{E}(\hat{p}) = p = 0.25$이고 $\mathrm{V}(\hat{p}) = \frac{pq}{n} = \frac{0.25 \times 0.75}{300} = (0.025)^2$이다. 이때 $n = 300$은 충분히 큰 수이므로 표본비율 $\hat{p}$은 정규분포 $\mathrm{N}(0.25, (0.025)^2)$를 따른다. 따라서 구하는 확률은 다음과 같다.

$$
\begin{aligned}
P(0.25 \le \hat{p} \le 0.3) &= P\left(\frac{0.25-0.25}{0.025} \le \frac{\hat{p}-0.25}{0.025} \le \frac{0.3-0.25}{0.025}\right) \\
&= P(0 \le Z \le 2) \\
&= 0.4772
\end{aligned}
$$

즉, 임의추출 한 300명 중에서 혈액형이 B형인 비율이 25% 이상 30% 이하일 확률은 47.72%라는 뜻이다. 바꿔 말하면, 300명 중에서 75 ≤ (B형인 사람) ≤ 90일 확률이 47.72%라는 뜻이다.

모비율의 추정

= 숲에 사는 고라니를 전부 포획하지 않고 개체 수 알아내기

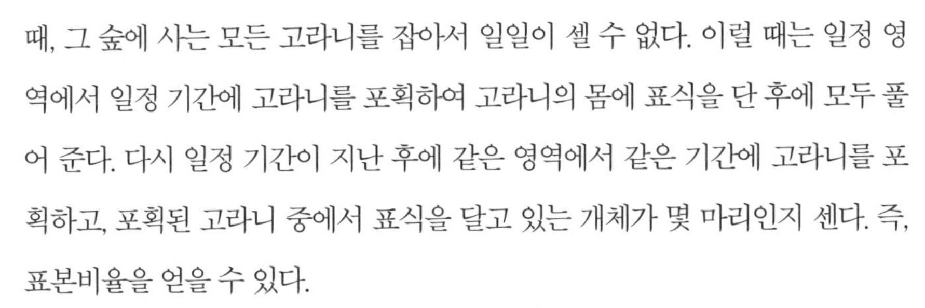

표본평균을 이용하여 모평균을 추정한 것과 마찬가지로 표본비율을 이용하여 모비율을 추정할 수 있다. 예를 들어 어느 숲에 고라니가 몇 마리 살고 있는지 알려고 할 때, 그 숲에 사는 모든 고라니를 잡아서 일일이 셀 수 없다. 이럴 때는 일정 영역에서 일정 기간에 고라니를 포획하여 고라니의 몸에 표식을 단 후에 모두 풀어 준다. 다시 일정 기간이 지난 후에 같은 영역에서 같은 기간에 고라니를 포획하고, 포획된 고라니 중에서 표식을 달고 있는 개체가 몇 마리인지 센다. 즉, 표본비율을 얻을 수 있다.

이렇게 해서 얻은 표본비율을 이용하여 숲 전체에 있는 고라니의 비율인 모비율을 구할 수 있다. 이런 방법을 포획-재포획법이라고 한다. 그런데 이 경우도 모비율을 정확히 알 수 없으므로 표본비율을 이용하여 구한 모비율이 포함되어 있을 구간을 구하게 된다.

Σ 신뢰도 95%의 신뢰구간이 의미하는 것

이제 이에 대하여 좀 더 자세히 알아보자. 어느 모집단에서 크기가 n인 표본을 임의추출 할 때, n이 충분히 크면 $Z = \frac{\hat{p} - p}{\sqrt{\frac{pq}{n}}}$는 근사적으로 표준정규분포 N(0, 1)을 따른다. 이때 $q = 1 - p$이다. 표본의 크기 n이 충분히 크면 $\hat{p}$의 표준편차 $\sqrt{\frac{pq}{n}}$에서 모비율 p 대신에 표본비율 $\hat{p}$을 이용한 $Z = \frac{\hat{p} - p}{\sqrt{\frac{\hat{p}\hat{q}}{n}}}$도 근사적으로 표준정규분포 N(0, 1)을 따른다는 사실이 알려져 있다. 이때도 $\hat{q} = 1 - \hat{p}$이다.

한편, 표준정규분포에서

$$P(-1.96 \le Z \le 1.96) = 0.95$$

이므로

$$P\left(-1.96 \le \frac{\hat{p} - p}{\sqrt{\frac{\hat{p}\hat{q}}{n}}} \le 1.96\right) = 0.95$$

이다. 여기서 부등식 $-1.96 \le \frac{\hat{p} - p}{\sqrt{\frac{\hat{p}\hat{q}}{n}}} \le 1.96$의 각 항에 $\sqrt{\frac{\hat{p}\hat{q}}{n}}$를 곱한 후에 $\hat{p}$를 이항하여 정리하면 다음과 같다.

$$P\left(\hat{p} - 1.96\sqrt{\frac{\hat{p}\hat{q}}{n}} \le p \le \hat{p} + 1.96\sqrt{\frac{\hat{p}\hat{q}}{n}}\right) = 0.95$$

이것은 $\hat{p} - 1.96\sqrt{\frac{\hat{p}\hat{q}}{n}}$ 이상 $\hat{p} + 1.96\sqrt{\frac{\hat{p}\hat{q}}{n}}$ 이하인 범위에 모비율 p가 포함될 확률이 0.95임을 나타내므로

$$\hat{p} - 1.96\sqrt{\frac{\hat{p}\hat{q}}{n}} \le p \le \hat{p} + 1.96\sqrt{\frac{\hat{p}\hat{q}}{n}}$$

을 모비율 p의 신뢰도 95%의 신뢰구간이라고 한다.

또한, $\mathrm{P}(-2.58 \leq Z \leq 2.58) = 0.99$ 임을 이용하여 모비율 p의 신뢰도 99%의 신뢰구간을 구하면

$$\hat{p} - 2.58\sqrt{\frac{\hat{p}\hat{q}}{n}} \leq p \leq \hat{p} + 2.58\sqrt{\frac{\hat{p}\hat{q}}{n}}$$

이다.

이상을 정리하면 다음과 같다.

| 모비율의 신뢰구간 |

모집단에서 임의추출한 크기가 n인 표본의 표본비율 $\hat{p}$에 대하여 표본의 크기 n이 충분히 크면 모비율 p의 신뢰구간은 다음과 같다.

(단, $\hat{q} = 1 - \hat{p}$)

① 신뢰도 95%의 신뢰구간 $\hat{p} - 1.96\sqrt{\frac{\hat{p}\hat{q}}{n}} \leq p \leq \hat{p} + 1.96\sqrt{\frac{\hat{p}\hat{q}}{n}}$

② 신뢰도 99%의 신뢰구간 $\hat{p} - 2.58\sqrt{\frac{\hat{p}\hat{q}}{n}} \leq p \leq \hat{p} + 2.58\sqrt{\frac{\hat{p}\hat{q}}{n}}$

표본비율의 분포에서와 마찬가지로 여기서도 n이 충분히 크다는 것은 일반적으로 $n\hat{p} \geq 5$, $n\hat{q} \geq 5$일 때를 뜻한다.

모평균의 추정에서와 마찬가지로 모비율의 추정에서도 '모비율 p의 신뢰도 95% 신뢰구간'의 뜻은 모집단으로부터 크기가 n인 표본을 임의추출 하는 일을 되풀이하여 모비율 p에 대한 신뢰구간을 만들 때, 구한 신뢰구간 중에서 약 95%가 모비율 p를 포함한다는 뜻이다. 즉, 여러 신뢰구간을 구했는데, 그런 신뢰구간 중에 95%에 모비율 p가 포함된다는 뜻이다.

예를 들어 어느 회사의 직원 300명을 임의추출 하여 음식 선호도를 조사하였더니 180명이 한식을 선호한다고 하자. 이 회사의 전체 직원 중에서 한식을 선호하는 비율 p의 신뢰도 95%의 신뢰구간을 구해 보자.

한식을 선호하는 표본비율은 300명 중에서 180명이므로 $\hat{p}$와 $\hat{q}$는 다음과 같다.

$$\hat{p} = \frac{180}{300} = 0.6,\ \hat{q} = 1 - \hat{p} = 0.4$$

300은 충분히 큰 수이므로 모비율 p의 신뢰도 95%의 신뢰구간은

$$0.6 - 1.96\sqrt{\frac{0.6 \times 0.4}{300}} \leq p \leq 0.6 + 1.96\sqrt{\frac{0.6 \times 0.4}{300}}$$

$$0.545 \leq p \leq 0.655$$

이다. 예를 들어 이 회사 전체 직원이 15000명이고, 한식을 좋아하는 직원 수를 N이라 하면 $p = \frac{N}{15000}$이므로 $0.545 \leq p \leq 0.655$에서 다음 식을 얻는다.

$$0.545 \leq \frac{N}{15000} \leq 0.655$$

이 식을 정리하면

$$0.545 \times 15000 \leq N \leq 0.655 \times 15000$$

$$8175 \leq N \leq 9825$$

따라서 이 회사 전체에서 한식을 좋아하는 직원 수는 8175명 이상 9825명 이

하라고 추정할 수 있다. 즉, 회사 전체 사원을 조사하지 않고 표본 300명만으로 중요한 정보를 알아낼 수 있다.

Σ 고라니를 전부 포획하지 않고도 개체 수를 알아내는 방법

앞에서 우리는 고라니의 예를 들었다. 모비율의 신뢰구간을 이용하여 숲에 사는 고라니 수를 알아내는 포획-재포획법에 대하여 알아보자. 이 방법은 조사 지역에서 연구 대상 개체군을 모두 조사할 수 없을 때 개체군의 크기를 알아내기 위해 생태학에서 흔히 사용하는 방법이다.

어느 숲에서 100마리의 고라니를 포획하고 표식을 단 다음 풀어 주었다. 시간이 흐른 후 다시 200마리의 고라니를 잡았을 때, 이 중 표식을 달고 있는 고라니가 20마리였다고 한다. 표식을 달고 있는 고라니가 숲에 골고루 분포되어 있다고 가정할 때, 이 숲에 사는 전체 고라니 수를 신뢰도 95%의 신뢰구간으로 추정하여 보자.

전체 고라니 중에서 표식을 단 고라니의 모비율을 p라고 하면 $n = 200$, $\hat{p} = \frac{20}{200} = 0.1$이므로 모비율 p의 신뢰도 95%의 신뢰구간은 다음과 같다.

$$0.1 - 1.96\sqrt{\frac{0.1 \times 0.9}{200}} \leq p \leq 0.1 + 1.96\sqrt{\frac{0.1 \times 0.9}{200}}$$

$$0.0584 \leq p \leq 0.1416$$

여기서 $\sqrt{\frac{0.1 \times 0.9}{200}} = \sqrt{\frac{0.09}{200}} \approx 0.0212$로 계산하였다. 따라서 숲에 사는 전체 고라니 수를 N이라고 하면 $p = \frac{100}{N}$이므로

$$0.0584 \leq \frac{100}{N} \leq 0.1416$$

$$706.21\cdots \leq N \leq 1712.32\cdots$$

즉, 숲에 사는 전체 고라니 수는 707마리 이상 1713마리 이하로 추정할 수 있다. 결국 707과 1713의 평균인 1210마리쯤 있다고 짐작할 수 있다.

통계는 주어진 공식이 있으며 그 공식에 알맞은 값을 대입하여 얻은 결과로부터 다양한 정보를 얻을 수 있는 과목이다. 고등학교 과정까지의 통계에서는 복잡한 공식을 유도하거나 증명하지 않는다. 따라서 공식이 나오게 된 원리를 예를 통해 이해하고, 많은 문제를 통하여 풀이에 숙달될 수 있도록 해야 한다. 결론적으로 통계에서만은 개념보다 유형이 중요하다고 할 수 있다.

수학은 사고를
절약하는 과정이다.

_ 앙리 푸앵카레(Henri Poincare)

참고 문헌

- 고성은 외 6명, 고등학교 수학, 수학I, 수학II, 미적분, 확률과 통계, 좋은책신사고, 2018.
- 교육부, 2015 개정 수학과 교육과정, 교육부, 2015.
- 교육부, 2022 개정 수학과 교육과정, 교육부, 2022.
- 김원경 외 14명, 고등학교 수학, 수학I, 수학II, 미적분, 확률과 통계, 비상교육, 2018.
- 김창동 외 14명, 고등학교 수학I, 수학II, 미적분I, 미적분II, 확률과 통계, 교학사, 2014.
- 달링, 궁금한 수학의 세계, 청문각, 2015.
- 류희찬 외 10명, 고등학교 수학, 수학I, 수학II, 미적분, 확률과 통계, 천재교육, 2018.
- 박교식 외 19명, 고등학교 수학, 수학I, 수학II, 미적분, 확률과 통계, 동아출판, 2018.
- 박교식, 수학용어 다시보기, 수학사랑, 2001.
- 신항균 외 11명, 고등학교 수학I, 수학II, 미적분I, 미적분II, 확률과 통계, 지학사, 2014.
- 신항균 외 11명, 고등학교 수학I 지도서, 수학II 지도서, 미적분I 지도서, 미적분II 지도서, 확률과 통계 지도서, 지학사, 2014.
- 얀 굴베리, 수학백과, 경문사, 2013.
- 우정호 외 24명, 고등학교 수학I, 수학II, 미적분I, 미적분II, 확률과 통계, 동아출판, 2014.
- 이준열 외 9명, 고등학교 수학, 수학I, 수학II, 미적분, 확률과 통계, 천재교육, 2018.
- 황선욱 외 10명, 고등학교 수학I, 수학II, 미적분I, 미적분II, 확률과 통계, 좋은책신사고, 2014.
- 황선욱 외 8명, 고등학교 수학, 수학I, 수학II, 미적분, 확률과 통계, 미래엔, 2018.
- 황선욱 외 8명, 고등학교 수학 지도서, 수학I 지도서, 수학II 지도서, 미적분 지도서, 확률과 통계 지도서, 미래엔, 2018.
- Florian Cajori, A History of Mathematical Notations, Cosimo Classics, 2011.

- 울프람 알파 : https://www.wolframalpha.com/
- 네이버 수학백과 : https://terms.naver.com/list.naver?cid=60207&categoryId=60207